高等院校应用型人才培养“十四五”规划教材

InDesign 版式设计项目式教程

（第 2 版）

天津滨海迅腾科技集团有限公司　编著
李浩峰　纪善国　主编

图书在版编目(CIP)数据

InDesign版式设计项目式教程（第2版）/ 天津滨海迅腾科技集团有限公司编著；李浩峰，纪善国主编. -- 天津：天津大学出版社，2022.2（2024.2重印）
高等院校应用型人才培养“十四五”规划教材
ISBN 978-7-5618-7139-3

Ⅰ. ①I… Ⅱ. ①天… ②李… ③纪… Ⅲ. ①电子排版－应用软件－高等学校－教材 Ⅳ. ①TS803.23

中国版本图书馆CIP数据核字(2022)第030050号

InDesign BANSHI SHEJI XIANGMUSHI JIAOCHENG

出版发行	天津大学出版社
地　　址	天津市卫津路92号天津大学内(邮编:300072)
电　　话	发行部:022-27403647
网　　址	www.tjupress.com.cn
印　　刷	廊坊市海涛印刷有限公司
经　　销	全国各地新华书店
开　　本	787mm×1092mm　1/16
印　　张	16.5
字　　数	412千
版　　次	2022年2月第1版　2024年2月第2版
印　　次	2024年2月第2次
定　　价	89.00元

高等院校应用型人才培养
“十四五”规划教材
指导专家

基于工作过程项目式教程
《InDesign 版式设计项目式教程》

主　编　李浩峰　纪善国

副主编　樊　凡　王　静　杨婷婷　徐书欣
徐　鉴　马惠芹　冯　怡　韦　钰

前　言

本书是为培养全面的版式设计人才而编写的教材，针对行业对版式设计师岗位的最新需求，采用“逆向制定法”设计课程内容，即先根据版式设计工作的内涵，分析行业对版式设计从业人员的知识、技能和素质的要求，确定每章要讲解的知识和技能后甄选与整合内容。为培养版式设计从业人员的实践能力，本书引入企业的真实项目，实现知识传授与技能培养并重的目的，更好地适应职业岗位对版式设计人才的需求。本书具有行业特点鲜明、覆盖面广、影响力大等特点，引入大量实际的企业级项目案例，以真实生产项目、典型工作任务等为载体组织教学单元，脱离传统教材繁杂的理论知识讲解，以各类版式设计项目为载体、以工作任务为驱动，基于版式设计师岗位的实际工作流程，将完成任务所需的相关知识和技能构建于项目之中，帮助读者掌握真实项目中的具体任务，在传授理论知识的同时培养了读者的职业技能，支持工学结合的一体化教学。

本书的编写紧紧围绕“以行业及市场需求为导向，以职业专业能力为核心”的理念，融入新时代中国特色社会主义的新政策、新需求、新信息、新方法，将实践教学的主线贯穿全书，突出职业特点。

本书以版式设计的工作流程为主线，以学生能力的发展为中心，以实际工作岗位的训练为手段，遵循“企业订单先导、标准融入、三方考核评价、校企合作共育人”的模式编写而成。全书知识的讲解由浅入深，在使每一位读者都有所收获的同时，保证本书的深度。

本书由李浩峰、纪善国担任主编，由樊凡、王静、杨婷婷、徐书欣、徐鉴、马惠芹、冯怡、韦钰担任副主编。本书分为 5 章，分别为 InDesign 快速入门、图形绘制及颜色和效果的应用、对象的编辑、文本的创建及编辑、书籍排版，严格按照版式设计流程对知识体系进行编排，基于“学习目标→引言→技能→综合案例实战→任务习题”的思路，采用循序渐进的方式从软件的常用工具、面板与命令，软件的基础操作，图形图像的制作与管理，文字与段落的处理，对象的编辑与设置，颜色与效果的应用，表格的设计，书籍和长文本的编排等方面对知识点进行讲解。本书配套丰富的教学资源，支持线上、线下混合式教学。

本书理论内容简明、扼要，实例操作讲解细致、步骤清晰，将理论与实际紧密结合。每个操作步骤均有对应的效果图，以便读者直观、清晰地看到操作效果，牢记书中的操作步骤，更好地学习版式设计的相关知识。

由于编者水平有限，书中难免出现错误与不足，恳请读者批评指正和提出改进建议。

编者

2021 年 12 月

目　录

第1章　InDesign快速入门

- 了解InDesign的功能。
- 认识InDesign的操作界面。
- 掌握InDesign文档的基本操作。
- 掌握InDesign的辅助工具。

版式设计从“设计为人”出发，贯穿“和而不同”的设计理念，以培养学生成为有理想、有抱负、有社会责任担当的设计师为目标。作为新时代的一名青年学子，理应努力使自己成为祖国建设的有用之才、栋梁之材，为实现中华民族伟大复兴中国梦奉献智慧和力量。

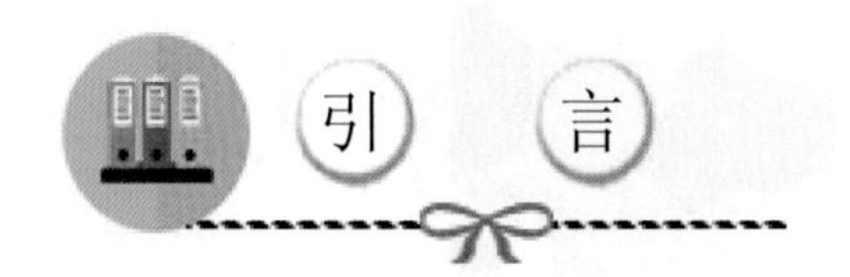

本章主要讲解InDesign的基本概念和操作，首先介绍InDesign在设计工作中的应用，让用户对InDesign的功能有一个初步的认知；然后讲解InDesign的操作界面、文档的基本操作和辅助工具，为后续学习打下良好基础。

1.1　初识InDesign

InDesign是由Adobe公司开发的一款业界领先的用于印刷和数字媒体的专业排版软件。用户可利用软件中顶级字体公司的印刷字体和图像创作精美的平面设计作品（如图

1-1 和图 1-2 所示），还可以快速共享 PDF 中的内容和反馈。InDesign 被广泛应用于产品画册、企业年鉴、专业书籍、广告单页、折页等方面的设计，是图像设计师、版式设计师和印前专家日常必用的软件之一。

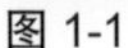
图 1-1

图 1-2

作为 Adobe Creative Cloud 创意应用软件的重要组成之一，InDesign 不断地推陈出新，本书所有教程是以 InDesign CC 2021 为基础来讲解的（后文提及的 InDesign 如未特别指出均为 InDesign CC 2021），该版本在继承之前版本的基础上，功能更加丰富、便捷，软件开启界面如图 1-3 所示。

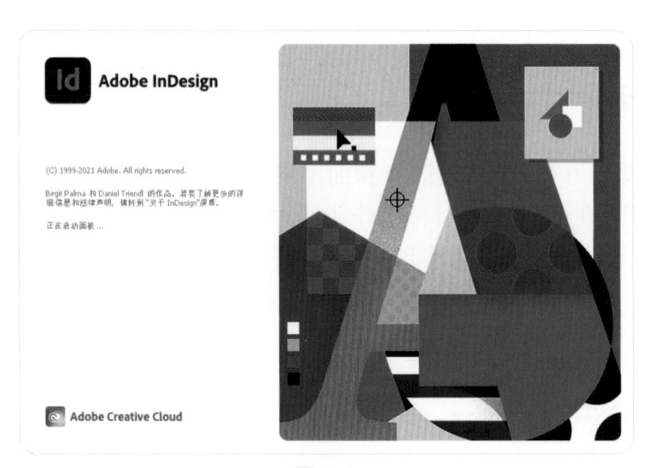

图 1-3

1.2 熟悉 InDesign 的操作界面

在排版设计过程中用户需要用到不同工具、不同命令以及不同面板中的选项，所以在系统学习 InDesign 之前，有必要对其操作界面有所认识。

1.2.1 InDesign 界面布局

InDesign 提供了多种全新的选择和变换功能，使对象的处理更加简捷、快速，其操作界面主要由菜单栏、控制栏、标题栏、工具箱、页面区域、状态栏、浮动面板等部分组成，如图 1-4 所示。用户可以根据需要自由调整常用组件的摆放位置。

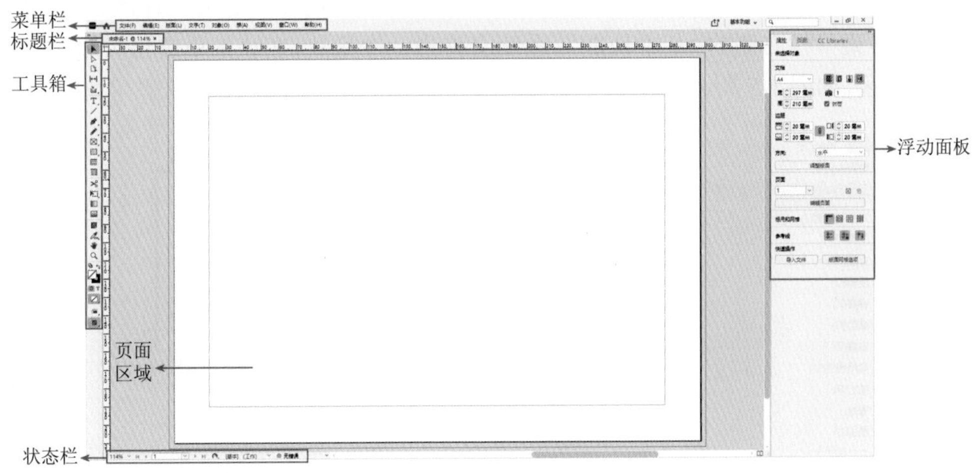

图 1-4

● 菜单栏：提供了 InDesign 的所有操作命令，包括“文件”“编辑”“版面”“文字”“对象”“表”“视图”“窗口”和“帮助”9 个菜单命令。每一个菜单又包括了多个子菜单，通过这些命令可以完成各种操作。

● 控制栏：用于显示与设置当前所选工具或对象的相关属性。控制栏中显示的信息会因所选工具或对象的不同而改变。

● 标题栏：新建或打开一个文件以后，InDesign 会自动创建一个标题栏，显示当前文档的名称以及窗口缩放比例。

● 工具箱：集合了 InDesign 的所有工具，大部分工具还有其展开式工具面板。默认状态下工具箱位于屏幕的左侧，用户可根据需要将其拖动到任意位置。

● 页面区域：所有图形的绘制、编辑都是在该窗口中进行的，可以通过缩放操作对其尺寸进行调整。

● 状态栏：用来显示当前文档的视图缩放比例和状态信息。

● 浮动面板：该区域主要用于放置各个命令面板，用来配合对象的编辑、对操作进行控制以及设置参数等。每个面板的右上角都有一个菜单按钮，单击该按钮可以打开该面板的菜单选项。例如，单击“页面”面板中的菜单按钮，如图 1-5 所示。

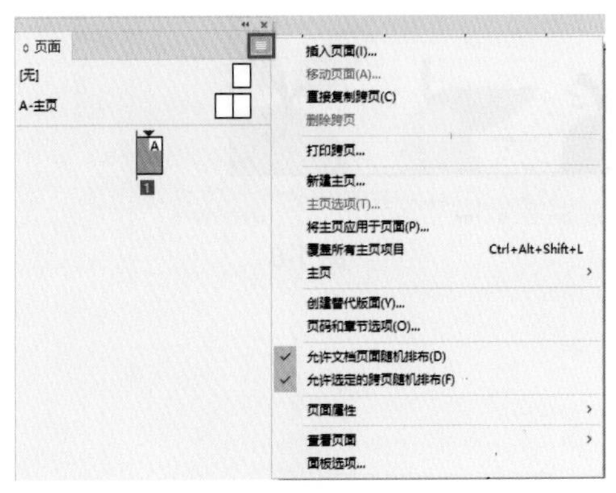

图 1-5

1.2.2 使用预设工作区

在菜单栏中单击“窗口 / 工作区”菜单下的子命令可以选择合适的工作区，如图 1-6 所示；或者单击菜单栏右侧的“基本功能”，系统会弹出一个菜单，在该菜单中也可以选择系统预设的工作区，如图 1-7 所示。

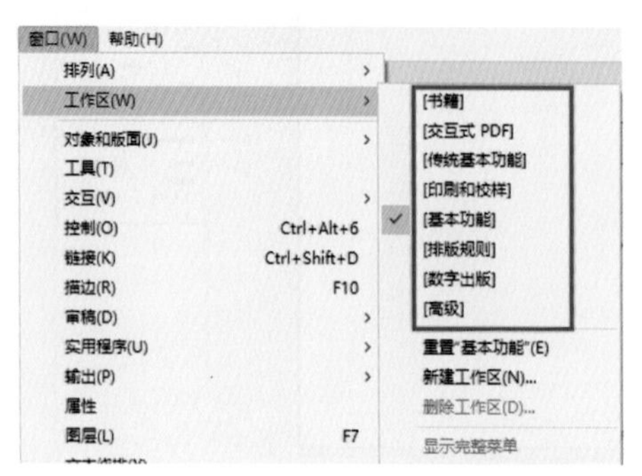

图 1-6

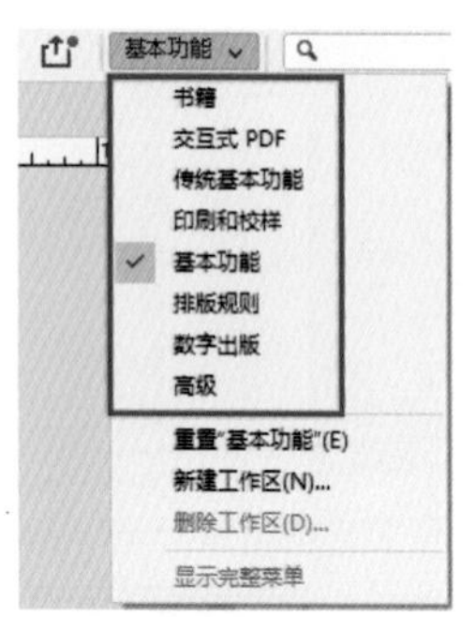

图 1-7

图 1-8 所示为“书籍”的预设界面。

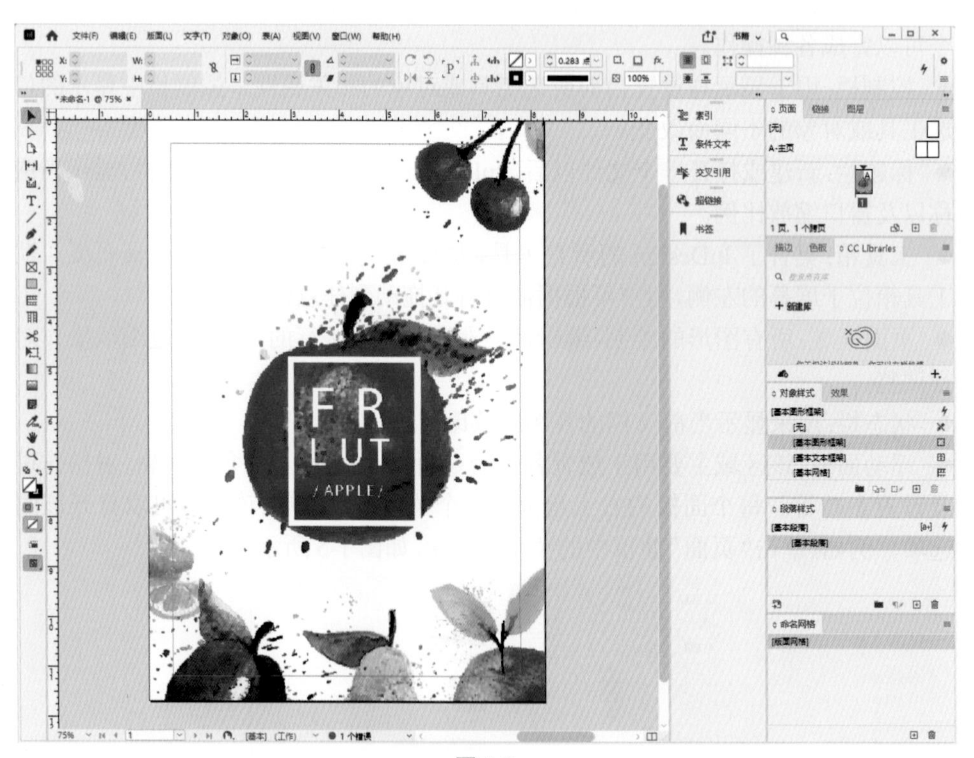

图 1-8

图 1-9 所示为“数字出版”的预设界面。

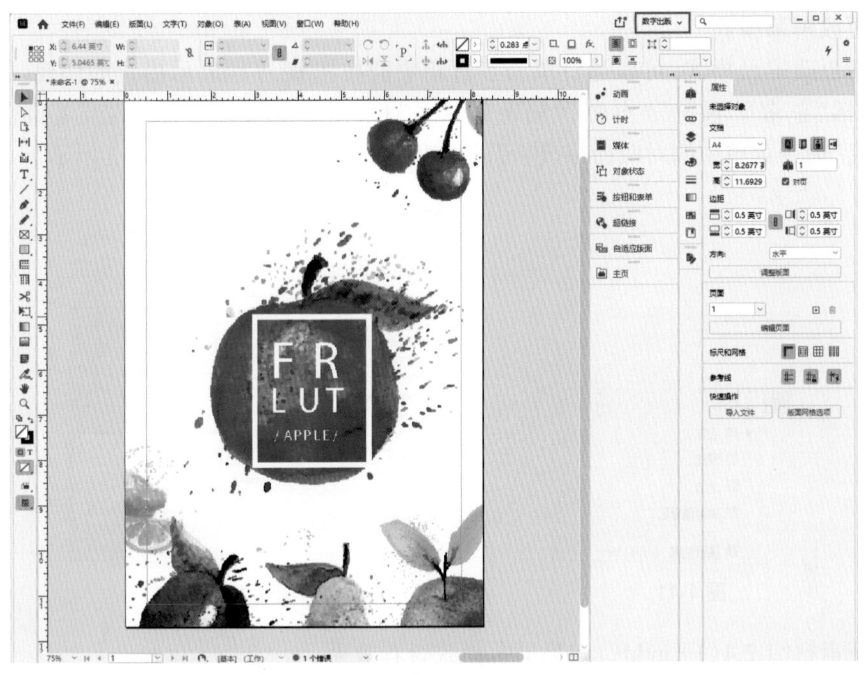

图 1-9

1.2.3　自定义工作区

使用 InDesign 进行排版设计时，不仅可以采用软件提供的默认预设工作区，还可以按照自己的工作需求自定义工作区。首先按照自己的实际需求设置好界面布局；然后执行“窗口 / 工作区 / 新建工作区”命令，在弹出的对话框中设置新工作区的名称，单击“确定”即可，如图 1-10 所示。

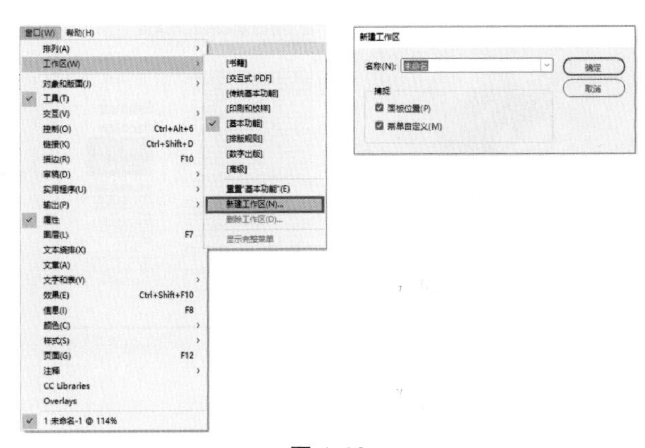

图 1-10

- 面板位置：保存当前设置的面板位置。
- 菜单自定义：保存当前的菜单组。

1.2.4 调整视图

1. 更改屏幕模式

若想更改屏幕模式，可以通过单击工具箱中的按钮 进行显示模式的切换，如图 1-11 所示，包括“正常”“预览”“出血”“辅助信息区”和“演示文稿”5 个选项；或者执行“视图 / 屏幕模式”命令菜单中的对应命令，也可以更改程序的显示模式，如图 1-12 所示。

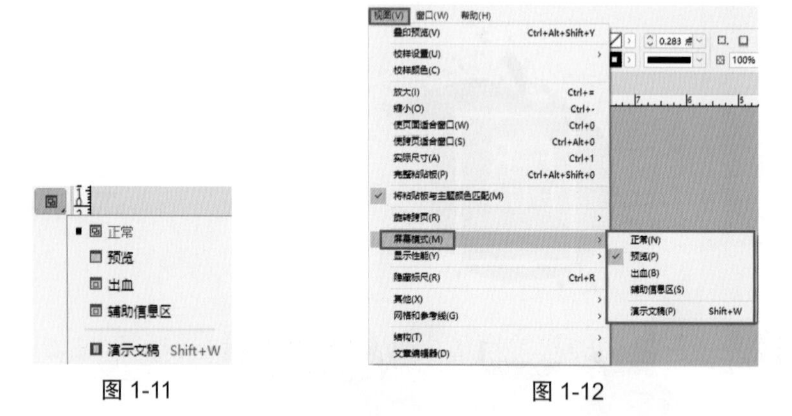

图 1-11　　　　图 1-12

打开素材“1.2.4（1）.indd”，切换屏幕模式查看效果。

- 正常：该模式显示版面及所有可见的参考线、网格、非打印对象、空白粘贴板等，如图 1-13 所示。

图 1-13

● 预览：该模式以最终输出的效果显示图稿，所有非打印元素（参考线、网格、非打印对象等）都不显示，空白粘贴板显示为“首选项”中定义的预览背景色，如图 1-14 所示。

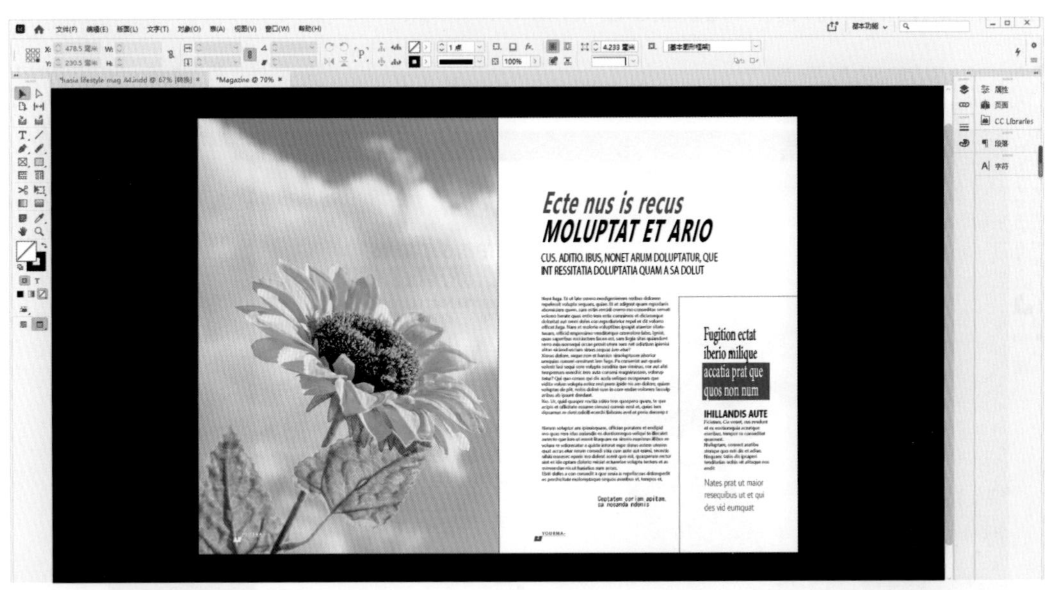

图 1-14

● 出血：该模式以最终输出的效果显示图稿，所有非打印元素（参考线、网格以及非打印对象等）都不显示，空白粘贴板被设置为“首选项”中所定义的预览背景色，而文档出血区内的所有可打印元素都会显示出来，如图 1-15 所示。

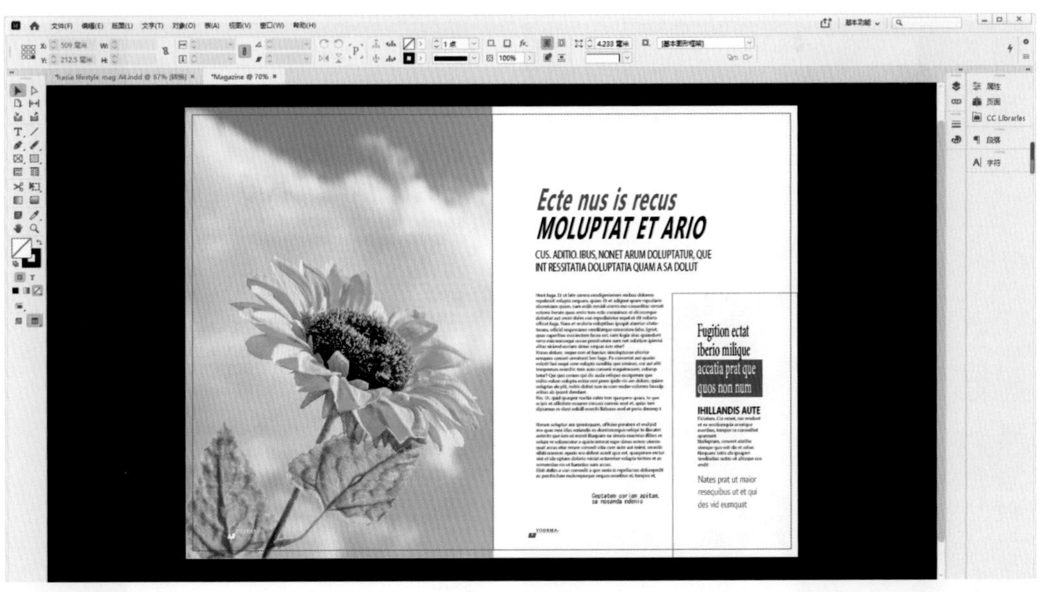

图 1-15

● 辅助信息区：该模式以最终输出的效果显示图稿，所有非打印元素（参考线、网格以及非打印对象等）都不显示，空白粘贴板被设置成“首选项”中定义的预览背景色，并将文档辅助信息区内的所有可打印元素显示出来，如 1-16 所示。

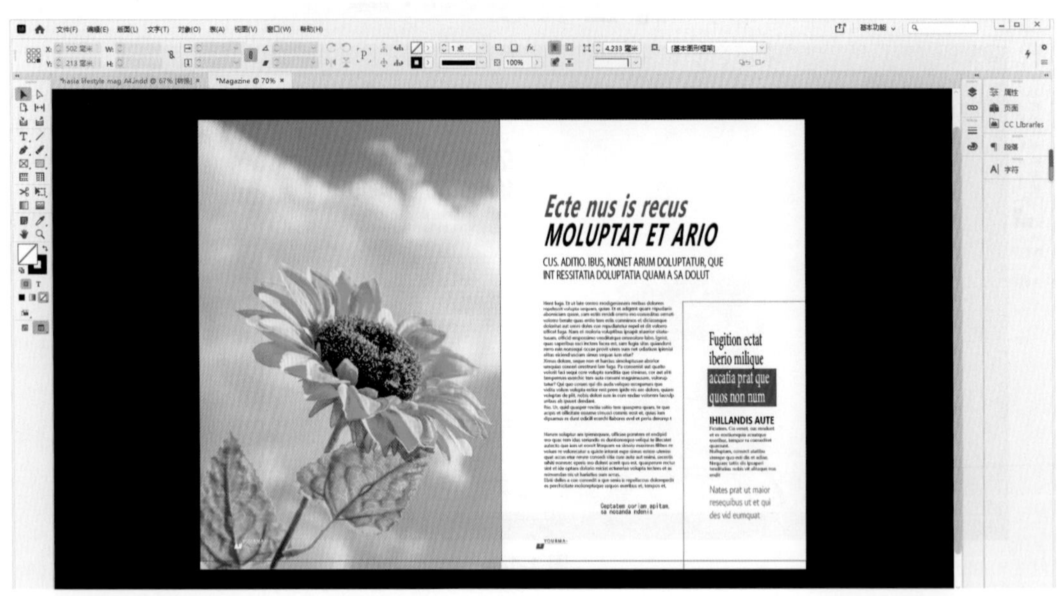

图 1-16

● 演示文稿：该模式以幻灯片演示的形式显示图稿，不显示任何菜单、面板或工具，如图 1-17 所示。

图 1-17

2. 更改文档的显示性能

在 InDesign 中，若想更改文档的显示性能，可选择切换“视图 / 显示性能”选项中的“快速显示”“典型显示”或“高品质显示”来实现，如图 1-18 所示；或使用工具箱中的“选择工具”按钮 选中文档中的图像或图形，单击鼠标右键，在弹出的快捷菜单中选择“显示性能”选项中的相应模式，也可控制选中图像或图形的显示方式，如图 1-19 所示。这些显示模式只控制文档的显示方式，不影响输出品质。

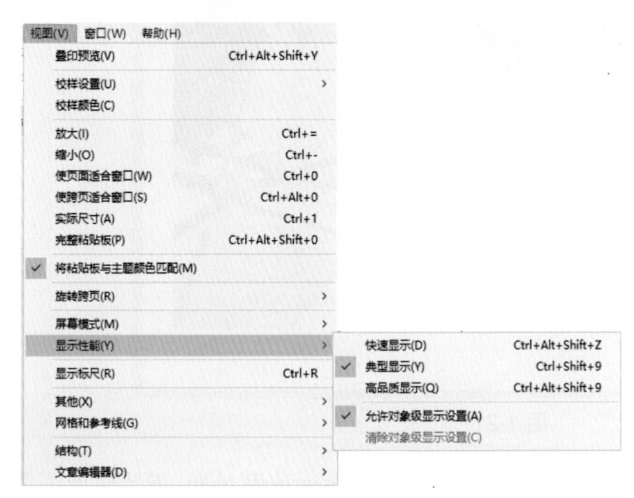

图 1-18

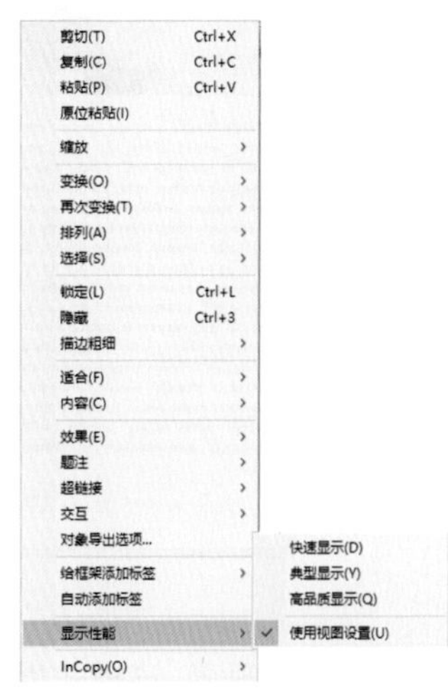

图 1-19

打开素材“1.2.4（2）.indd”，切换显示性能查看效果。

● 快速显示：该模式可使文档中的图像或图形显示为灰色块，如图 1-20 所示。在需要快速翻阅包含大量图像或透明效果的跨页时，可以使用该选项。

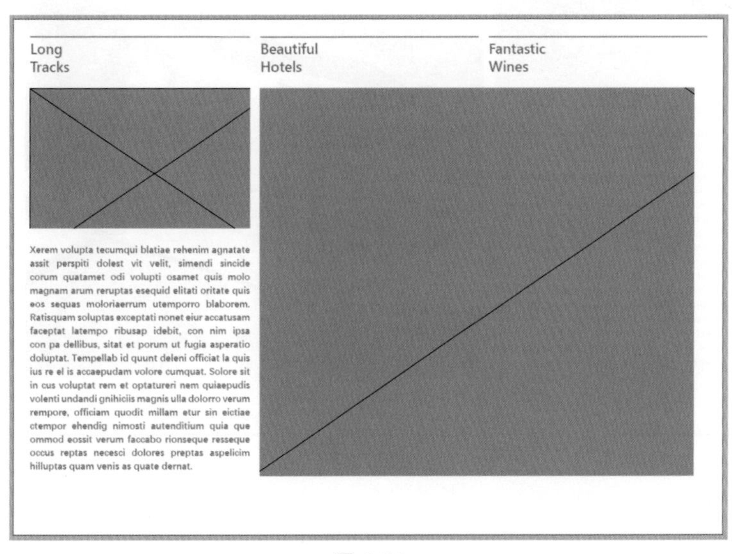

图 1-20

● 典型显示：该模式可以以低分辨率快速地显示图像或图形，该选项为默认显示选项，并且是显示可识别图像的最快捷的方法，如图 1-21 所示。

图 1-21

● 高品质显示：该模式以高分辨率显示图像或图形，但执行速度最慢，需要微调图像时可以使用该选项，如图 1-22 所示。

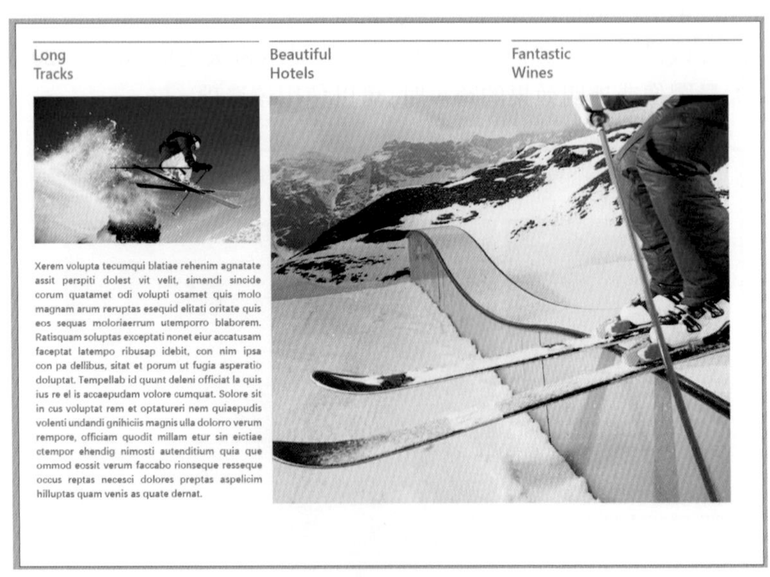

图 1-22

1.2.5　菜单栏

熟悉菜单栏的各个功能有助于提高绘制与排版的效率，根据不同的功能和类别划分，InDesign 将各种命令集成于 9 个命令菜单下，单击任意菜单项，在展开的下拉菜单中选择所需命令即可，如图 1-23 所示。

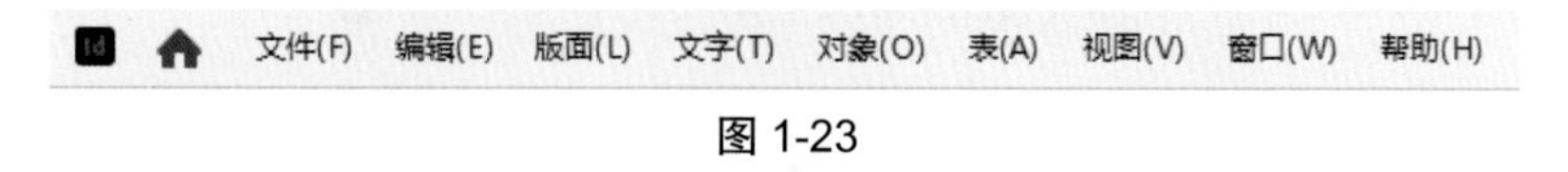

图 1-23

下拉菜单的左边是命令的名称，在经常使用的命令的右边给出了该命令的快捷键，要执行该命令时，可使用快捷键进行操作以便提高工作效率。一些命令的右边有一个黑色三角标，表示该命令还有相应的下拉子菜单，用鼠标单击三角标即可弹出其下拉菜单，如图 1-24 所示。

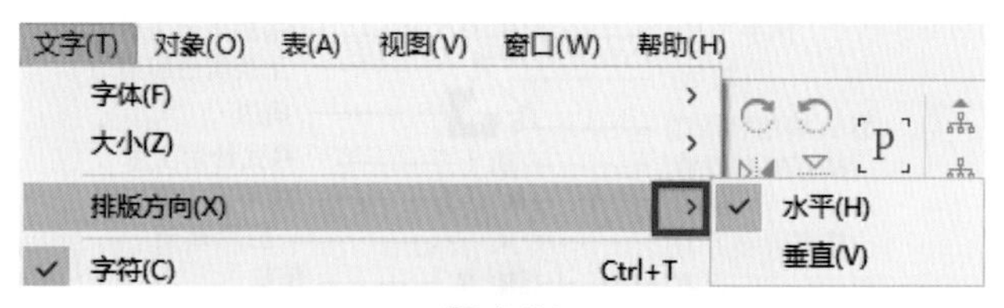

图 1-24

一些命令的后面显示，表示用鼠标单击该命令即可弹出其对话框，可以在对话框中进行更精确的设置，如图 1-25 所示。

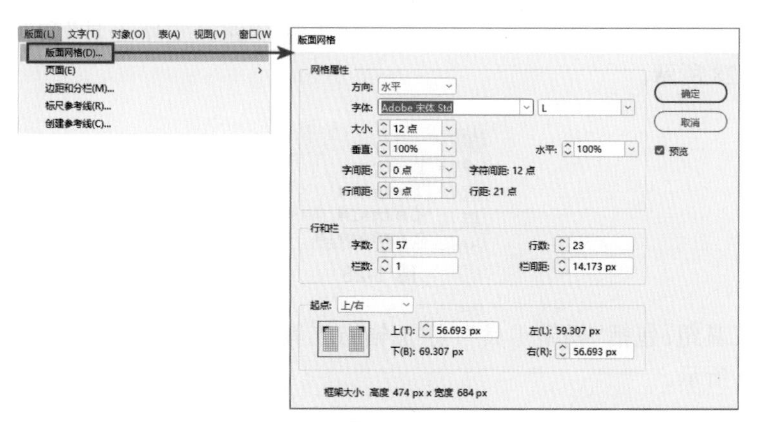

图 1-25

有些命令为灰色，表示该命令在当前为不可用状态，用户选中相应的对象或进行了相应的操作激活该命令后，字体才会变为黑色，如图 1-26 所示。

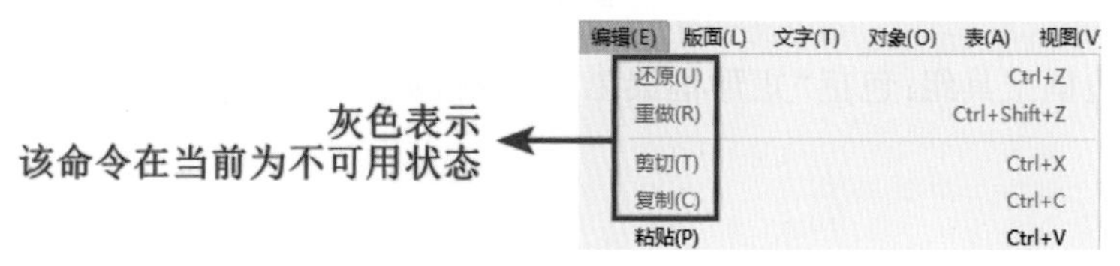

图 1-26

1.2.6 工具箱

InDesign 工具箱中的工具功能强大，可以进行选择对象、编辑文字、绘制形状、调整版式、修改颜色等各项操作。工具箱面板不能像其他面板一样进行堆叠、连接操作，但是可以通过单击工具面板上方的图标将其调整为单栏或双栏显示。单击工具面板上方的按钮«即可在垂直、水平和双栏 3 种外观间切换，如图 1-27 所示。

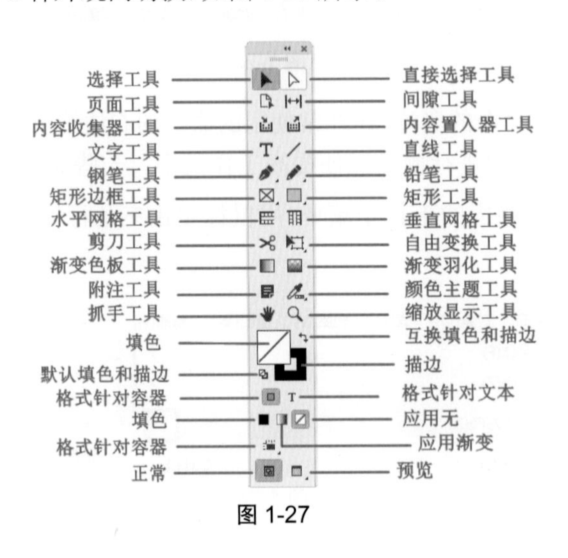

图 1-27

工具箱面板中部分工具的右下角带有一个黑色三角标，表示该工具还有展开工具组。用鼠标按住该工具不放，即可弹出展开工具组。

● 文字工具组：包括“文字工具”“直排文字工具”“路径文字工具”和“垂直路径文字工具”，如图 1-28 所示。

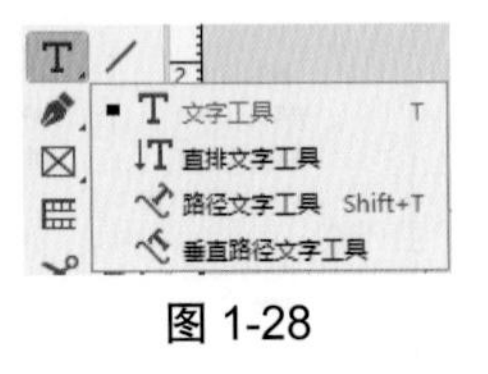

图 1-28

● 钢笔工具组：包括“钢笔工具”“添加锚点工具”“删除锚点工具”和“转换方向点工具”，如图 1-29 所示。

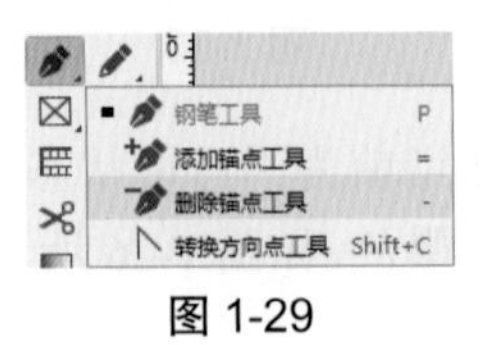

图 1-29

● 矩形边框工具组：包括“矩形框架工具”“椭圆框架工具”和“多边形框架工具”，如图 1-30 所示。

图 1-30

- 矩形工具组：包括“矩形工具”“椭圆工具”和“多边形工具”，如图 1-31 所示。

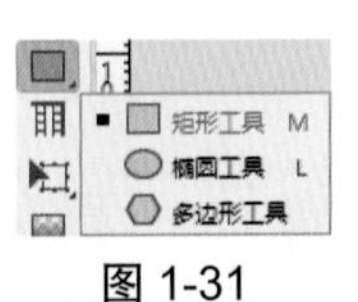

图 1-31

- 自由变换工具组：包括“自由变换工具”“旋转工具”“缩放工具”和“切变工具”，如图 1-32 所示。

图 1-32

- 颜色主题工具组：包括“颜色主题工具”“吸管工具”和“度量工具”，如图 1-33 所示。

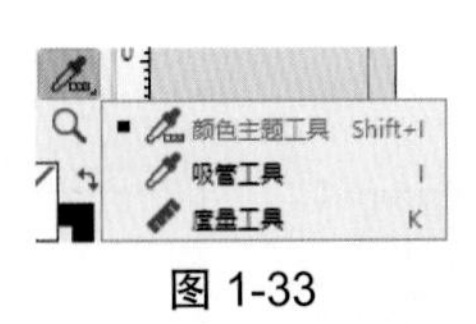

图 1-33

- 预览工具组：包括“预览”“出血”“辅助信息区”和“演示文稿”，如图 1-34 所示。

图 1-34

1.2.7　图像的浏览

在 InDesign 的工具箱中，提供了两个用于浏览视图的工具：一个是缩放工具用于缩放视图；另一个是抓手工具用于浏览图像，打开素材“1.2.7.indd”尝试使用以下工具。

1. 缩放工具

当要使用缩放工具对图像进行缩放时，单击工具箱中的“缩放工具”，该命令默认为放大视图命令，鼠标指针会变为，单击要放大的区域即可，如图 1-35 所示；若想缩小视图可按住Alt键，切换命令后，鼠标指针会变为，单击要缩小的区域即可，如图 1-36 所示。

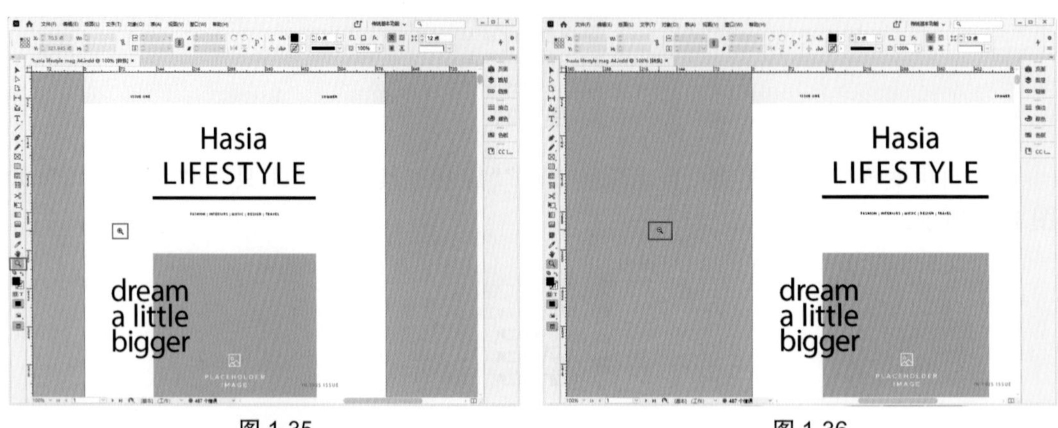

图 1-35　　图 1-36

使用“缩放工具”在要放大的区域单击拖曳虚线方框，然后释放鼠标，相应的图像部分将显示成整个窗口，如图 1-37 和图 1-38 所示。

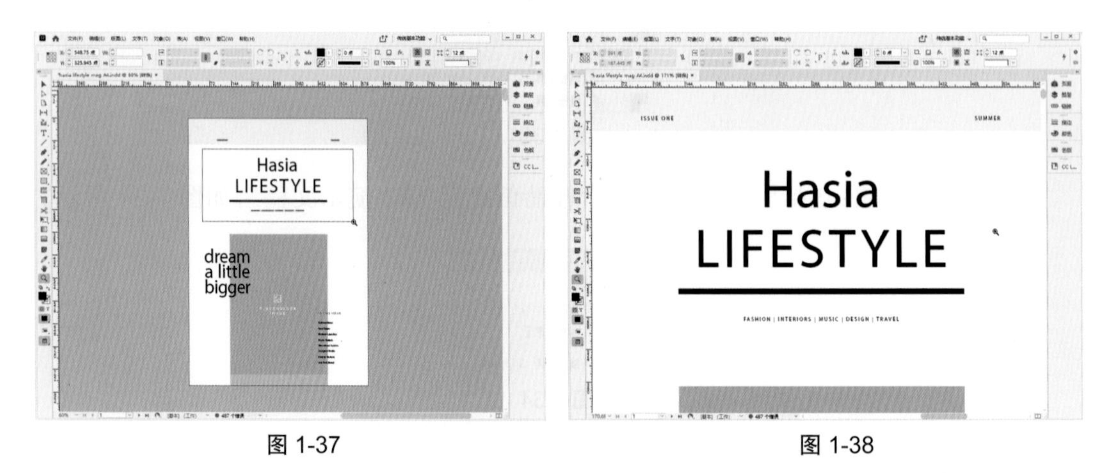

图 1-37　　图 1-38

要想直接调整缩放倍数，在打开的图像文件窗口左下角的状态栏中有一个“缩放”文本框，在该文本框中输入相应的缩放倍数后，按Enter键，即可直接调整到相应的缩放倍数，如图 1-39 所示。

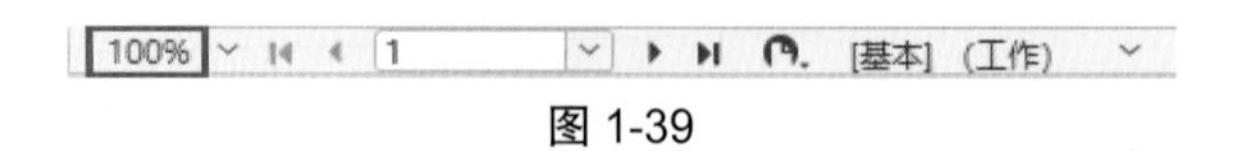

图 1-39

2. 抓手工具

当图像放大到屏幕不能完整显示时，可以使用抓手工具在不同的可视区域中拖动图像，以便于浏览。单击工具箱中的“抓手工具”，在图像中按住鼠标左键并拖动即可调整画面的显示区域，如图 1-40 和图 1-41 所示。

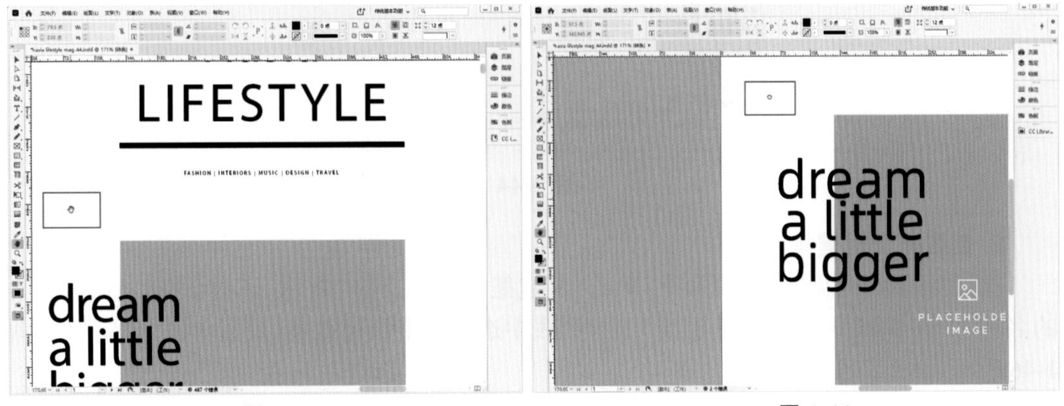

图 1-40　　　　图 1-41

1.2.8　自定义快捷键

1. 查看快捷键

在菜单栏中执行“编辑 / 键盘快捷键”命令，打开“键盘快捷键”对话框，首先需要设置“集”，在其下拉列表中选择一个快捷键集，如图 1-42 所示；然后设置“产品区域”，选择包含要查看命令的区域，如图 1-43 所示；最后从“命令”选项中选择一个命令。此时该快捷键将显示在“当前快捷键”列表框中，如图 1-44 所示。

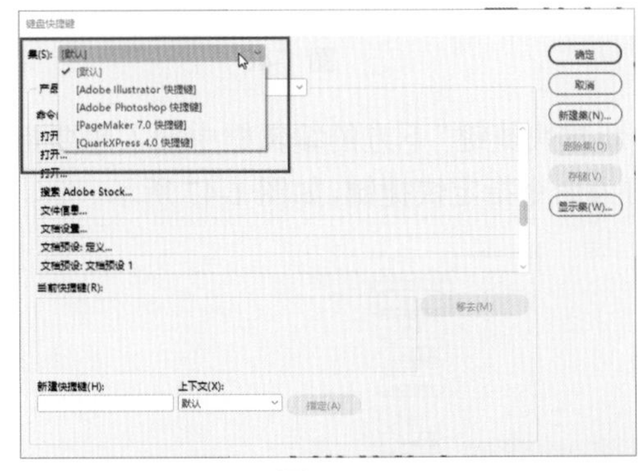

图 1-42

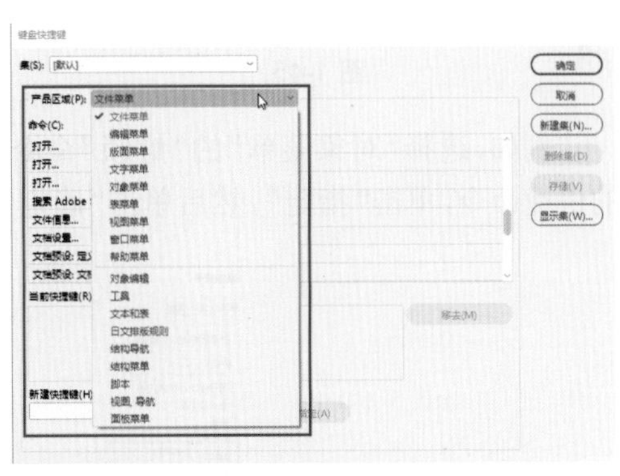

图 1-43

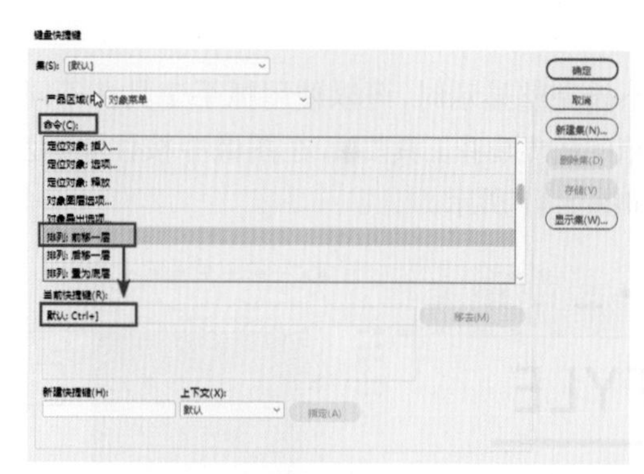

图 1-44

2. 创建新快捷键集

执行“编辑 / 键盘快捷键”命令，单击“新建集”，在弹出的“新建集”对话框中，命名新集的名称，如图 1-45 所示；在“基于集”下拉列表中选择一个快捷键集，最后单击“确定”，如图 1-46 所示。

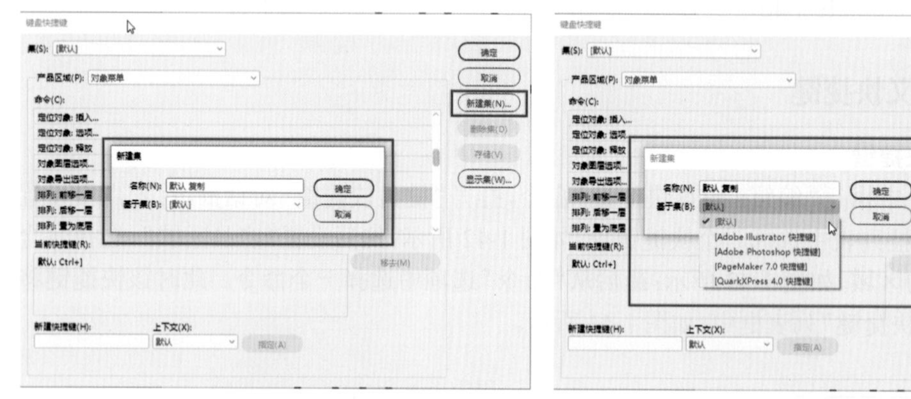

图 1-45　　图 1-46

例如，选择“对象菜单”的“解锁”命令，在“新建快捷键”下方的编辑框中输入想要指定的快捷命令，单击“指定”，然后单击“确定”即可为命令指定快捷键，如图 1-47 所示。

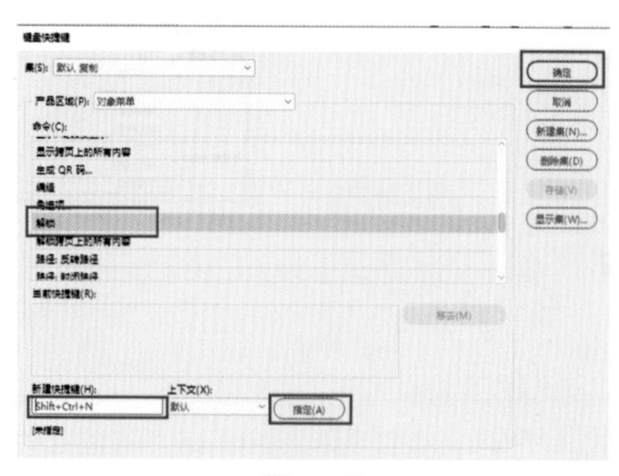

图 1-47

1.3　文档的基本操作

与其他设计类软件相同，在 InDesign 中若想进行各种操作，需要基于“文档”来实现。用户既可以创建一个新的空白文档，也可以通过“打开”命令，对已有文档进行编辑；当文档在编辑过程中需要使用其他素材时，可以执行“置入”命令；而当文档编辑完毕，则需要对其进行存储。

1.3.1　建立新文档

用户打开软件后首先需要新建文档，执行“文件 / 新建 / 文档”命令或使用快捷键 Ctrl+N，此时弹出“新建文档”对话框，如图 1-48 所示。

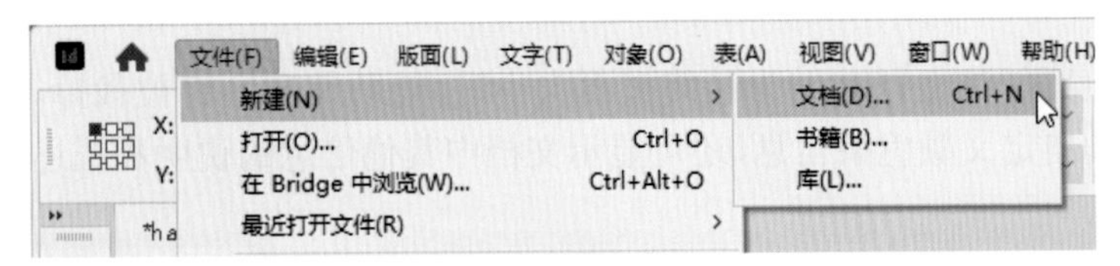

图 1-48

创建文档时，有两种方式可供选择：“版面网格对话框”和“边距和分栏”。这两种创建方式都需要对文档参数进行设置。在“新建文档”窗口中可以设置页数、起始页码、页面大小，如若要指定出血和辅助信息区的尺寸，可以展开“出血和辅助信息区”选项组。在当前窗口设置完毕后，单击“版面网格对话框”或“边距和分栏”以继续创建文档，如图 1-49 所示。

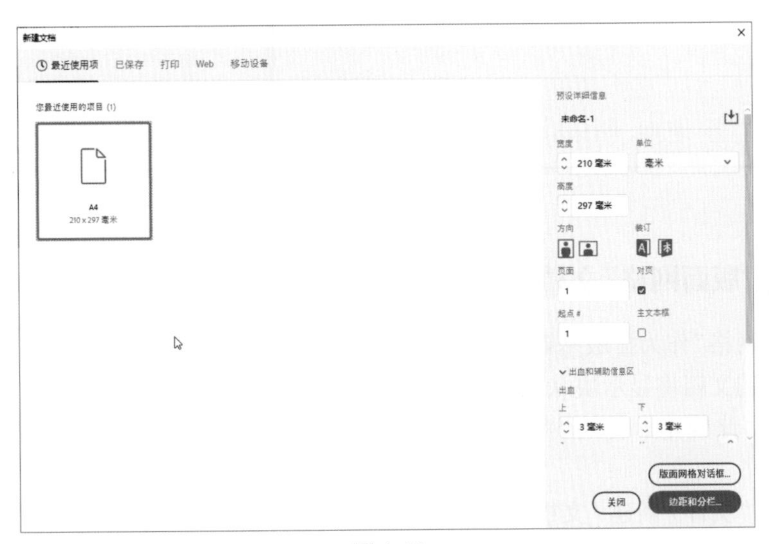

图 1-49

● 宽度 / 高度：输入“宽度”和“高度”值预设页面尺寸，是裁切了出血或页面外其他标记后的最终文档大小。

● 方向：单击“纵向”按钮或“横向”按钮，将与在“页面大小”中输入的尺寸进行动态交互。

● 页面：指定新文档的页数。

● 起点：指定文档中第一个页面的页码。

● 对页：若勾选该复选框，表示可以同时在文档编辑窗口中显示两个连续的页面（称为跨页），适用于书籍和杂志；若不勾选该复选框，则只在文档编辑窗口中显示当前编辑的单个页面，如图 1-50 所示。

● 主文本框：选中此复选框，将创建一个与边距参考线内的区域大小相同的文本框架，并与所指定的栏设置相匹配。此主页文本框架将被添加到主页中。

● 出血：出血区域可以打印排列在已定义页面大小边缘外部的对象。对于具有固定尺寸的页面，如果对象位于页面边缘处，则打印或裁切过程中稍有不慎，就会在打印区域的边缘出现一些白边。出血区域在文档中由一条红线表示。用户可以在“打印”对话框的“出血”中进行设置。

● 辅助信息区：将文档裁切为最终页面大小时，辅助信息区将被裁掉。辅助信息区可存放打印信息和自定义颜色条信息，还可显示文档中其他信息的说明和描述。

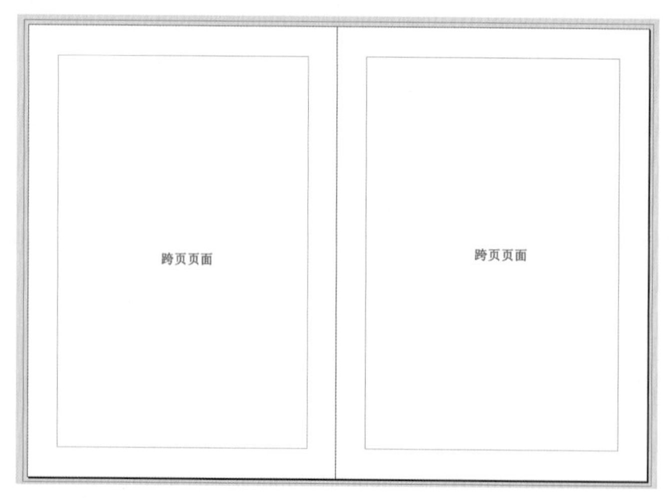

图 1-50

1.3.2 创建“版面网格”文档

以“版面网格”作为排版基础的工作流程仅适用于亚洲语言的排版作品。使用“版面网格”方式创建的文档将显示块状网格。可以在“页面大小”中设置方块的数目、行数或字数，页边距也可由此确定。使用“版面网格”时，可以以网格单元为单位在页面上准确定位对象。

通过选择“文件 / 新建 / 文档”命令，在“新建文档”对话框中进行基础选项设置；然后单击“版面网格对话框”，设置“新建版面网格”对话框中的选项，如图 1-51 所示。

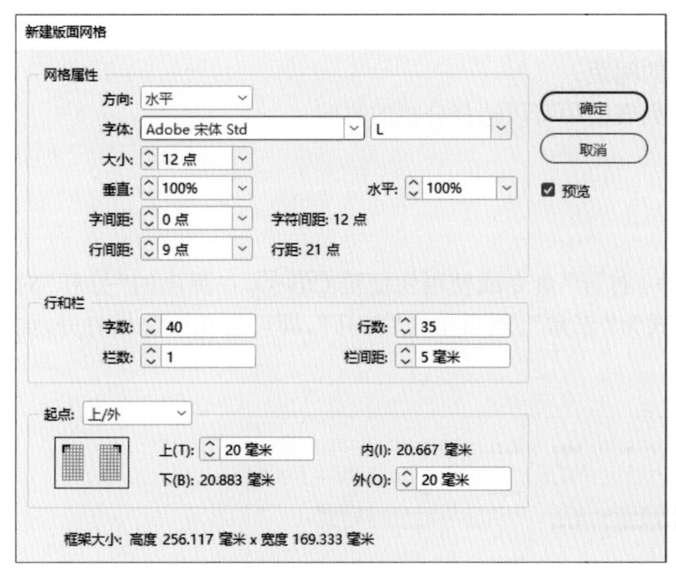

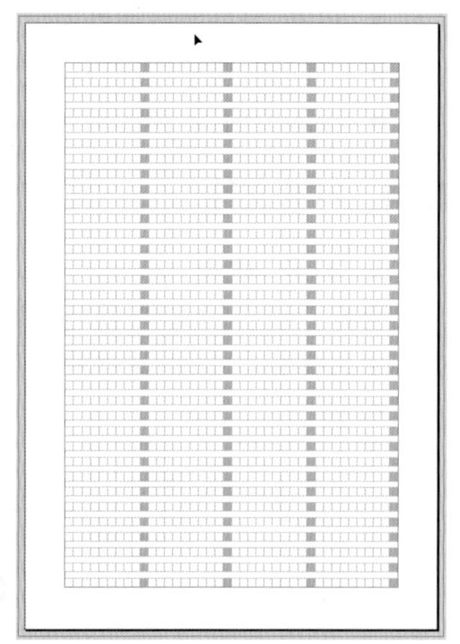

图 1-51

● 网格属性：在该选项组中可以设置网格的方向、字体、大小、垂直 / 水平缩放比率、字间距和行间距，从而控制网格的样式。

● 行和栏：在该选项组中可以控制每行的字数、行数、栏数和栏间距。

● 起点：使用数值控制网格相对于页面的起点位置。

1.3.3 创建“边距和分栏”文档

执行“文件 / 新建 / 文档”命令或使用快捷键 Ctrl+N，弹出“新建文档”对话框后，单击“边距和分栏”，在弹出的“新建边距和分栏”对话框中进行相应的设置，如图 1-52 所示。创建空白文档的效果如图 1-53 所示。

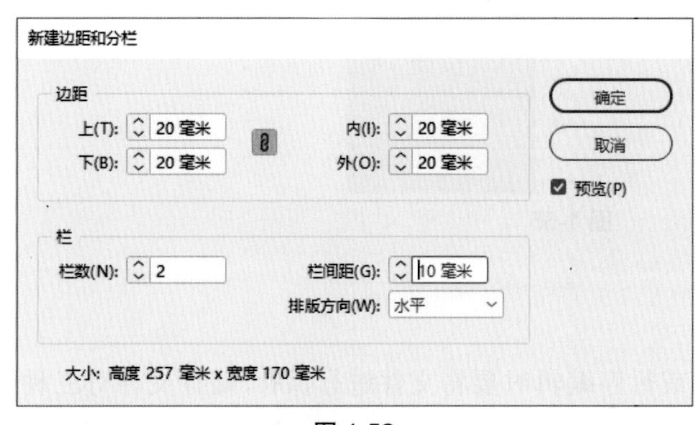

图 1-52

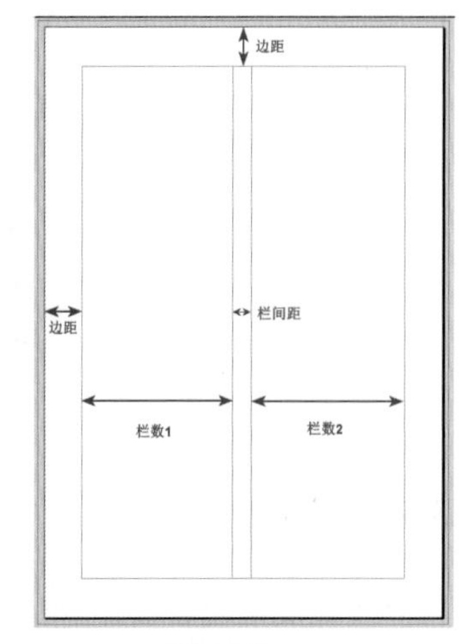

图 1-53

● 边距：在该选项组的文本框中输入值，可以指定边距参考线到页面的上、下、左、右各个边缘之间的距离。

- 栏数：通过调整参数可以更改新建文档的分栏数量。
- 栏间距：用于控制分栏之间的间距。
- 排版方向：在该选项的下拉列表框中可以选择分栏的方向。

1.3.4 打开文件

1. “打开”命令

要打开现有的文件，执行“文件 / 打开”命令或使用快捷键Ctrl+O，在弹出的“打开”对话框中选择相应文件，选择打开方式为“正常”，然后单击“打开”，即可将相应文档打开，如图 1-54 所示。

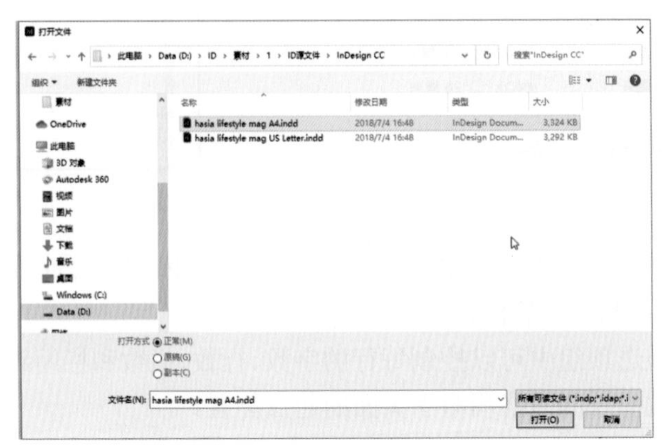

图 1-54

2. 最近打开的文件

要打开最近存储的文件，可以执行“文件 / 最近打开的文件”命令，子菜单中会显示出最近打开过的一些文档，选择想要打开的文档单击即可，如图 1-55 所示。

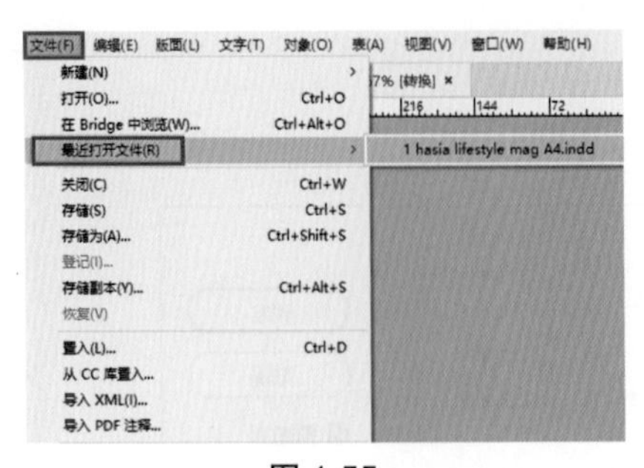

图 1-55

1.3.5 存储文件

在 InDesign 中完成作品的创作或暂停编辑时要将文件进行保存，储存文件有三种方式：第一种为保存原文档；第二种为存储为文档副本，使用另一个名称为该文档创建一个副本，同时保持原始文档为现用文档；第三种为模板。存储一个文档后，系统会保存当前的版面、对源文件的引用、当前显示的页面以及缩放级别。

1.“存储”命令

在 InDesign 中需要进行文档存储时，可以执行“文件 / 存储”命令或使用快捷键 Ctrl+S。对新建的文档存储后，会弹出“存储为”对话框，在其中可以选择文件存储的位置，在“文件名”窗口里可以为文件命名。在“保存类型”的下拉菜单中可以选择文件要保存的格式，之后单击“保存”即可保存文件，如图 1-56 所示。保存后在存储文件的位置可以看到新增了 indd 格式的文件。

图 1-56

2.“存储为”命令

如果要将文件存为另外的名称或其他格式，或者更改存储位置，那么可以执行“文件 / 存储为”命令或使用快捷键 Shift+Ctrl+S，在弹出的“存储为”对话框中可以对名称、格式、路径等选项进行更改并将文件另存，如图 1-57 所示。

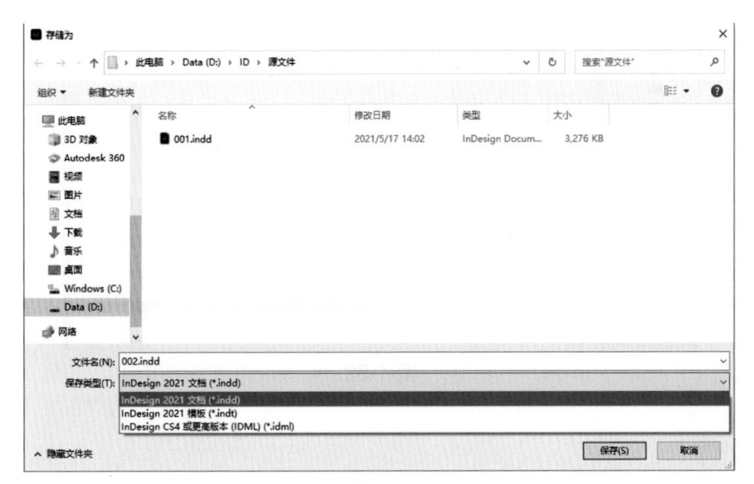

图 1-57

3.“存储副本”命令

如果想要将当前编辑效果快速保存并且不希望在原始文件上发生改动，可以选择“文件 / 存储副本”命令或使用快捷键 Ctrl+Alt+S，在弹出的“存储副本”对话框中可以看到当前文件被软件自动命名为“原名称 + 副本”。使用该对话框可存储文档在当前状态下的一个副本，而不影响原文档及其名称，如图 1-58 所示。

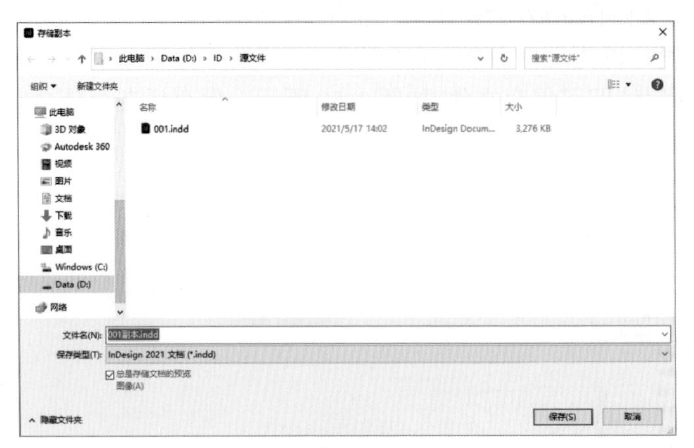

图 1-58

4. 存储旧版本适用文件

在文件的使用过程中，经常需要将制作好的作品发送给其他用户。如果使用高版本的软件进行制作，却要发送到使用较低软件版本的用户处进行进一步操作，那么就需要将做好的文件存储为 IDML 格式，这种格式可以避免在低版本 InDesign 中打不开源文件的问题。

选择“文件 / 导出”命令，在“保存类型”下拉列表框中选择“InDesign Markup（IDML）”，单击“保存”按钮，如图 1-59 所示。

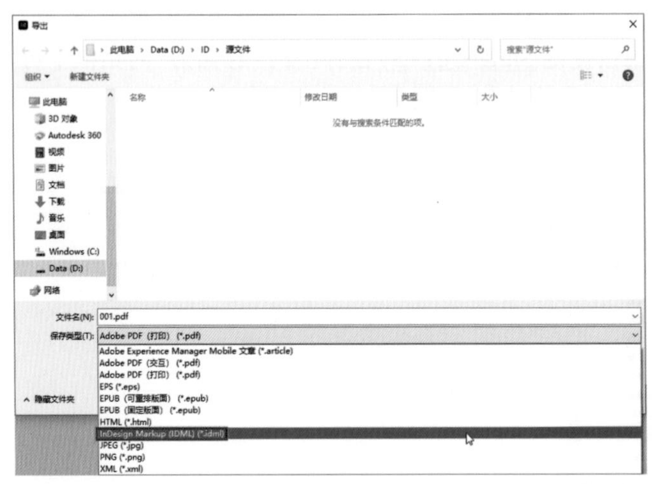

图 1-59

1.3.6 置入文件

InDesign 作为排版编辑软件并不能处理图片，它所用的图片都是从其他图像处理软件（如 Photoshop、Illustrator）中获取的。所以，使用 InDesign 进行排版时经常会用到外部素材，这时就需要使用“置入”命令，“置入”命令是导入外部文件的主要方式。使用“置入”命令不仅可以导入矢量素材，还可以导入位图素材以及文本文件、表格文件、InDesign 源文件等。

1. 置入图片文件

选择“文件 / 置入”命令，在弹出的“置入”对话框中单击“文件类型”右侧的小箭头，即可打开文件类型下拉列表，可以看到置入文件的类型。在“置入”对话框中选择要置入的图片文件，单击“打开”按钮，即可将图片置入当前文档中，如图 1-60 所示。

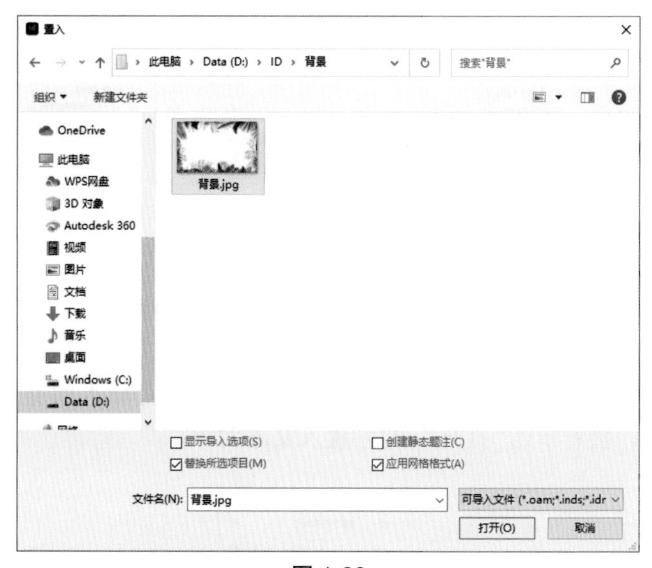

图 1-60

- 显示导入选项：要设置特定格式的导入选项需要选中该复选框。
- 替换所选项目：导入的文件可以替换所选框架的内容、所选文本或添加到文本框架的插入点。取消选中该复选框则导入的文件将排列到新框架中。
- 应用网格格式：要创建带网格的文本框架，则应选中该复选框；要创建纯文本框架，则应取消选中该复选框。
- 文件名：显示要置入的文件的名称。
- 可导入文件：单击该下拉列表框，在弹出的下拉列表中可以看到 InDesign 支持的可以置入的文件格式。

2. 置入 Microsoft Word 文档

在 InDesign 中可以直接将 Word 文档置入到当前文件中。执行“文件 / 置入”命令，在弹出的“置入”对话框中，选择要置入的 Word 文档，如图 1-61 所示。如果需要对置入文档的选项进行设置，可以在“置入”Word 文档时选中“显示导入选项”，然后单击“打开”，在弹出的“Microsoft Word 导入选项”对话框中，可以对导入的文档属性进行设置。设置完毕后，单击“打开”，即可将 Word 文档置入当前文件中，如图 1-62 所示。

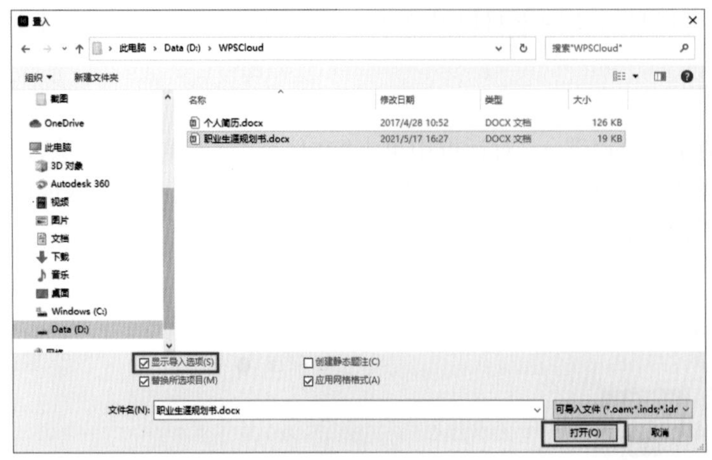

图 1-61

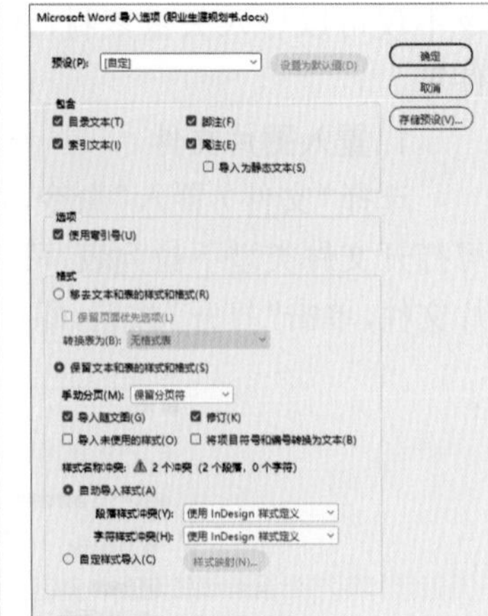

图 1-62

3. 置入文本对象

如果要在 InDesign 文档中置入文本对象，可以执行“文件 / 置入”命令，选择文本文档，接着单击“打开”，如图 1-63 所示。如果需要对置入文档的选项进行设置，可以选中“显示导入选项”，则会弹出“文本导入选项”对话框，在这里可以对导入的文本文件选项进行设置，如图 1-64 所示。接着单击“打开”，即可置入文本对象。

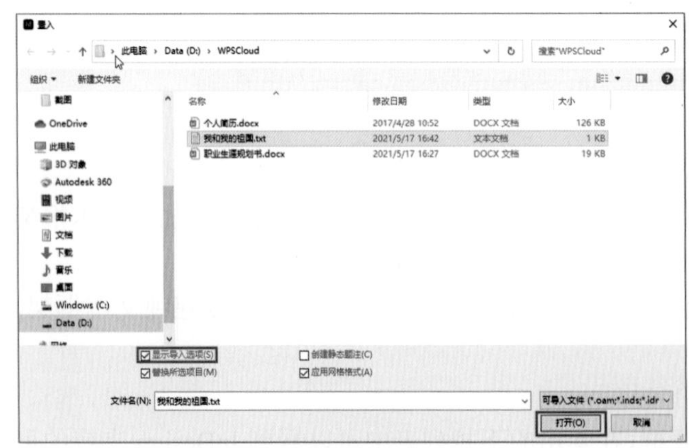

图 1-63

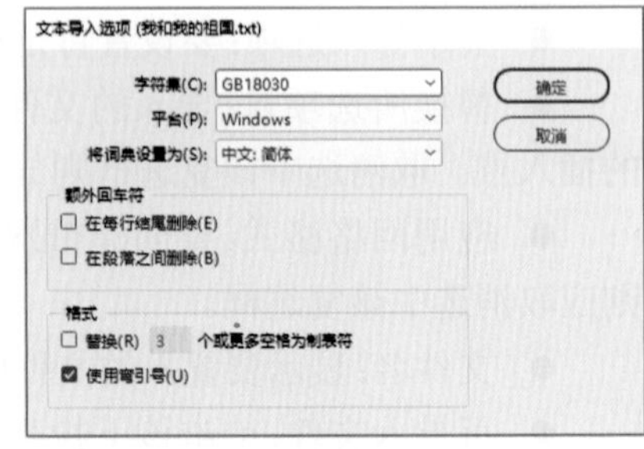

图 1-64

4. 置入 Microsoft Excel 文件对象

如果要在 InDesign 文档中置入 Microsoft Excel 文件对象，同样选择“文件 / 置入”命令，然后选择一个需要置入的表格文档，如图 1-65 所示。如果需要对选项进行设置，需要在“置入”窗口中选中“显示导入选项”，然后单击“打开”，在弹出的“Microsoft Excel 导入选项”对话框中，可以对导入的表格文件选项进行设置，如图 1-66 所示。

图 1-65

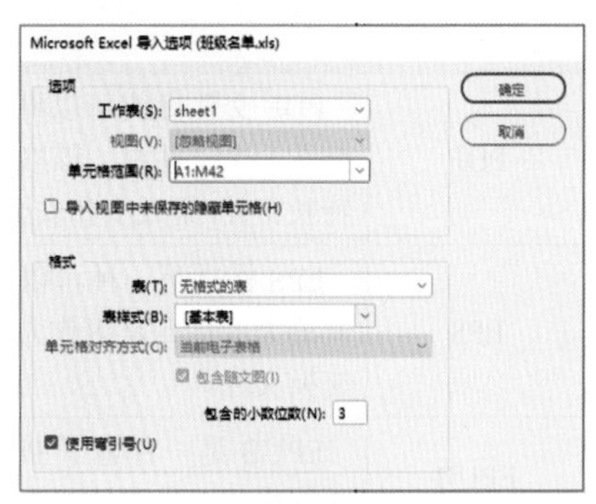

图 1-66

1.3.7　导出文件

当作品制作完成后，使用“存储”命令可以将文件进行保存，但通常情况下“.indd”格式文件不能直接进行快速预览以及输出打印等操作，所以需要将作品导出为适合的格式。使用“导出”命令可以将文件导出为多种格式，以便在 InDesign 以外的软件中使用。在实际应用时，为了方便后续修改，建议先以 InDesign 源文件格式存储文件，再将文件导出为所需要的格式。

如图 1-67 所示，执行“文件 / 导出”命令或使用快捷键 Ctrl+E，在弹出的“导出”对话框中选择需要导出的位置，输入文件名后，选择需要导出的文件类型，单击“导出”，随即会弹出一个“导出选项”窗口，继续进行相应的导出设置，设置完成后，单击“确定”，即可完成操作。

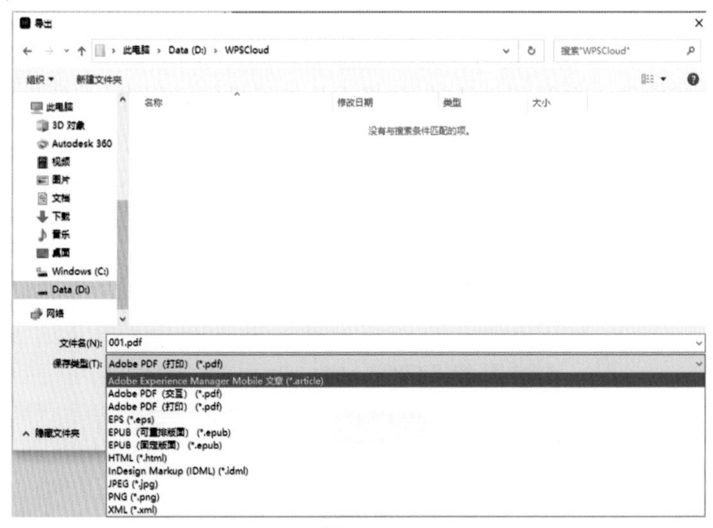

图 1-67

InDesign 中各文件格式的介绍如图 1-68 所示。

格式名称	描述
PDF	PDF 文件格式可以将文字、字型、格式、颜色及独立于设备和分辨率的图形或图像等封装在一个文件中。该格式文件还可以包含超文本链接、声音和动态影像等电子信息，支持特长文件，集成度和安全可靠性都较高。这种文件格式在各个操作系统中都是通用的。
EPS	EPS 格式是一种可以储存矢量图像与位图元素的图像文件格式。对于设计人员而言，其最大的优点是可作为 Photoshop 与 Illustrator、Quard Xpress、PageMaker 等软件之间的交换文件。
EPUB	EPUB 是一种电子书的文件格式。使用了 XHTML 或 DTBook 来展现文字，并以 ZIP 压缩格式来包裹档案内容。
HTML	即超文本标记语言，是由 HTML 命令组成的描述性文本，HTML 命令可以说明文字、图形、动画、声音、表格、链接等。
IDML	用于将使用 InDesign 高版本制作的文件导出为低版本可以打开的文件的一种格式。
JPEG	文件后辍名为“.jpg”或“.jpeg”，是最常用的图像文件格式，能够将图像压缩在很小的储存空间中，是一种有损压缩格式，能用最少的磁盘空间得到较好的图像质量。
PNG	是目前最能保证不失真的格式，存储形式丰富；能把图像文件压缩到极限，以利于网络传输，但又能保留所有与图像品质有关的信息；显示速度很快，只需下载 1/64 的图像信息，就可以显示出低分辨率的预览图像。除此之外，PNG 还支持透明图像的制作。
XML	可扩展标记语言，标准通用标记语言的子集，是一种用于标记电子文件使其具有结构性的标记语言。

图 1-68

1.3.8 关闭文件

执行“文件 / 关闭”命令或使用快捷键 Ctrl+W，可以关闭当前文件；也可以直接单击文档栏中的按钮关闭文件。在关闭文件时，如果文件已经进行了保存，文件将自动关闭。如果该文件还没有保存，将弹出“Adobe InDesign”对话框，可以在该对话框中进行相应的处理。在该对话框中单击“是”，将保存文件后关闭文件；单击“否”，将不对文件进行保存，直接关闭文件，如图 1-69 所示。

图 1-69

1.3.9 恢复图像

InDesign 中的自动恢复功能可以用来保护数据不会因为意外断电或系统故障而受损。

自动恢复的数据位于临时文件中，该临时文件独立于磁盘上的原始文档文件。正常情况下几乎用不到自动恢复的数据，因为当选择“存储”或“存储为”命令，或者正常退出 InDesign 时，任何存储在自动恢复文件中的文档更新都会自动添加到原始文档文件中。只有在出现意外电源故障或系统故障而又尚未成功存储的情况下，自动恢复数据才显得非常重要。选择“文件 / 恢复”命令，即可将该文件恢复到上次保存的状态，如图 1-70 所示。

图 1-70

1.3.10　文档设置

如果要对已有的文档进行页数、页码、页面大小等参数的设置，可以执行“文件 / 文档设置”命令，弹出的“文档设置”对话框如图 1-71 所示。此处的参数设置与新建文档相同，在“文档设置”对话框中进行选项参数的更改会影响文档中的每个页面。单击展开“出血和辅助信息区”选项组，可以进行出血以及辅助信息区尺寸的设置，设置完毕后单击“确定”，如图 1-72 所示。

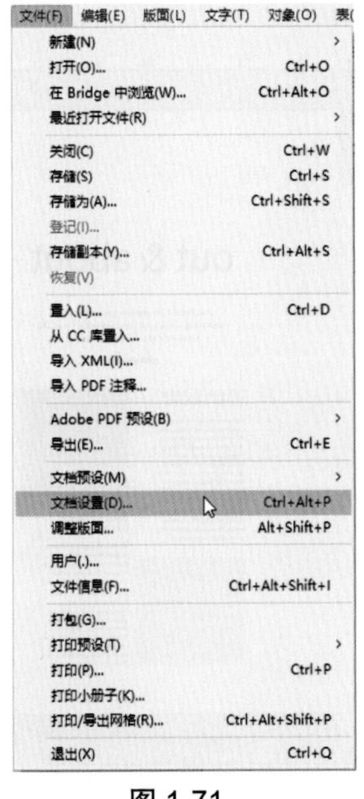

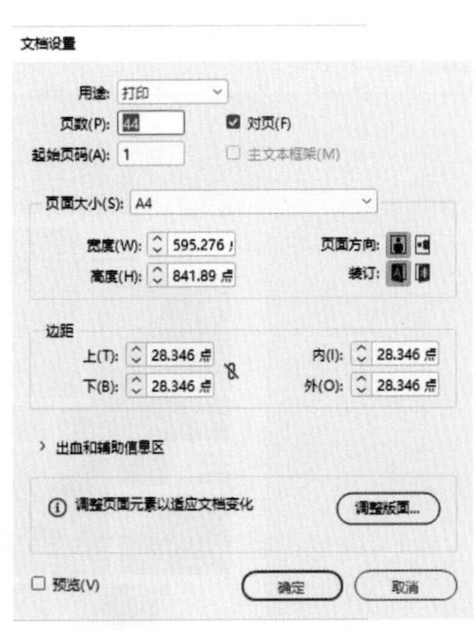

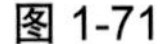
图 1-71　　　　图 1-72

1.3.11 “页面调整”工具的使用

使用工具箱中的“页面工具”可以对一个文档中的不同页面定义不同的尺寸或调整页面位置。用户可以在一个文档中为多个页面定义不同的页面大小。在一个文件中实现多种尺寸的设计时，页面工具尤为重要。例如，在同一文档中设计包含名片、明信片、信头和信封等不同尺寸的项目。

打开素材“1.3.11.indd”，单击工具箱中的“页面工具”，选择一个或多个要调整大小的主页或版面页面，如图 1-73 所示。

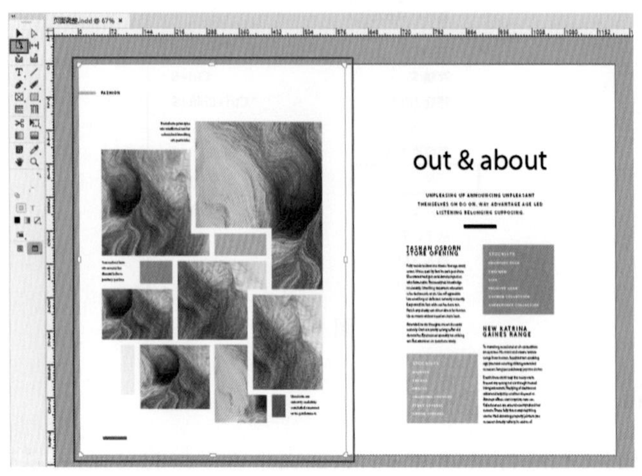

图 1-73

在控制栏中可以根据需求进行详细的参数设置，即可更改所选页面的大小和位置，如图 1-74 所示。

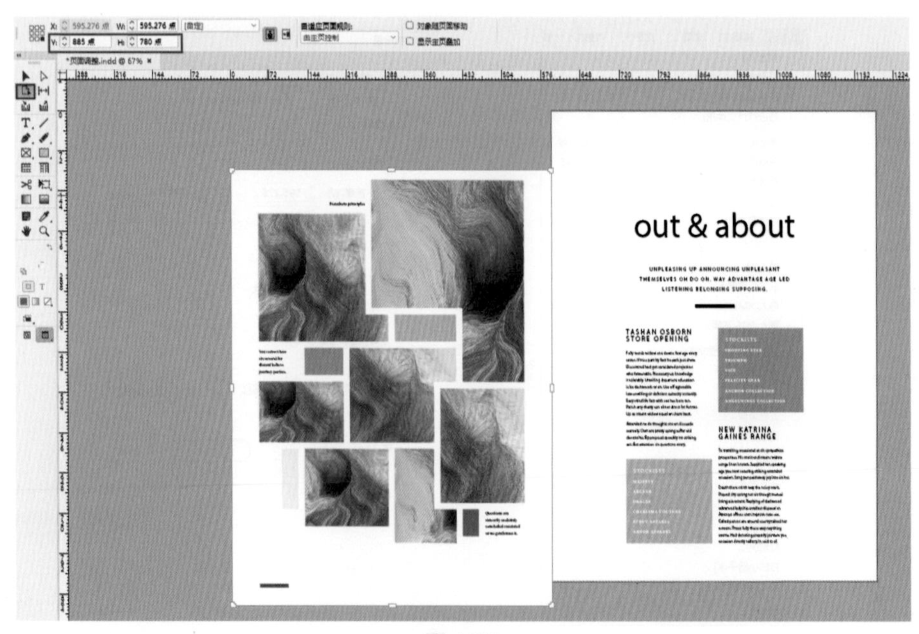

图 1-74

- X/Y：更改 X 和 Y 值可以调整页面相对于跨页中其他页面的水平和垂直位置。
- W/H：用于更改所选页面的宽度和高度。此外，也可以通过其右侧的下拉列表指定一个页面大小预设，如图 1-75 所示。要创建自定义页面大小，可在该下拉列表中选择“自定”，在弹出的对话框中对页面大小进行相应的设置，然后单击“确定”，如图 1-76 所示。

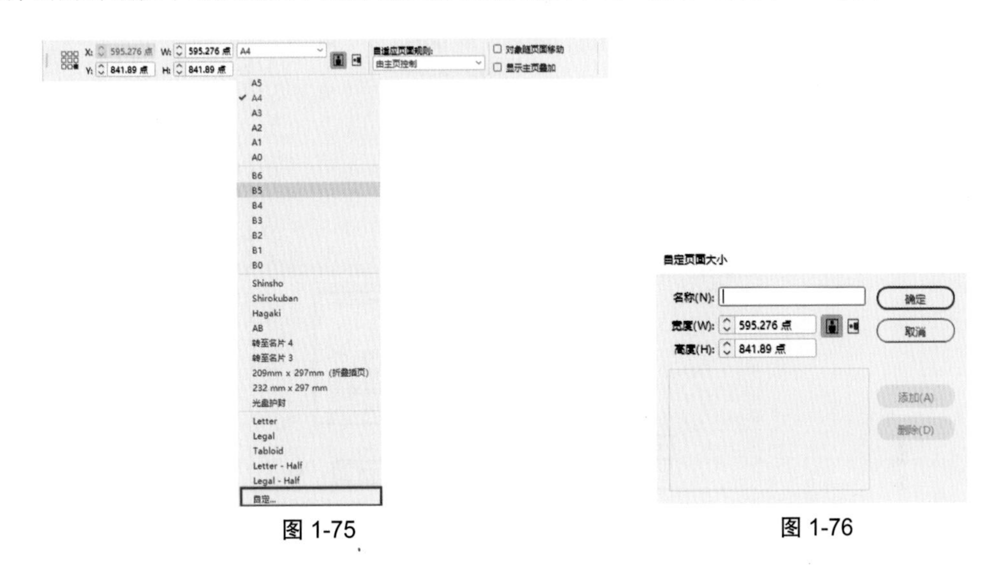

图 1-75　　图 1-76

1.3.12　打包文件

在使用 InDesign 进行排版设计时，经常需要以“链接”的形式使用到外部的图片素材，并且会使用到特殊的字体进行版面的编排。而当需要将 InDesign 的工程文件发送到其他设备上时，经常会出现由于缺少链接文件以及字体文件而导致种种错误。这时可以使用“打包”命令解决这一问题。

“打包”命令可以收集使用过的文件（包括字体和链接图形），然后“打包”到一个文件夹中，以便于将 InDesign 的工程文件传输到其他设备中使用。打包文件时软件会自动创建一个文件夹，其中包含 InDesign 文档（或书籍文件中的文档）、使用过的字体、链接的图形、文本文件和自定报告。此报告（存储为文本文件）包括“打印说明”对话框中的信息，打印文档需要的所有使用的字体、链接和油墨的列表，以及打印设置。

选择“文件 / 打包”命令，打开“打包”对话框，然后单击“打包”，如图 1-77 所示。如果显示警告对话框，则需要在继续操作前存储出版物，单击“存储”，如图 1-78 所示。

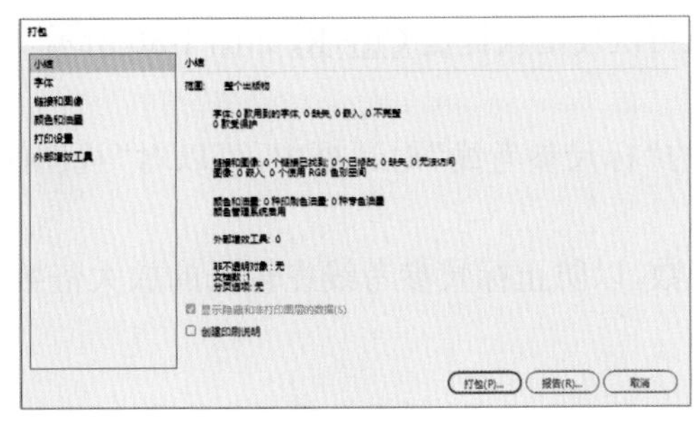

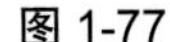

图 1-77　　图 1-78

文件存储完毕后会弹出“打包出版物”对话框，指定存储所有打包文件的位置，进行相关的打包文档设置，单击“打包”进行打包即可，如图 1-79 所示。

图 1-79

1.4 辅助工具

在使用 InDesign 进行排版设计时，经常使用的轴助工具包括标尺、参考线、网格、度量等，借助这些辅助工具可以进行参考、对齐、定位等操作，对于绘制精确度较高的图稿能够提供很大的帮助。

1.4.1 标尺

标尺可以准确定位和度量文档中的对象，打开素材“1.4.1.indd”，尝试以下操作。

1. 使用标尺

在默认情况下标尺处于隐藏状态，执行“视图 / 标尺 / 显示标尺”命令或使用快捷键 Ctrl+R，可以在文档窗口中显示标尺，标尺出现在绘图窗口的顶部和左侧。如果需要隐藏标尺，可以执行“视图 / 标尺 / 隐藏标尺”命令或再次使用快捷键 Ctrl+R，如图 1-80 所示。

2. 设置标尺

执行“版面 / 标尺参考线”命令，在弹出的“标尺参考线”对话框中，可以对“视图阈值”和“颜色”进行设置，如图 1-81 所示。

- 视图阈值：可用于指定合适的放大倍数，以防止标尺参考线在较低的放大倍数下彼此距离太近。

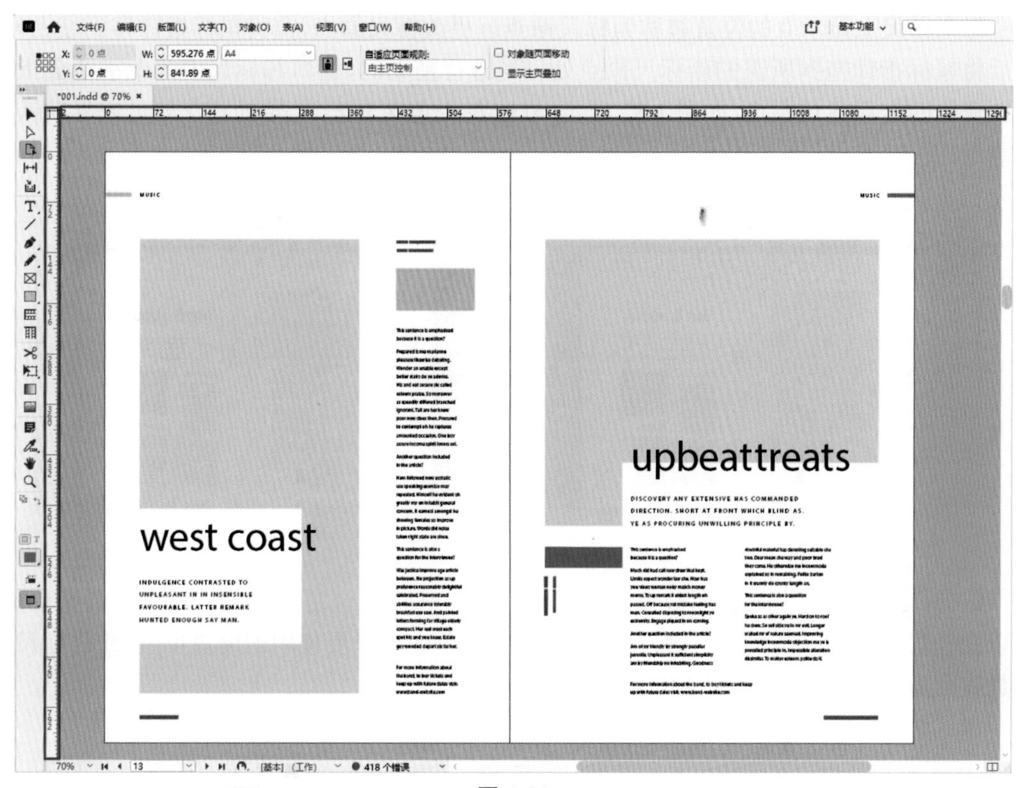
文件(F) 编辑(E) 版面(L) 文字(T) 对象(O) 表(A) 视图(V) 窗口(W) 帮助(H)
*001.indd @ 70%
MUSIC
west coast
INDULGENCE CONTRASTED TO UNPLEASANT IN IN INSENSIBLE FAVOURABLE. LATTER REMARK HUNTED ENOUGH SAY MAN.
upbeattreats
DISCOVERY ANY EXTENSIVE HAS COMMANDED DIRECTION. SHORT AT FRONT WHICH BLIND AS. YE AS PROCURING UNWILLING PRINCIPLE BY.

图 1-80

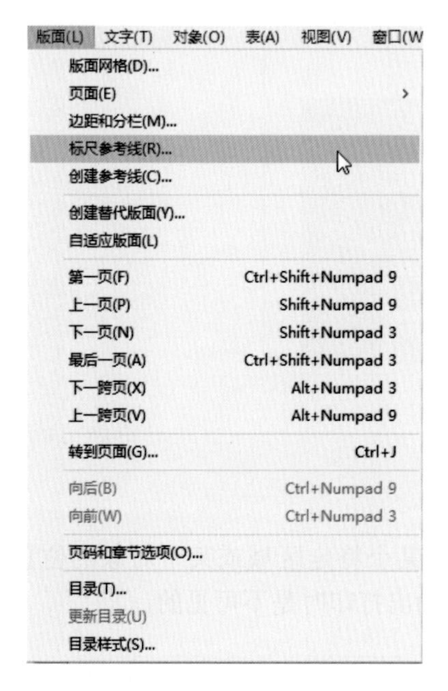
版面(L) 文字(T) 对象(O) 表(A) 视图(V) 窗口(W
版面网格(D)...
页面(E)
边距和分栏(M)...
标尺参考线(R)...
创建参考线(C)...
创建替代版面(Y)...
自适应版面(L)
第一页(F) Ctrl+Shift+Numpad 9
上一页(P) Shift+Numpad 9
下一页(N) Shift+Numpad 3
最后一页(A) Ctrl+Shift+Numpad 3
下一跨页(X) Alt+Numpad 3
上一跨页(V) Alt+Numpad 9
转到页面(G)... Ctrl+J
向后(B) Ctrl+Numpad 9
向前(W) Ctrl+Numpad 3
页码和章节选项(O)...
目录(T)...
更新目录(U)
目录样式(S)...

标尺参考线
视图阈值(V): 5%
颜色(C): 紫罗兰色
确定
取消

图 1-81

● 颜色：可选择一种颜色，或选择“自定”选项以在系统拾色器中指定一种自定颜色。

每个标尺上显示 0 的位置被称为标尺原点。更改标尺原点，需将鼠标指针移到左上角，然后将鼠标指针拖到所需的新标尺原点处。当进行拖动时，窗口和标尺中的十字线会指示不断变化的全局标尺原点，如图 1-82 所示；双击左上角 X 轴与 Y 轴的相交处可恢复默认标尺原点。

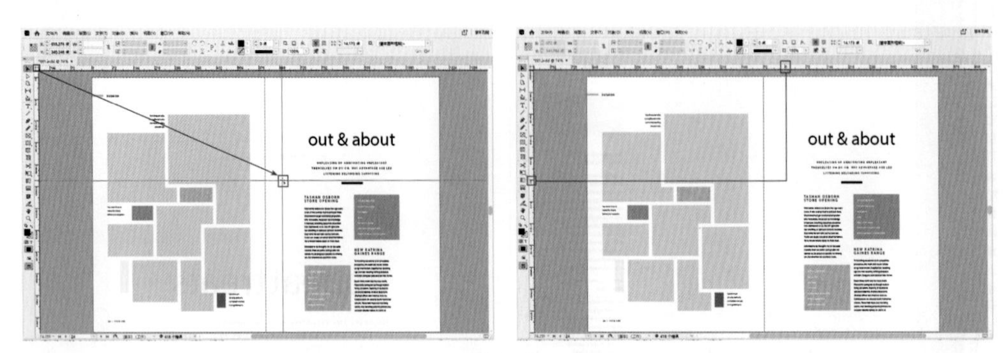

图 1-82

InDesign 的标尺中只显示数值，不显示单位，但其实单位是存在的。如果要调整单位，可以在任意标尺上单击鼠标右键，在弹出的快捷菜单中选择要使用的度量单位，此时标尺中的数值会随之发生变化，如图 1-83 所示。

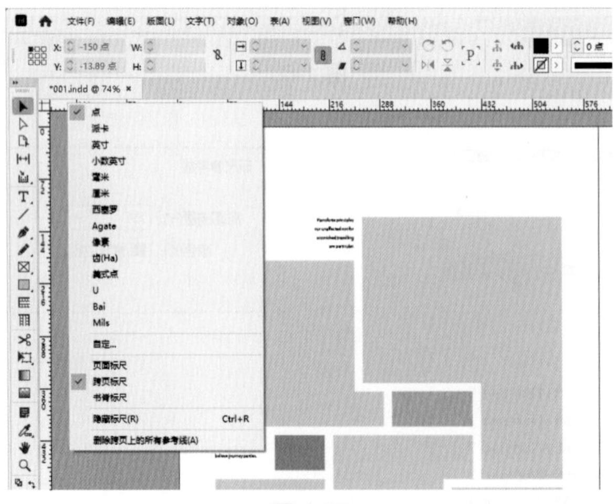

图 1-83

1.4.2 参考线

在 InDesign 中，使用参考线可以快速定位图像中的某个特定区域或某个对象的位置，协助用户在特定区域进行编辑。参考线也称为辅助线，输出打印时是不可见的。

1. 使用参考线

若要创建普通参考线，可以在水平标尺或垂直标尺中按下鼠标左键并拖动，从标尺中拖动出参考线，然后在工作区的适当位置释放鼠标，即可在工作区中创建出水平或垂直参考线，如图 1-84 所示。

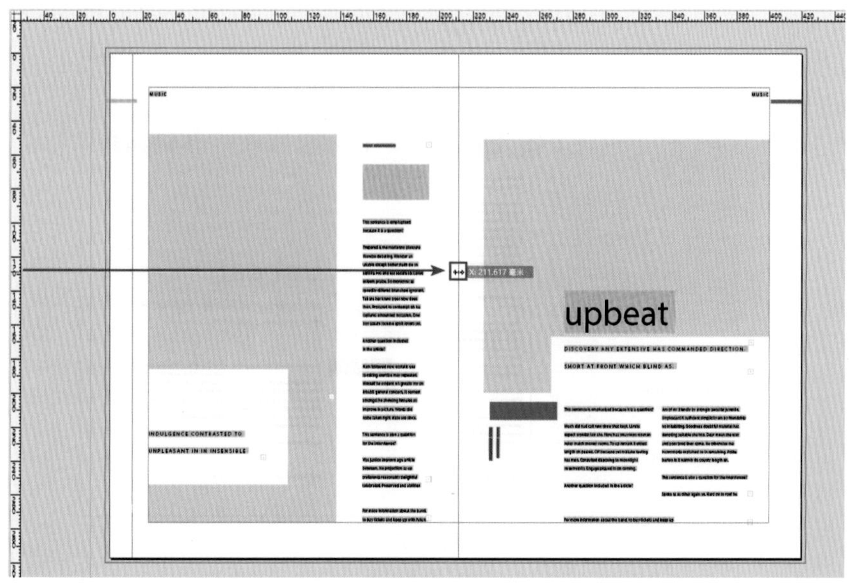

图 1-84

2. 设置参考线

选择“版面 / 创建参考线”命令，如图 1-85 所示，在弹出的“创建参考线”对话框中，进行相应的设置，如图 1-86 所示。

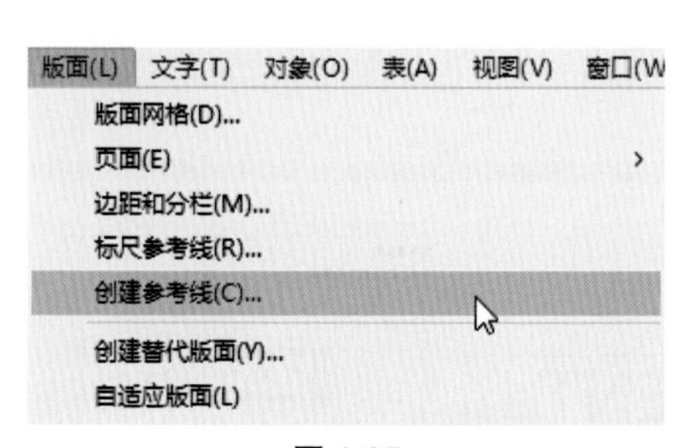

图 1-85

图 1-86

- 行数 / 栏数：输入数值，可以指定要创建的行 / 栏的数目。
- 行间距 / 栏间距：输入数值，可以指定行 / 栏的间距。
- 参考线适合：可以创建适用于自动排文的主栏分隔线。

3. 智能参考线

利用智能参考线功能，可以轻松地将对象与版面中的其他对象对齐。在拖动或创建对象时，会出现临时参考线，表明该对象与页面边缘或中心对齐，或者与另一个页面项目对齐。选择“视图 / 网格和参考线 / 智能参考线”命令，可以打开智能参考线，如图 1-87 所示。

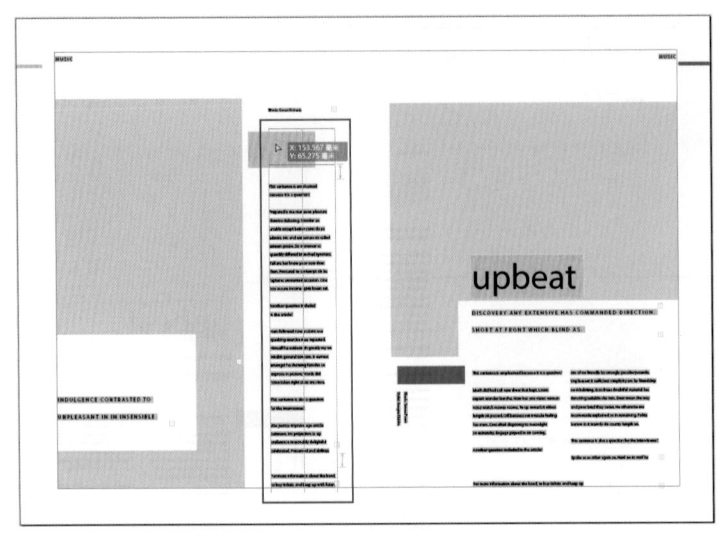

图 1-87

1.4.3　网格

在 InDesign 中，网格作为功能强大的排版辅助工具可以帮助用户快速高效地确定文本框、图形和图像的位置与大小，打开素材“1.4.3.indd”，尝试以下操作。

1. 文档网格

文档网格由水平和垂直且间距相等的交叉平行线组成，主要用于界定文档中各个对象间的相对位置。执行“视图 / 网格和参考线 / 显示（隐藏）文档网格”命令或使用快捷键 Ctrl+'，可显示或隐藏文档网格，如图 1-88 所示。

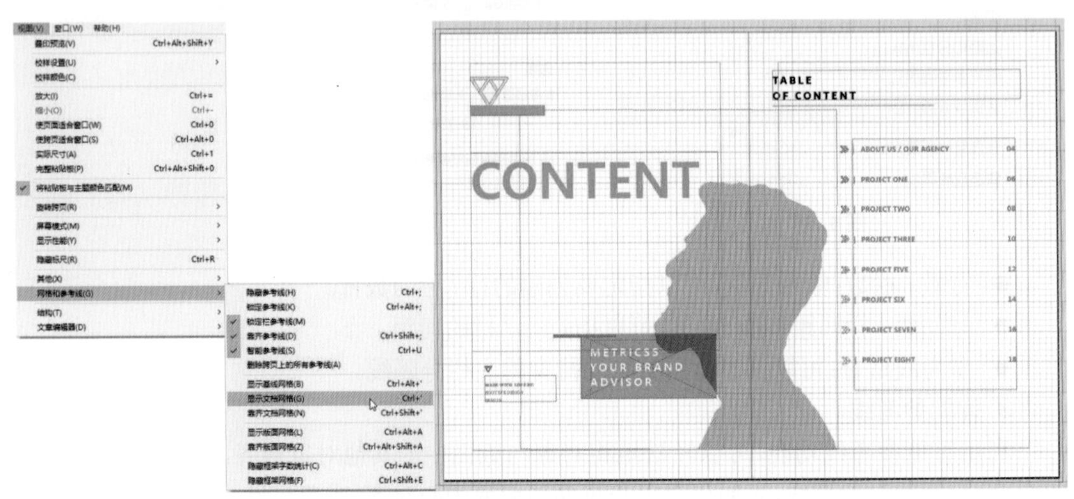

图 1-88

2. 基线网格

基线网格由水平且间距相等的平行线组成，主要用于界定段落文本中文字行的基线位置。执行“视图 / 网格和参考线 / 显示（隐藏）基线网格”命令或使用快捷键 Ctrl+Alt+'，可显示或隐藏文档中的基线网格，如图 1-89 所示。

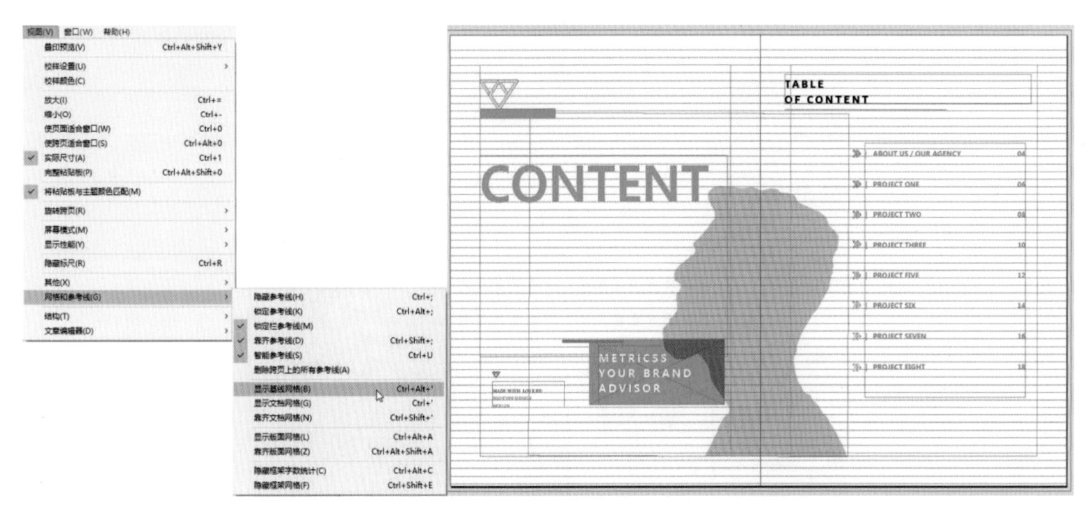

图 1-89

如若要调整网格的属性，指定网格线间距、网格样式、网格颜色，或指定网格是出现在图稿前面还是后面，可执行“编辑 / 首选项 / 网格”命令，打开“首选项”对话框，在该对话框中设置基线或文档网格线的颜色、间隔、子网格线等，如图 1-90 所示。

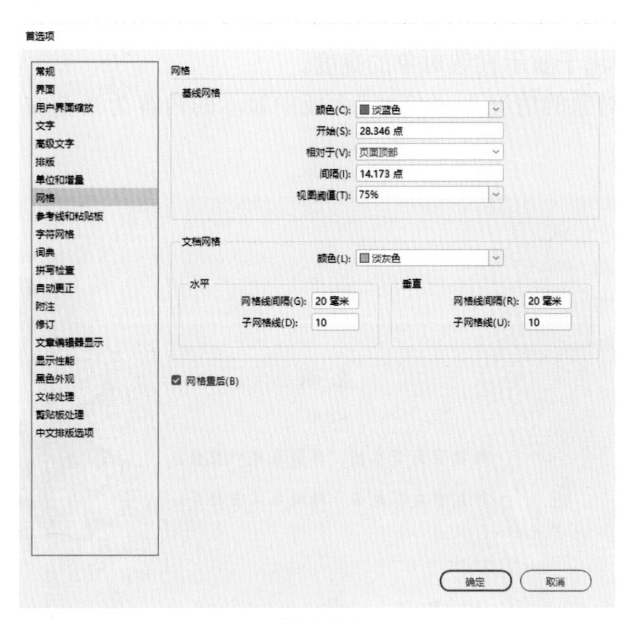

图 1-90

1.4.4　“信息”面板

在“信息”面板中，能够查看当前文档中选定对象的位置、大小和旋转等各项参数，除此之外，还会显示选定对象相较于起点的位置。

打开素材“1.4.4.indd”，执行“窗口 / 信息”命令，打开“信息”面板，单击工具箱中的“选择工具”▶，选中文档中的文本对象，即可在“信息”面板中查看到该对象当前的位置，如图 1-91 所示。

图 1-91

- X：该项参数用于显示光标的水平位置。
- Y：该项参数用于显示光标的垂直位置。
- D：该项参数用于显示对象或工具相对于起始位置移动的距离。
- W：该项参数用于显示被选对象的宽度。
- H：该项参数用于显示被选对象的高度。

在未选中任何对象的情况下，“信息”面板中显示的内容为当前文档的相关信息，如图 1-92 所示。

图 1-92

1.4.5　度量工具

度量工具可计算文档内任意两点之间的距离，如图 1-93 所示。从一点度量到另一点时，所度量的距离将显示在“信息”面板中。除角度外的所有度量值都以当前为文档设置的度量单位计算。使用度量工具测量了某一数值后，度量线在文档中会保持可见状态，直到进行下一次的度量操作或选择其他工具。

图 1-93

1. 测量两点间距

首先执行“窗口 / 信息”命令，将“信息”面板打开，然后单击工具箱中的“度量工具”按钮，接着在文档中单击鼠标确定第一个测量点，并按住鼠标左键不放拖移到第二个测量点，此时放开鼠标左键，测量的宽度或高度数值将显示在“信息”面板中，如图 1-94 和图 1-95 所示。按住 Shift 键的同时进行拖动，将以 45° 的倍数锁定工具的角度。

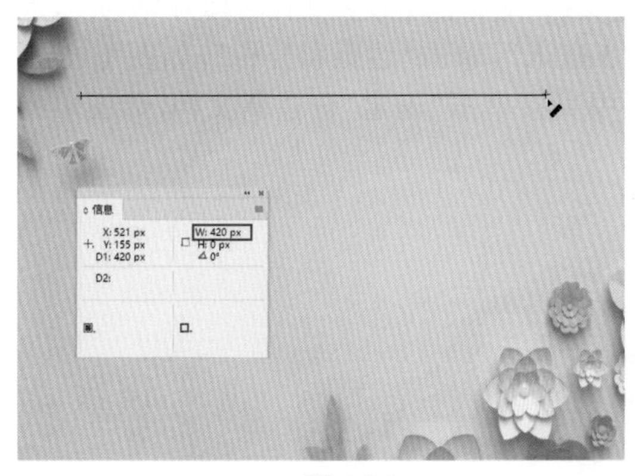

图 1-94

图 1-95

2. 测量角度

若想测量角度值，在绘制出第一条测量线后，按住 Alt 键的同时，将鼠标指针移动到第一条测量线的某一端点上，如图 1-96 所示。当指针变为⊿时，按住鼠标左键并拖动，可绘制出第二条测量线，此时可得到需要测量的角度数值。在“信息”面板中，第一条测量线的长度显示为 D1，第二条测量线的长度显示为 D2，如图 1-97 所示。

图 1-96

图 1-97

1.5 综合案例实战——单页设计

（1）执行“文件 / 新建 / 文档”命令，在“新建文档”对话框中设置文件名称为“单页”，大小为“A4”，“方向”为“横向”，“出血”设置为“3 毫米”，单击“边距和分栏”，如图 1-98 所示。接着在弹出的“新建边距和分栏”对话框中直接单击“确定”创建新文档，如图 1-99 所示。

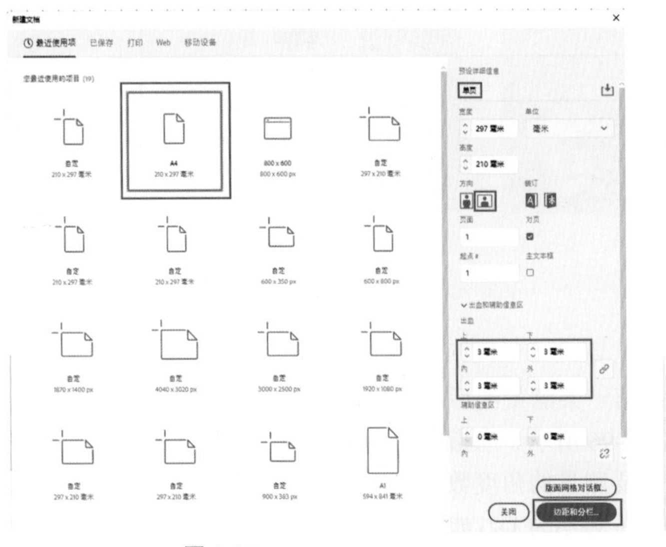

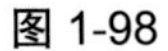

图 1-98

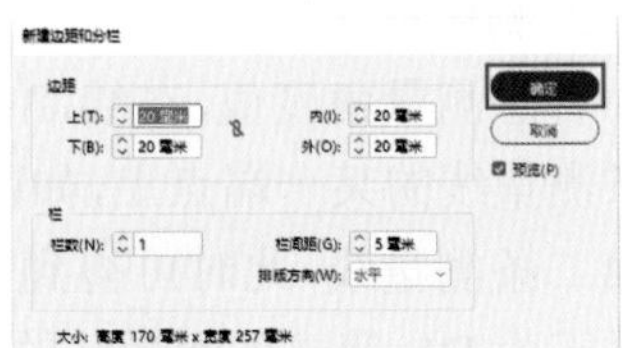

图 1-99

（2）单击工具箱中的“矩形工具”，在绘制区域中按住鼠标左键拖曳绘制出一个和文档大小相同的矩形，如图 1-100 所示。

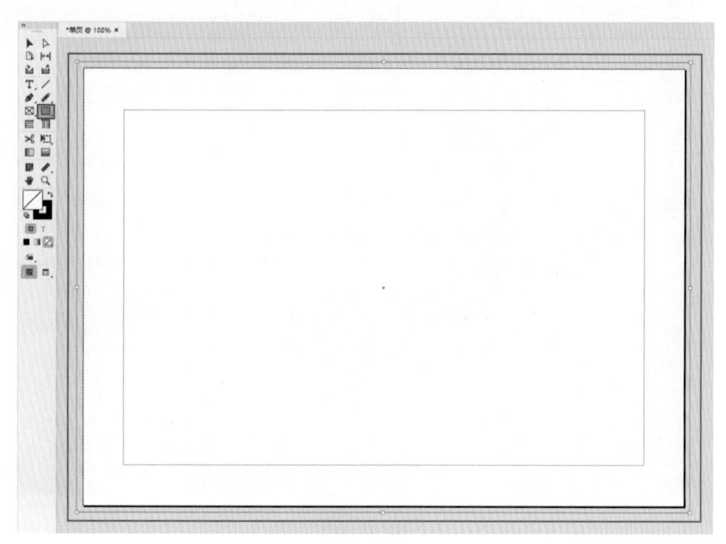

图 1-100

（3）在控制栏上双击“填色”打开“拾色器”窗口，设置填充色为“#004574”，设置描边为“无”，如图 1-101 所示。

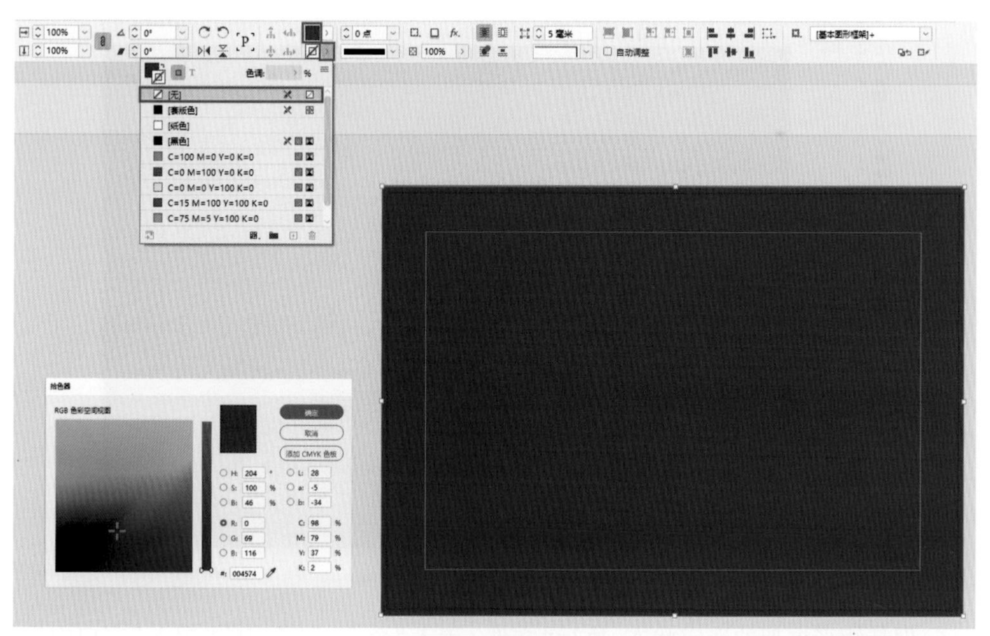

图 1-101

（4）使用快捷键 Ctrl+R，在文档窗口中显示标尺，在垂直方向拖曳出四条数值分别为“20”“200”“210”和“277”的参考线；在水平方向拖曳出两条数值分别为“20”和“190”的参考线，如图 1-102 所示。

图 1-102

（5）单击工具箱中的“矩形框架工具”⊠，在绘制区域中按住鼠标左键沿着参考线拖曳绘制出一个和图 1-103 所示大小相同的矩形。

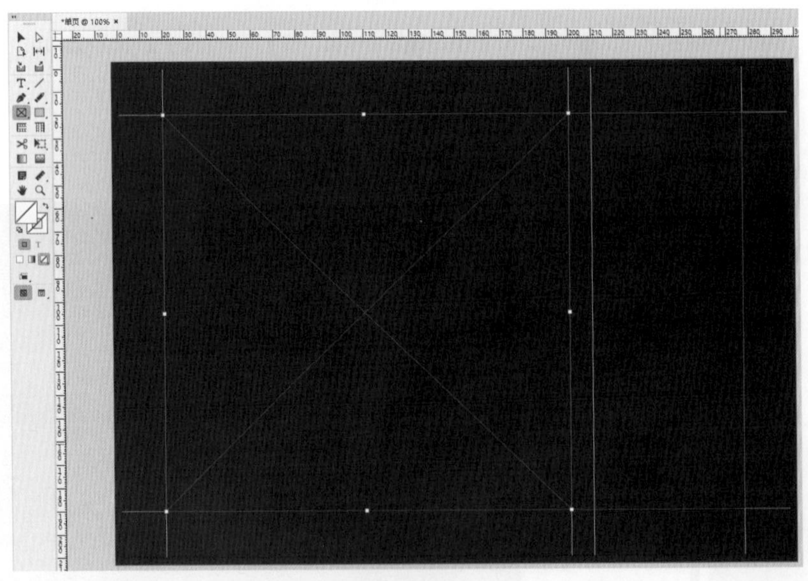

图 1-103

（6）保持矩形框架的选定状态，执行“文件 / 置入”命令，在弹出的“置入”窗口中选择素材“1.6.1.jpg”打开；将图片置入后单击鼠标右键，执行“显示性能 / 高品质显示”命令，效果如图 1-104 所示。

图 1-104

（7）置入图片后继续调整其位置。单击工具箱中的“选择工具”，将鼠标指针移动到素材图片的中心并悬停在框架中央的“圆环”◎上，此时鼠标指针变为“内容手形抓取工具”，单击鼠标左键，随即可选中框架内的图像内容部分并对其进行移动调整，如图 1-105 所示；将鼠标指针放在图片四个角点上，按住 Shift 键的同时，按下鼠标左键并拖曳，图片将会等比放大或缩小，调整完成后效果如图 1-106 所示。

图 1-105

图 1-106

（8）此时图像素材为外部链接文件状态，保持图像的选中，在“链接”面板中选择该图像单击鼠标右键，选择“嵌入链接”命令，将图像嵌入到文档中，如图 1-107 所示。

（9）使用相同的方法绘制矩形框架置入其他图像素材，并将其嵌入到文档中，效果如图 1-108 所示。

图 1-107　　图 1-108

（10）执行"文件 / 打开"命令，在弹出的"打开文件"对话框中选择素材"1.6.3.indd"，将其在 InDesign 中打开，选择工具箱中的"选择工具"按钮▶，单击文档中的对象将其选中，执行"编辑 / 复制"命令，如图 1-109 所示。

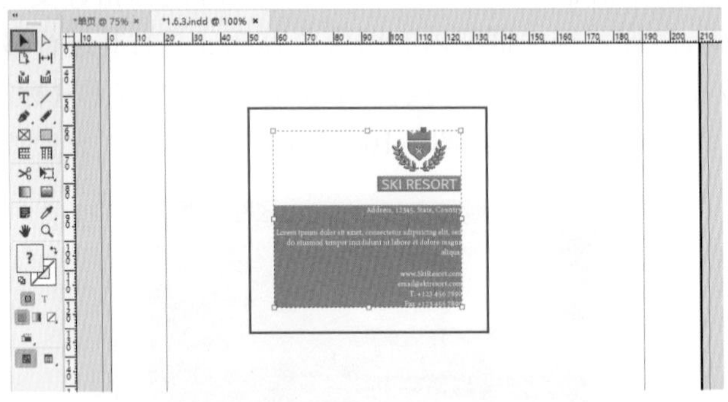

图 1-109

（11）回到原文档中，执行"编辑 / 粘贴"命令，将复制的对象粘贴到当前文档中，并移动到画面的右下角，效果如图 1-110 所示。

（12）单页制作完成，接下来需要对文档进行存储与导出。首先执行"文件 / 存储"命令，选择一个合适的存储位置，然后单击"保存"，如图 1-111 所示。

图 1-110

图 1-111

（13）执行“文件 / 导出”命令，在弹出的“导出”对话框中设置保存格式为 JPEG，单击“保存”，如图 1-112 所示；然后在弹出的“导出 JPEG”对话框中，直接单击“导出”，将文档导出为图片格式，如图 1-113 所示；最后执行“文件 / 关闭”命令，将当前文档关闭。

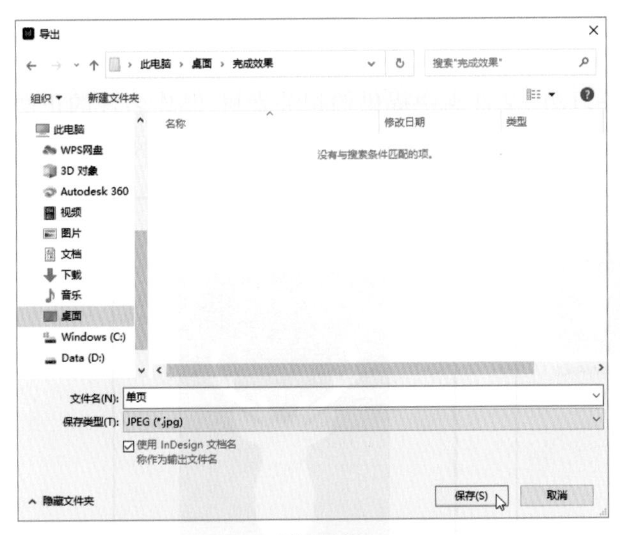

图 1-112

图 1-113

（14）最终完成效果如图 1-114 所示。

图 1-114

根据本章所授知识，结合“任务习题”文件夹中提供的相关素材，制作名片的正面和反面（一般名片大小为 90 毫米 ×54 毫米，出血为 2 毫米），效果如图 1-115 所示。

图 1-115

第 2 章　图形绘制及颜色和效果的应用

- 掌握基础绘图工具的使用技巧。
- 掌握钢笔工具组的应用方法。
- 掌握铅笔工具组的应用方法。
- 掌握路径的编辑与运算方法。
- 掌握单色填充及渐变填充的方法。
- 掌握描边的设置方法。
- 掌握效果的应用方法。

通过版式设计的功能美、形式美而进入审美文化状态，使学生学到知识、懂得道理，同时增强学生对中华民族优秀传统文化的认同感和自豪感。

本章主要讲解 InDesign 提供的多种可供绘制基础图形的工具，如“矩形工具”“椭圆工具”“多边形工具”和“钢笔工具”，使用这些工具，可以轻松地绘制任意形状的图形。除此之外，还将详细讲解颜色与效果的应用方法。灵活应用这些工具和命令可以设计更精美的排版作品。

2.1 形状绘图工具

InDesign 为用户提供了多种形状工具，利用这些工具可以轻松地绘制相应的规则形状，主要包括“直线工具”、“矩形工具”、“椭圆工具”、“多边形工具”，使用这些工具可以在文档中绘制矩形、圆角矩形、正方形、圆角正方形、椭圆形、正圆形、多边形与星形等图形。

2.1.1 直线工具

选择工具箱中的“直线工具”按钮，在文档绘图区域单击鼠标左键并拖曳到适当位置后释放鼠标，即可绘制出任意角度的直线路径，如图 2-1 所示。

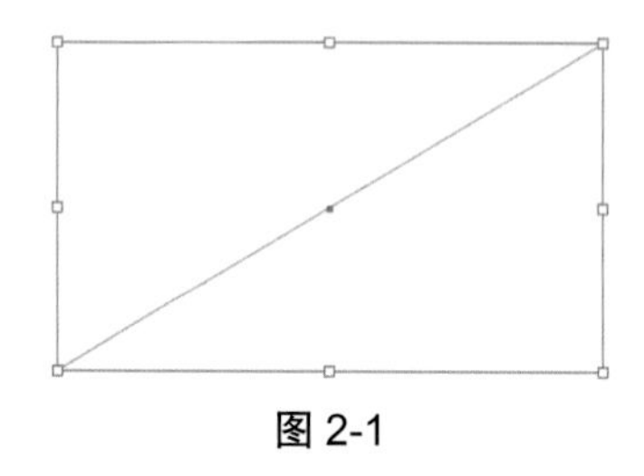

图 2-1

在绘制过程中按住 Shift 键，可以创建水平、垂直或锁定 45°角增量的直线；按住 Alt 键，直线会以起始点为中心向两侧延伸。

2.1.2 矩形工具组

单击工具箱中“矩形工具”右下角的三角标，可以看到 3 种形状工具按钮，如图 2-2 所示。

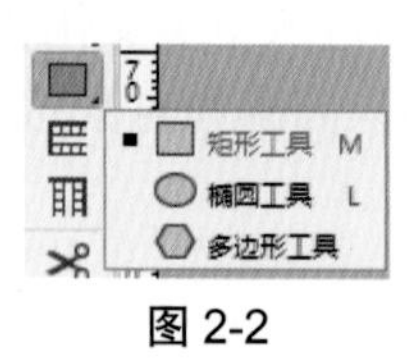

图 2-2

1. 矩形工具

矩形工具主要用来绘制长方形和正方形，是最基本的绘图工具之一。用户可以使用以下方法来绘制矩形。

在工具箱中选择“矩形工具”，此时鼠标指针将变成十字形，在绘图区域中的适当位置按下鼠标确定矩形的起点，然后在按住鼠标左键不放的情况下向需要的位置拖曳，到达用户满意的位置时释放鼠标，即可绘制出一个矩形，如图 2-3 所示。当使用“矩形工具”绘制矩形时，单击的起点位置不变，当向不同方向拖动不同距离时，可以得到不同长宽比、不同大小的矩形。

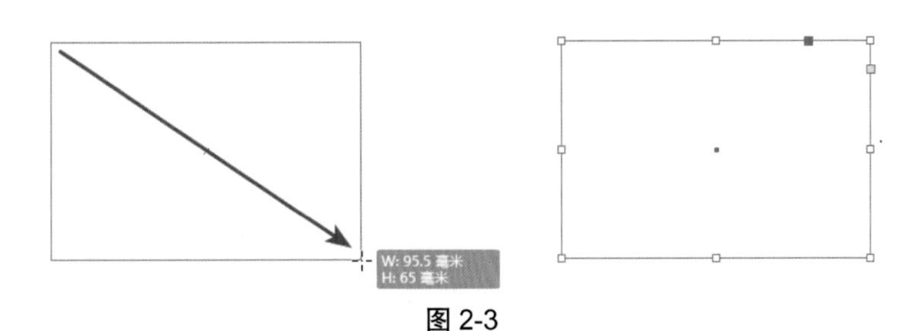

图 2-3

在绘制矩形的同时按住 Shift 键可以绘制出正方形；按 Alt 键可以以单击点为中心绘制矩形；使用快捷键 Shift+Alt 可以绘制以单击点为中心的正方形。

在绘图过程中，很多情况下需要绘制尺寸精确的图形。若需要绘制尺寸精确的矩形或正方形，首先在工具箱中选择“矩形工具”，然后将鼠标指针移动到绘图区域单击，即可弹出如图 2-4 所示的“矩形”对话框，分别在“宽度”和“高度”文本框中输入合适的数值，然后单击“确定”即可创建一个参数精确的矩形。

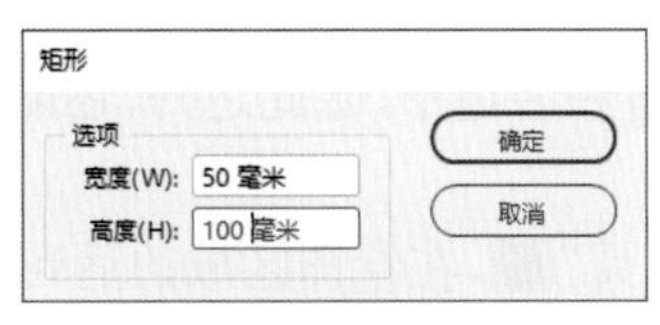

图 2-4

若想要绘制圆角矩形，首先需要使用“矩形工具”绘制一个矩形；然后执行“对象 / 角选项”命令，在弹出的“角选项”对话框中设置转角形状为“圆角”，并输入相应的圆角数值，选择“预览”观察效果后点击“确定”，此时矩形的直角即转换为圆角，如图 2-5 所示。

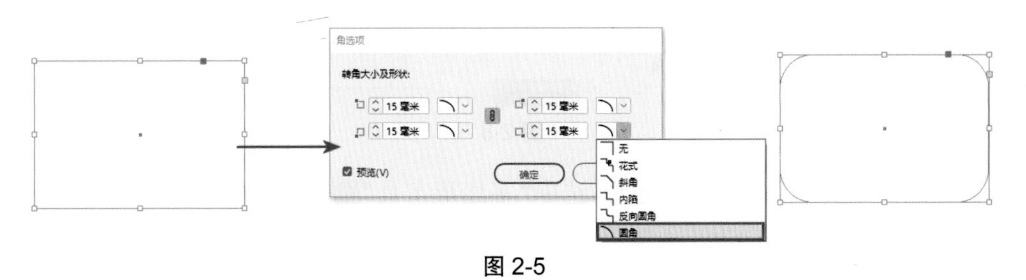

图 2-5

2. 椭圆工具

“椭圆工具”的使用方法与“矩形工具”相同，直接拖动鼠标可绘制一个椭圆形或正圆形，如图 2-6 所示。

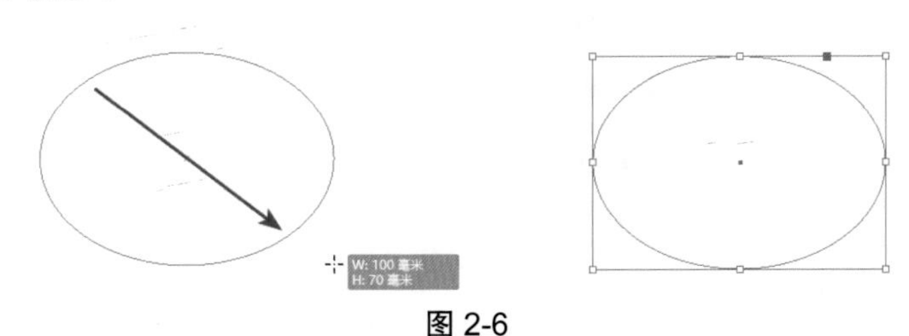

图 2-6

在绘制椭圆形的过程中，按住 Shift 键可以绘制一个正圆形；按住 Alt 键可以以单击点为中心绘制椭圆形；使用快捷键 Shift+Alt 可以绘制以单击点为中心的正圆形。

如果想要绘制精确的椭圆或圆，首先在工具箱中选择“椭圆工具”按钮，然后将鼠标指针移动到绘图区域单击，即可弹出如图 2-7 所示的“椭圆”对话框。在“宽度”文本框中输入数值，指定椭圆的宽度值，即横轴长度；在“高度”文本框中输入数值，指定椭圆的高度值，即纵轴长度。如果输入了相同的宽度值和高度值，绘制出来的图形就是一个正圆形。单击“确定”即可创建参数精确的椭圆形。

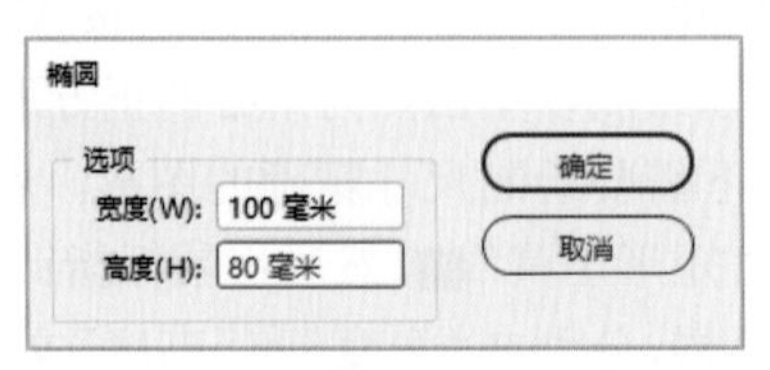

图 2-7

3. 多边形工具

利用多边形工具可以绘制各种多边形，除此之外，还能够通过调整“星形内陷”数值绘制任意角数的星形。

在工具箱中选择“多边形工具”，在绘图区域的适当位置按下鼠标左键并拖曳，即可绘制一个多边形，如图 2-8 所示。在绘制多边形的过程中，按 Shift 键可以绘制一个正多边形。

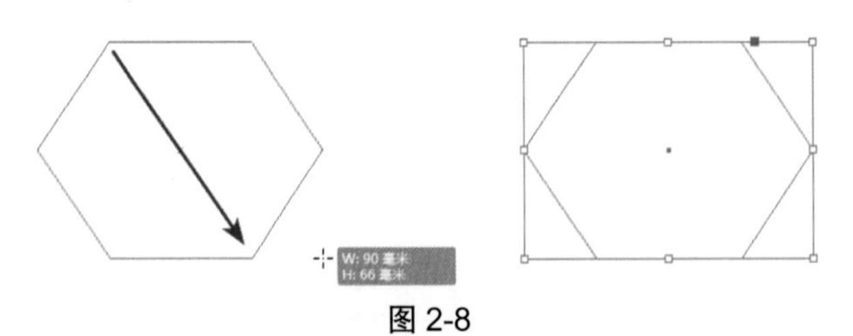

图 2-8

如果想要绘制参数精确的多边形，选中“多边形工具”之后，单击绘图区域的任何位置，将会弹出如图 2-9 所示的“多边形”对话框。在对话框中进行相应的参数设置后，单击“确定”即可创建出一个参数精确的多边形。

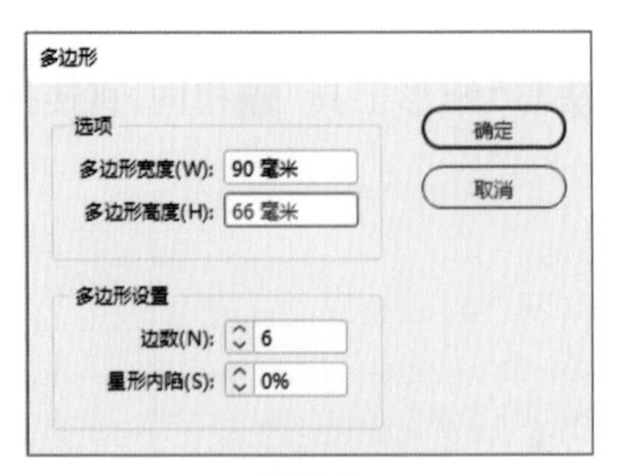

图 2-9

● 多边形宽度：在文本框中输入相应数值，可确定多边形的宽度。

● 多边形高度：在文本框中输入相应数值，可确定多边形的高度。

● 边数：在文本框中输入相应的数值，可以设置多边形的边数。边数越多，生成的多边形越接近圆形。

● 星形内陷：输入一个百分比数值以指定星形凸起的长度。凸起的尖部与多边形定界框的外缘相接，此百分比决定每个凸起之间的内陷深度。百分比越高，创建的星形凸起就越长、越细，如图 2-10 所示。

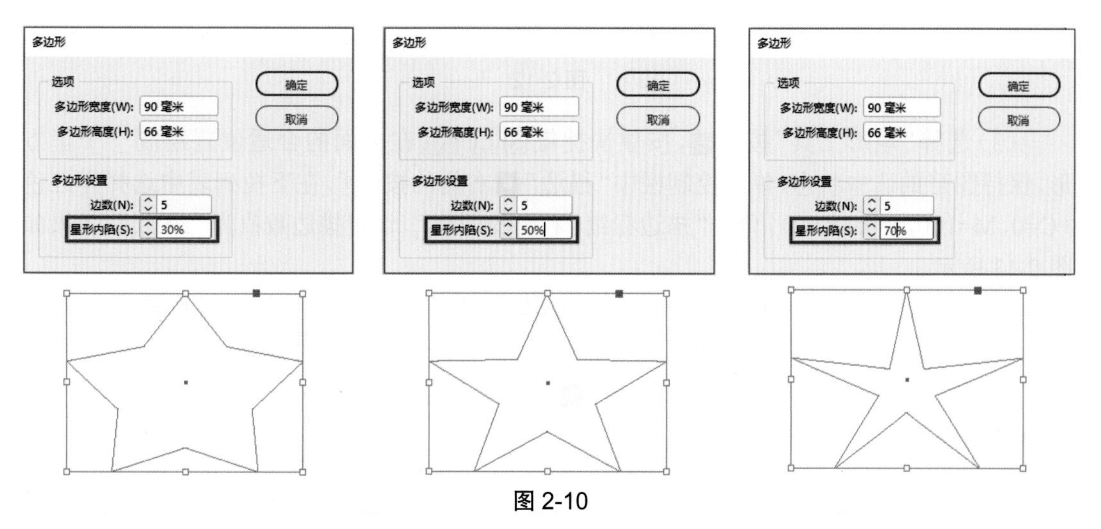

图 2-10

实例演练 2.1——制作招聘海报

（1）在 InDesign 中执行“文件 / 新建”命令，在“新建文档”对话框中设置文档“宽度”为“420 毫米”，“高度”为“570 毫米”，“方向”为“纵向”，“出血”为“3 毫米”，单击“边距和分栏”完成文档创建，如图 2-11 所示。

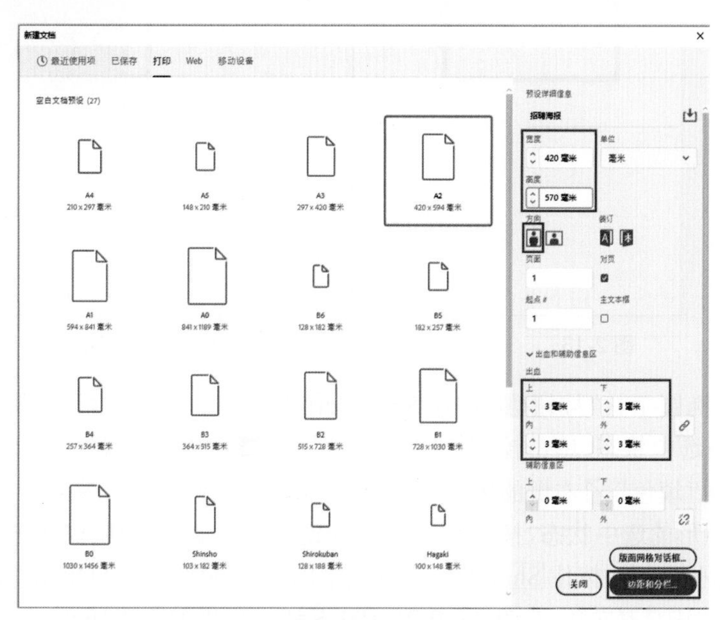

图 2-11

（2）在弹出的“新建边距和分栏”对话框直接单击“确认”，如图 2-12 所示。

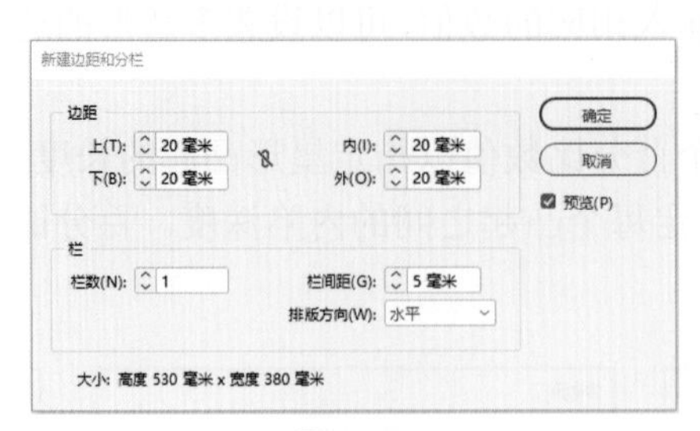

图 2-12

（3）选择“矩形工具”按钮，按住快捷键Shift+Alt在页面的合适位置绘制一个正方形，保持图形的选中状态，单击控制栏中“描边”右侧的按钮，在下拉列表中选择洋红色（C=0，M=100，Y=0，K=0），单击“描边粗细”右侧的图标，设置描边数值为“20 点”，效果如图 2-13 所示。

（4）保持图形的选中状态，使用快捷键Ctrl+C进行复制，再使用快捷键Ctrl+V进行粘贴。选择正方形副本，将其放置在原图形的右下方并单击控制栏中“填色”右侧的按钮，在下拉列表中选择洋红色，再单击“描边”右侧的按钮，在下拉列表中选择“无”，效果如图 2-14 所示。

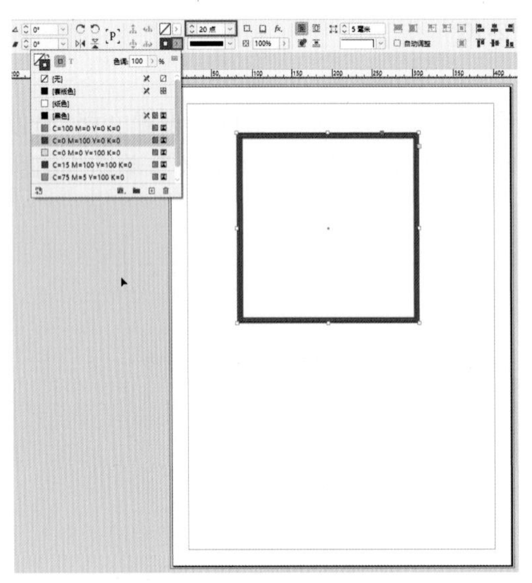

图 2-13

图 2-14

（5）选择“椭圆工具”按钮，按住Shift+Alt快捷键在页面的合适位置绘制一个正圆形，保持图形的选中状态，单击控制栏中“描边”图标右侧的按钮，在下拉列表中选择“无”，再单击“填色”右侧的按钮，在下拉列表中选择洋红色，效果如图 2-15 所示。

（6）保持圆形的选中状态，按住Ctrl+C快捷键进行复制，再使用快捷键Ctrl+V进行粘贴。选择圆形副本对象，按住Shift键拖动变换框的角点等比放大，再单击“填色”右侧的按钮，在下拉列表中选择黄色（C=0，M=0，Y=100，K=0），效果如图 2-16 所示。

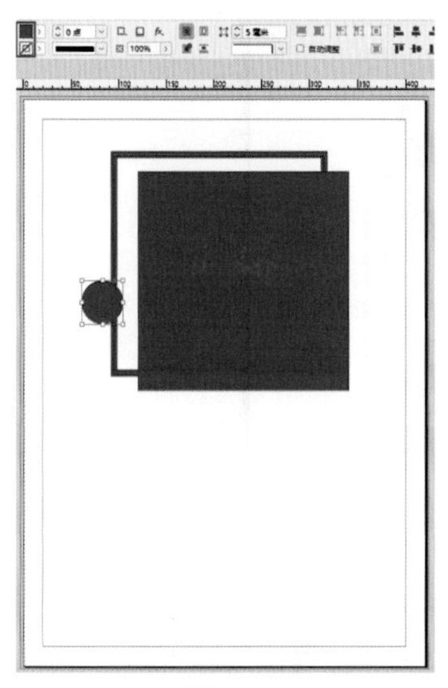

图 2-15

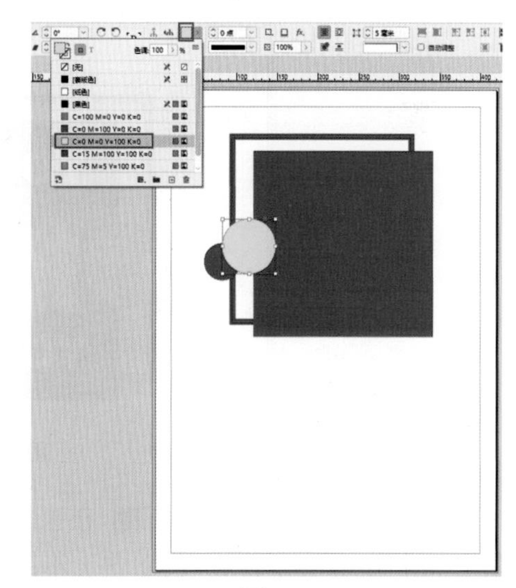

图 2-16

（7）选择“文字工具”按钮 T，在正方形上方拖曳，绘制一个文本框并键入文本内容，在控制栏中设置字体样式、文字大小，并将其填充为白色，效果如图 2-17 所示。

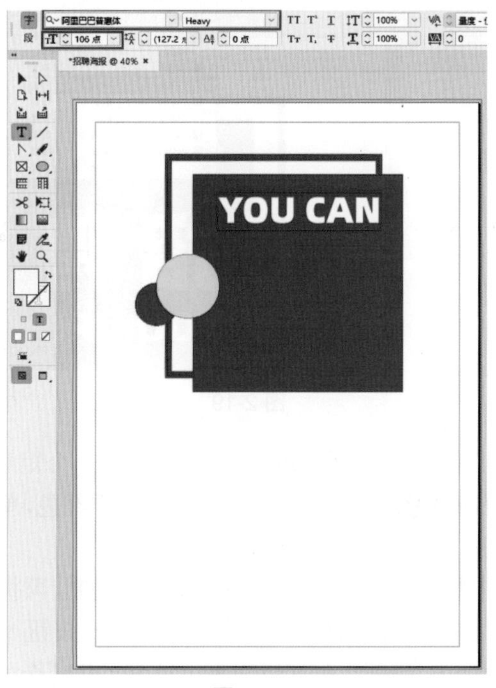

图 2-17

（8）按照上述方法依次绘制两个文本框，输入文本内容，并在控制栏中设置字体样式、文字大小，然后将其填充为白色，效果如图 2-18 所示。

图 2-18

（9）再次选择“文字工具”按钮，在正圆图形的上方拖曳，绘制一个文本框并键入文本内容，在控制栏中设置字体样式、文字大小，然后单击“填色”右侧的按钮，在下拉列表中选择青色（C=100，M=0，Y=0，K=0），文字对齐方式选择“居中对齐”按钮，效果如图 2-19 所示。

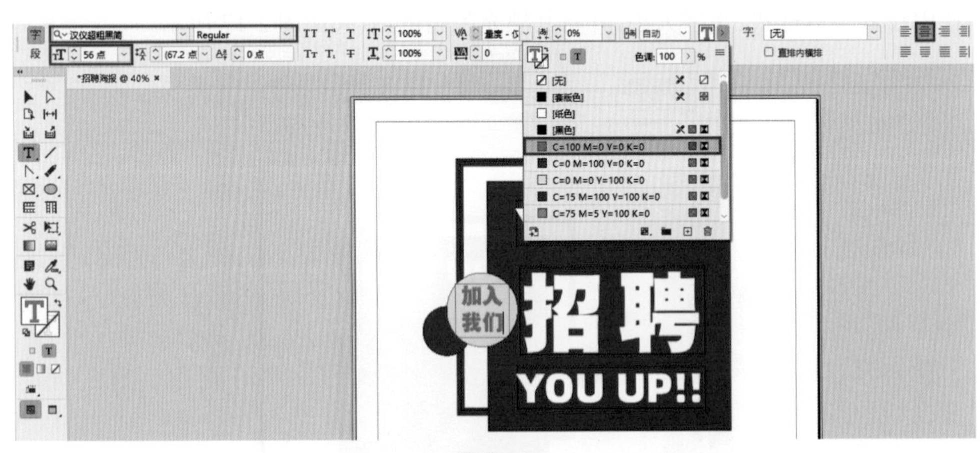

图 2-19

（10）选择“矩形工具”按钮，在页面的合适位置绘制一个矩形，保持图形的选中状态，单击控制栏中“描边”右侧的按钮，在下拉列表中选择洋红色，单击“描边粗细”右侧的图标，设置描边数值为“4 点”，效果如图 2-20 所示。

（11）保持矩形的选中状态，按下快捷键 Ctrl+C 进行复制，再执行“编辑 / 原位粘贴”命令进行粘贴，选择副本对象，单击控制栏中“填色”右侧的按钮，在下拉列表中选择洋红色，然后单击“描边”右侧的按钮，在下拉列表中选择“无”；接着按住 Alt 键的同时向内拖拽变换框的水平和垂直方向的中点，以中心为基点缩小图形，效果如图 2-21 所示。

图 2-20

图 2-21

（12）使用“选择工具”框选两个矩形，单击右键执行“编组”命令，如图 2-22 所示。

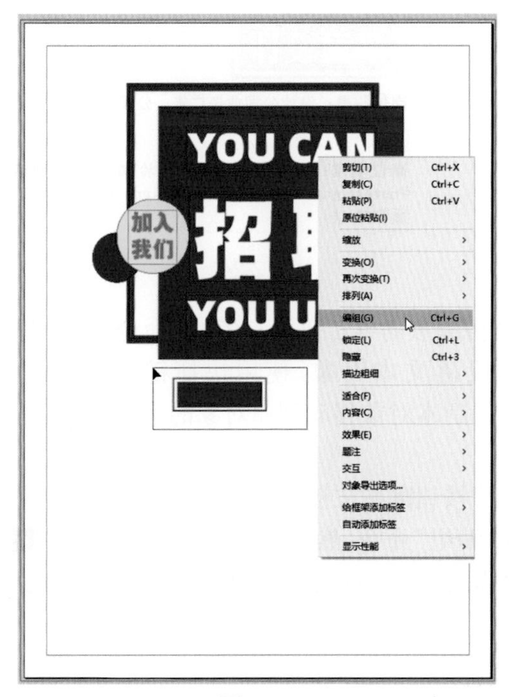

图 2-22

（13）选择“文字工具”按钮，在编组对象的上方拖曳，绘制一个文本框并键入文本内容，在控制栏中设置字体样式、文字大小，并将其填充为白色，效果如图 2-23 所示。

图 2-23

（14）继续选择“文字工具”按钮T，在空白区域拖曳，绘制一个文本框并输入文本内容，在控制栏中设置字体样式、文字大小以及行距，然后单击“填色”T右侧的按钮，在下拉列表中选择黑色，文字对齐方式选择“双齐末行齐左”按钮，效果如图 2-24 所示。

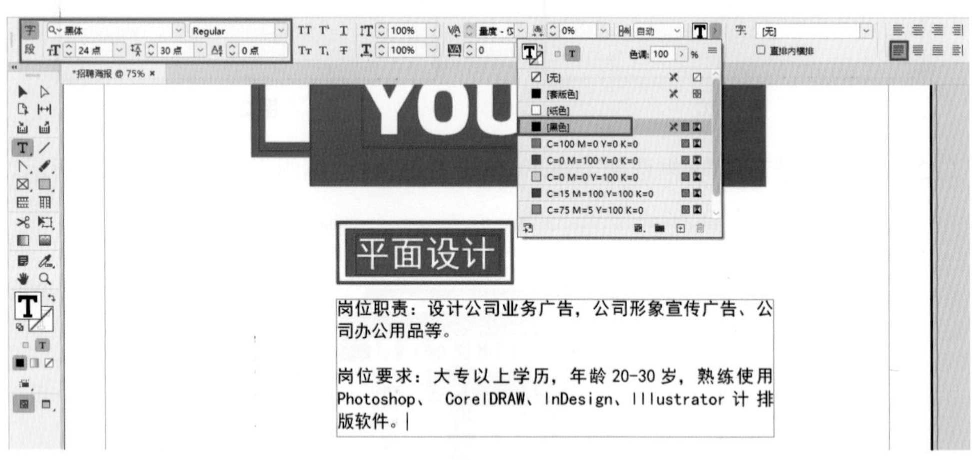

图 2-24

（15）执行“视图 / 网格和参考线 / 智能参考线”命令，激活智能参考线，使用“选择工具”选中编组对象和段落文本对象，使用快捷键 Ctrl+C 进行复制，再使用快捷键 Ctrl+V 进行粘贴，将选中的副本对象移动到原对象的下方，借助智能参考线对齐两组对象，效果如图 2-25 所示。

（16）选择“直线工具”按钮在文档左下角绘制一组直线，使用“选择工具”选中直线组，单击鼠标右键执行“编组”命令，然后单击控制栏中“描边”右侧的按钮，在下拉列表中选择洋红色，单击“描边粗细”右侧的图标，设置描边数值为“4 点”，效果如图 2-26 所示。

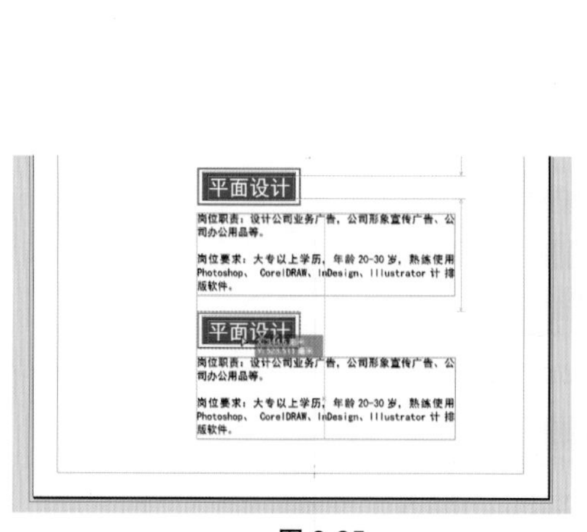

图 2-25

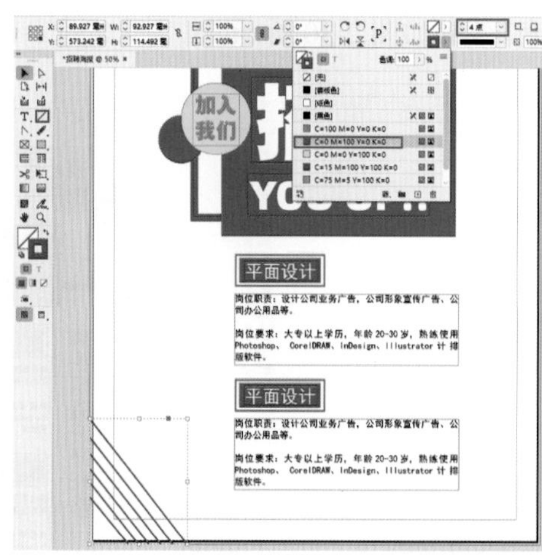

图 2-26

（17）保持直线组的选中状态，使用快捷键 Ctrl+C 进行复制，再按下快捷键 Ctrl+V 进行粘贴。选择副本对象，单击鼠标右键执行“变换 / 旋转”命令，打开“旋转”对话框，设置角度为“180°”，单击“确定”，效果如图 2-27 所示。

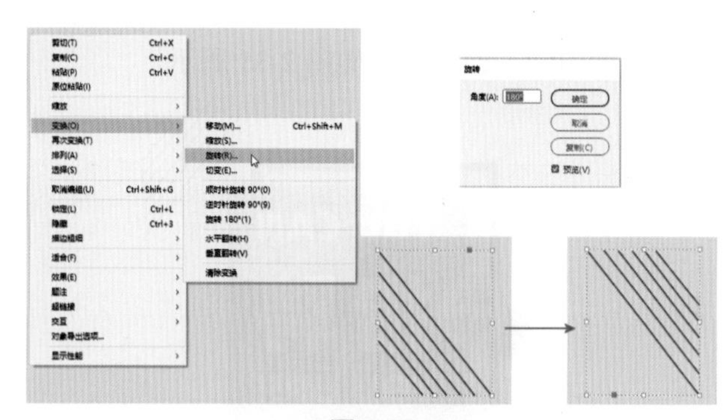
图 2-27

（18）将旋转后的直线组对象移动到文档的右上角，效果如图 2-28 所示。

（19）执行“文件 / 置入”命令，选择素材“2.1.png”，将图像置入当前文档中，并在“链接”面板中将其选中，单击鼠标右键选择“嵌入链接”，如图 2-29 所示。

图 2-28

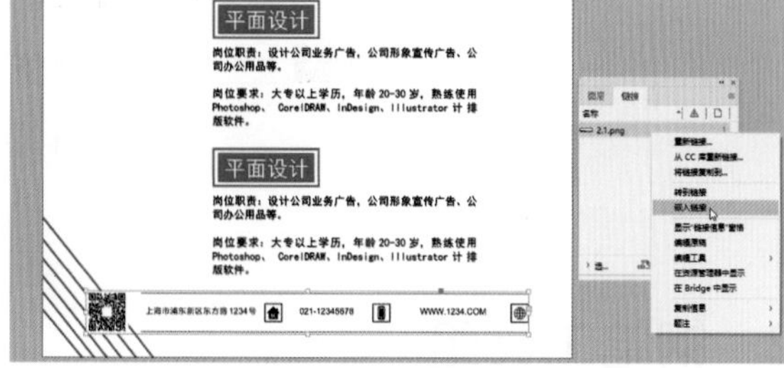

图 2-29

（20）选择“直排文字工具”按钮 IT，在文档合适的区域绘制一个文本框并键入文本内容，在控制栏中设置字体样式、文字大小，然后单击“填色” T 右侧的按钮 ›，在下拉列表中选择青色，效果如图 2-30 所示。

图 2-30

（21）海报制作完成，接下来需要对文档进行存储与导出。首先执行“文件 / 存储”命令，选择一个合适的存储位置，然后单击“保存”，接着执行“文件 / 导出”命令，在弹出的“导出”对话框中设置保存格式为 JPEG，最终效果如图 2-31 所示。

图 2-31

2.2　钢笔工具组

InDesign 也提供了专门用来制作路径的钢笔工具组，在该工具组中共有 4 个工具，分别是“钢笔工具”、“添加锚点工具”、“删除锚点工具”和“转换方向点工具”。

2.2.1　路径的组成

路径由锚点及锚点之间的连接线组成，锚点的位置决定着连接线的动向，由控制柄和动向线构成，其中控制柄确定每个锚点两端的线段的弯曲度，用户可根据需要对路径的不同锚点进行编辑以调整路径的形状，如图 2-32 所示。

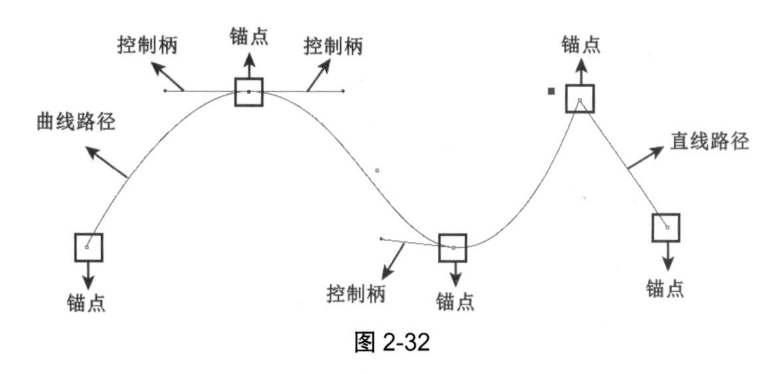

图 2-32

锚点也叫节点，是控制路径外观的重要组成部分。通过移动锚点，可以修改路径的形状，使用“直接选择工具”选择路径时，将显示该路径的所有锚点。在 InDesign 中，根据锚点属性的不同，可以将它们分为两种，分别是角点和平滑点，如图 2-33 所示。角点会突然改变方向，而且角点的两侧没有控制柄。平滑点不会突然改变方向，在平滑点某一侧或两侧将出现控制柄，有时平滑点的一侧是直线，另一侧是曲线。

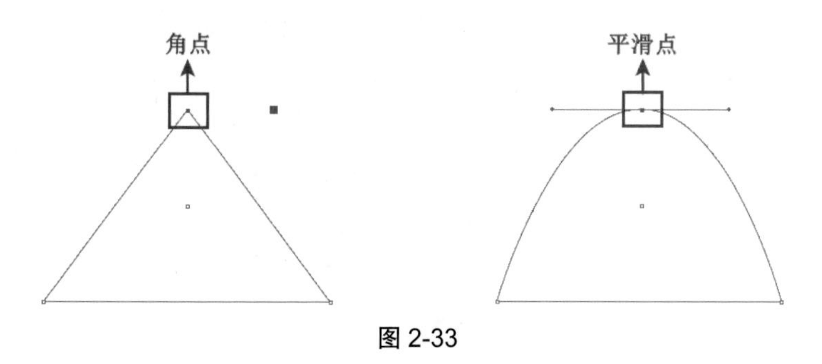

图 2-33

2.2.2　路径的分类

为了满足不同的设计需要，通常情况下用户可以创建开放路径、闭合路径和复合路径 3 种不同类型的路径，如图 2-34 所示。

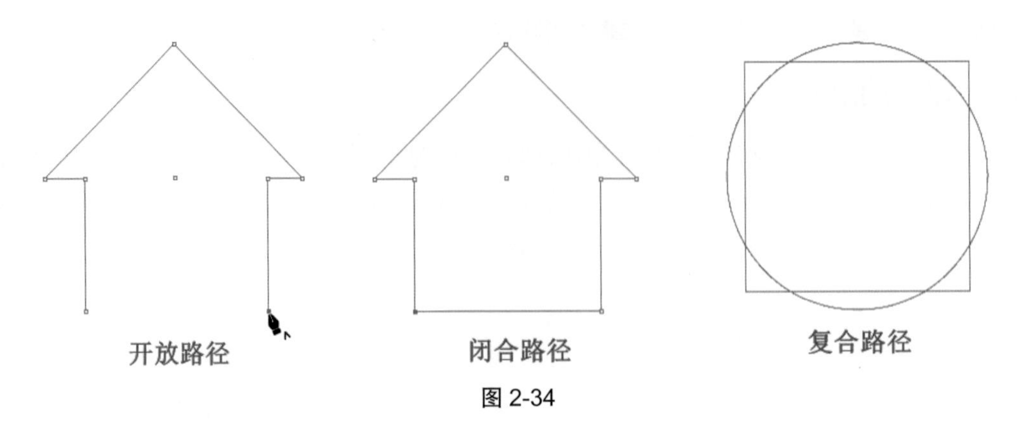

图 2-34

- 开放路径：路径的起点和终点没有连在一起，它们之间有任意数量的锚点。
- 闭合路径：闭合路径是指起点和终点连接起来的图形对象，如矩形、椭圆形、正圆形、多边形等。
- 复合路径：是由两个或两个以上的开放或闭合路径，通过一定的运算方式组合而成的路径。

2.2.3 利用钢笔工具绘制直线

利用“钢笔工具”绘制直线非常简单，首先从工具箱中选择“钢笔工具”按钮，把鼠标指针移到绘图区域，在任意位置单击一点作为直线的起点，然后移动鼠标到适当位置，单击确定直线的第二个点，此时两点间就生成了一条直线段，若继续单击鼠标，则又在落点与上一次的单击点之间画出一条直线，如图 2-35 所示。按住 Shift 键可以绘制水平、垂直或锁定 45° 角为增量的直线。

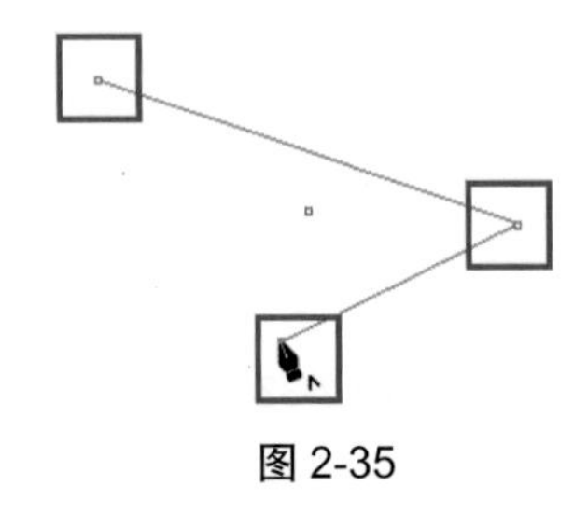
图 2-35

2.2.4 利用钢笔工具绘制曲线

选择“钢笔工具”按钮，在绘图区域单击鼠标确定起点，然后移动鼠标指针到合适的位置，按住鼠标左键的同时向所需的方向拖动控制柄绘制第二个点，此时可得到一条曲线。若想要起点也是平滑点，可以在绘制起点时按住鼠标左键进行拖动，即可在起点拖拽出控制柄，使其成为平滑点。在拖动鼠标绘制曲线时，将出现两个控制柄，控制柄的长度和方向将决定曲线的形状。绘制过程如图 2-36 所示。

在绘制过程中，按住 Alt 键，可以将两个控制柄分离为方向独立的控制柄，如图 2-37 所示。

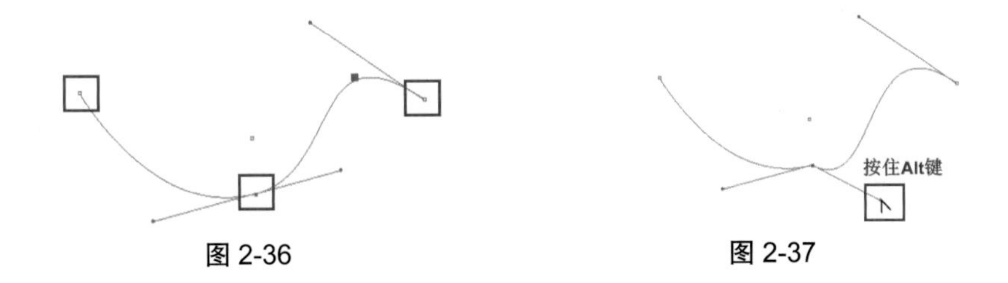

图 2-36　　图 2-37

2.2.5　添加锚点

添加锚点可以增强对路径的控制，也可以扩展开放路径，但最好不要添加多余的点。点数较少的路径更易于编辑、显示和打印。

若要添加锚点，选择要修改的路径，单击工具箱中的“添加锚点工具”或使用快捷键“+”，并将鼠标指针置于路径段上，单击即可添加锚点。添加完锚点之后，可以使用“直接选择工具”调整锚点以改变图形样式，如图 2-38 所示。

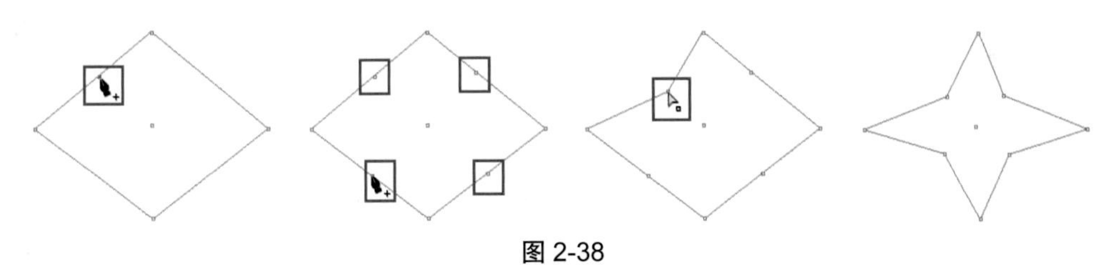

图 2-38

2.2.6　删除锚点

若要删除锚点，单击工具箱中的“删除锚点工具”或使用快捷键“-”，并将鼠标指针置于锚点上，然后单击即可删除锚点，如图 2-39 所示。

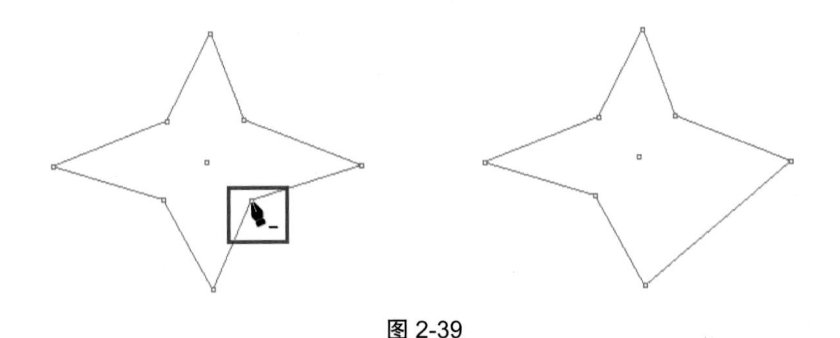

图 2-39

2.2.7　转换方向点

转换方向点工具可以使角点变得平滑或使平滑的点变得尖锐。单击工具箱中的“转换方向点工具”按钮或使用快捷键Shift+C，将鼠标指针放置在锚点上，单击并向外拖拽鼠标，可以在锚点上拖拽出了控制柄，此时角点即转换为平滑曲线锚点，如图 2-40 所示。

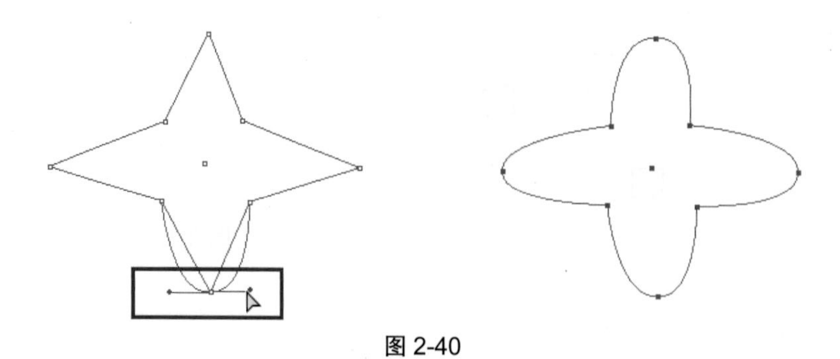

图 2-40

单击平滑曲线锚点可以将其直接转换为角点，如图 2-41 所示。

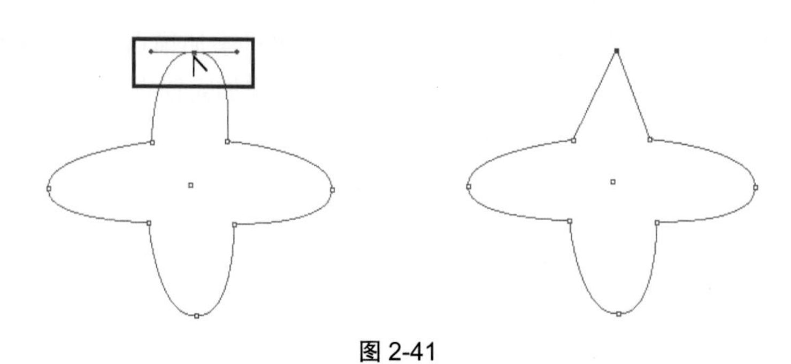

图 2-41

如果要将平滑曲线锚点转换成具有独立方向线的角点，单击要取消的控制柄，即可将其删除，如图 2-42 所示。

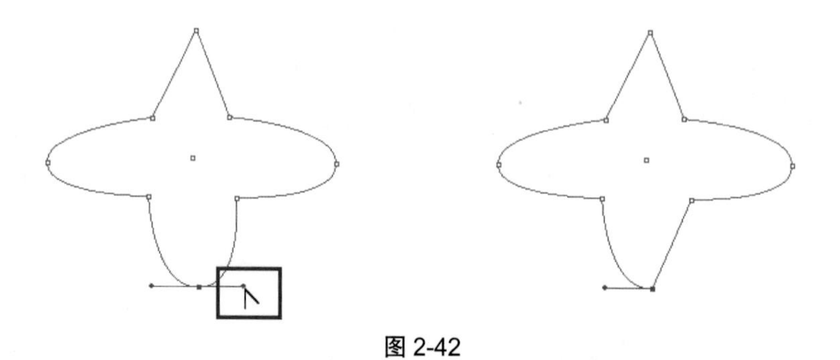

图 2-42

2.3 铅笔工具组

铅笔工具组包含 3 个工具："铅笔工具""平滑工具"和"抹除工具"，如图 2-43 所示。"铅笔工具"主要用于为路径创建特殊风格的描边，而"平滑工具"和"抹除工具"则用于快速修改和删除路径。

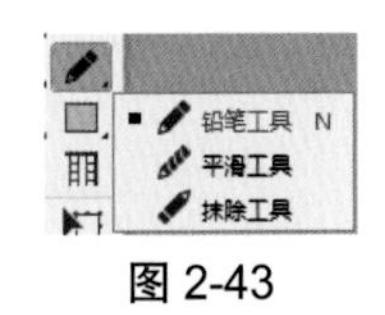

图 2-43

2.3.1　认识铅笔工具

单击工具箱中的“铅笔工具”按钮或使用快捷键N，在页面绘图区域按住鼠标左键并拖动，即可绘制一个开放的自由路径。如果想要绘制闭合路径，需先按住鼠标左键开始绘制，然后按住Alt键不放，待光标呈时，拖动鼠标绘制路径，绘制结束后释放鼠标，之后再释放Alt键，即可得到闭合路径。

双击工具箱中的“铅笔工具”按钮，弹出“铅笔工具选项”对话框。在该对话框中可以对画笔的容差、选项等参数进行设置，如图 2-44 所示。

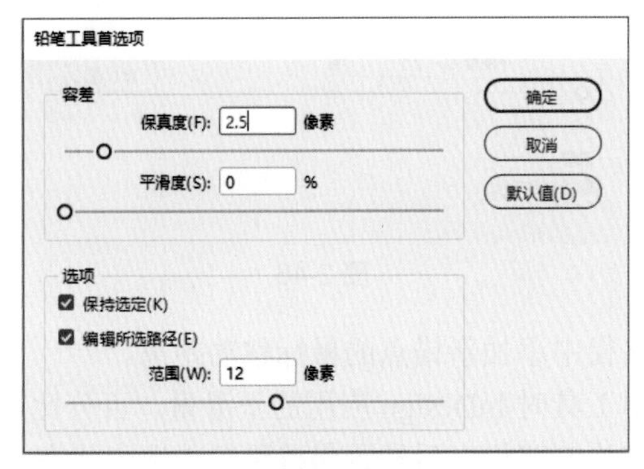

图 2-44

- 保真度：控制向路径中添加新锚点的鼠标的移动距离。
- 平滑度：控制使用工具时 InDesign 应用的平滑量。百分比数值越大，路径越平滑。
- 保持选定：确定在绘制路径之后是否保持路径的选中状态。
- 编辑所选路径：确定是否可以使用“铅笔工具”更改现有路径。
- 范围：用于设置使用铅笔工具来编辑路径的光标与路径间距离的范围。该选项仅在选中“编辑所选路径”复选框时可用。

2.3.2　平滑工具

“平滑工具”常配合“铅笔工具”对路径进行平滑操作。“平滑工具”主要是在原有路径的基础上，根据用户拖动出的新路径自动平滑原有路径，而且可以多次拖动以平滑路径。

具体操作方法为，首先选择要处理的路径图形，然后选择“平滑工具”，将光标移至路径上单击并拖动，释放鼠标后完成平滑操作。平滑后的路径图形上的锚点数量会变少，如图 2-45 所示。用户可以对一条路径执行多次平滑操作，直到符合要求为止。

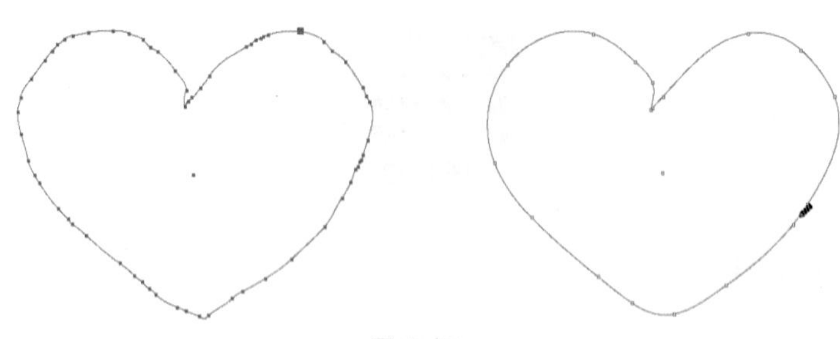

图 2-45

在使用“平滑工具”前，可以通过“平滑工具选项”对话框进行相关的平滑设置。双击工具箱中的“平滑工具”按钮，将弹出“平滑工具选项”对话框，如图 2-46 所示。

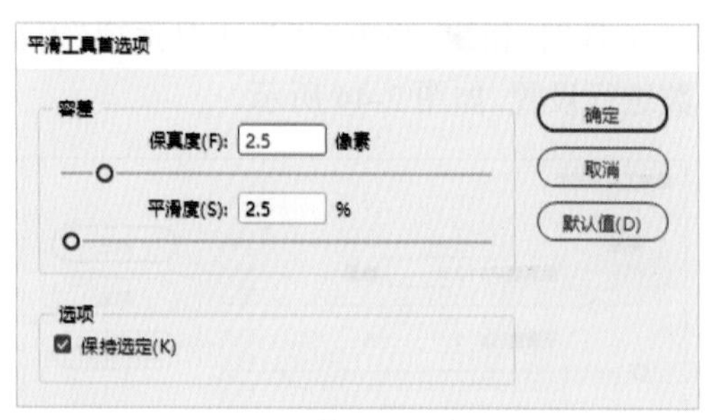

图 2-46

- 保真度：控制向路径中添加新锚点的鼠标移动距离。
- 平滑度：控制使用工具时 InDesign 应用的平滑量。百分比数值越大，路径越平滑。
- 保持选定：确定在绘制路径之后是否保持路径的选中状态。

2.3.3 抹除工具

使用“抹除工具”可以擦去对象的路径或锚点，也可以将一条路径分割为多条路径。要擦除路径，首先要选中当前路径，然后使用“抹除工具”在需要擦除的路径位置按下鼠标，在不释放鼠标的情况下拖动鼠标擦除路径，到达满意的位置后释放鼠标，即可将该段路径擦除。擦除路径效果如图 2-47 所示。

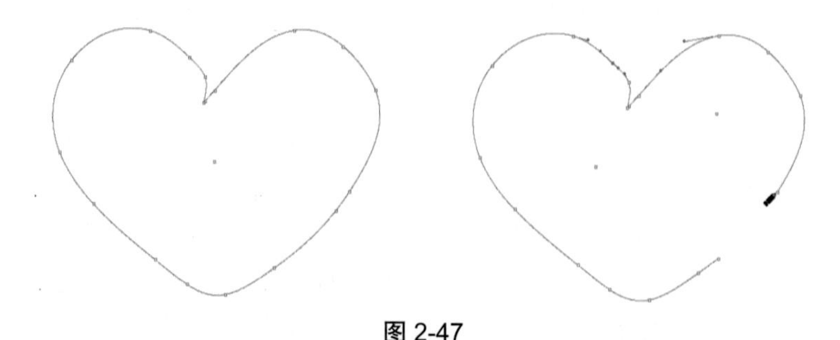

图 2-47

2.4　剪刀工具

绘制一段路径，选择“剪刀工具”按钮，在路径上单击，即可拆分路径。此时，拆分后生成的两个端点将重合并且其中一个端点被选中，使用“直接选择工具”将端点移开，即可看到切割效果，如图 2-48 所示。

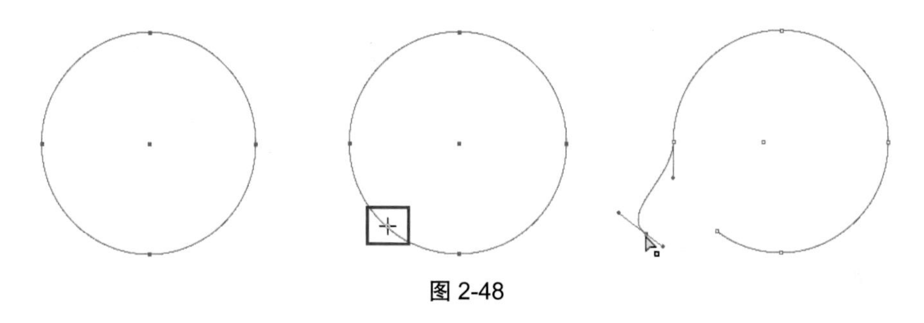

图 2-48

2.5　角选项的应用与调整

在 InDesign 中，利用“角选项”命令可以更改路径或图形的转角效果。选中需要设置转角的路径或图形，执行“对象 / 角选项”命令，可打开“角选项”对话框，如图 2-49 所示。在“转角大小及形状”中输入所需数值以控制转角的大小并选择转角的类型，单击“确定”，即可更改对象的转角效果，如图 2-50 所示。

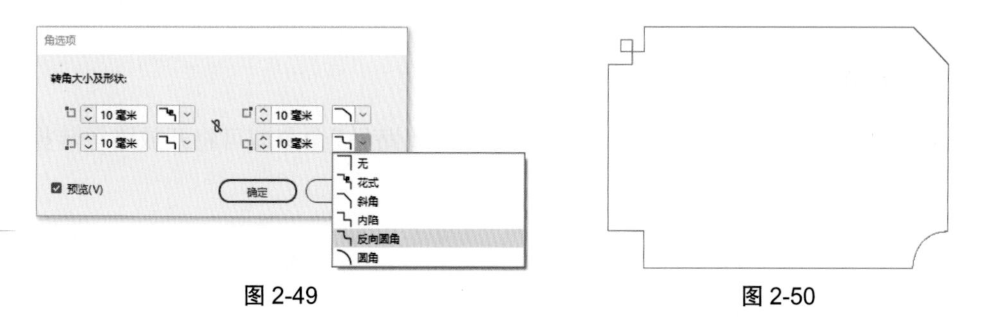

图 2-49　　图 2-50

2.6　编辑路径

InDesign 提供了一些有关路径和描边的高级编辑功能，执行“对象 / 路径”命令，在子菜单中可以看到多个用于路径编辑的命令。

2.6.1 连接路径

首先选中要连接的两条非闭合路径对象，然后执行“对象 / 路径 / 连接”命令，即可将两条开放路径进行连接，连接后的路径具有相同的描边或填充属性，如图 2-51 所示。

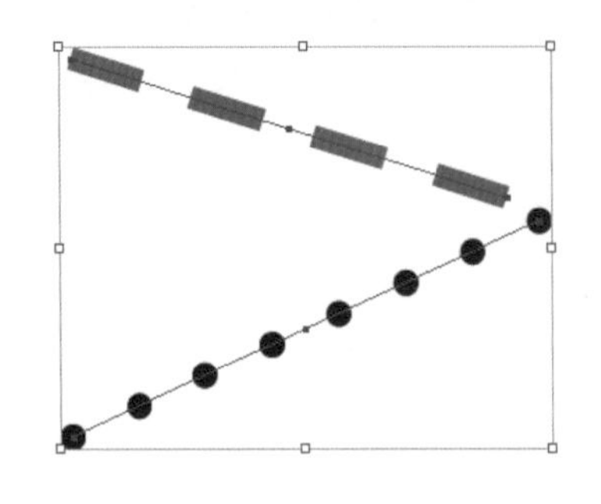
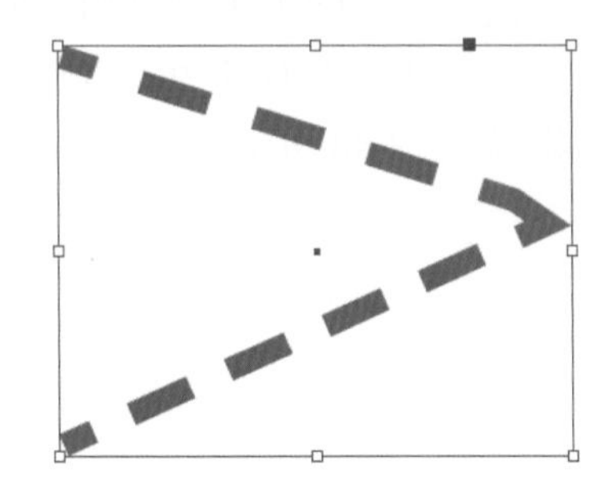

图 2-51

2.6.2 开放路径

选中闭合路径对象，然后执行“对象 / 路径 / 开放路径”命令，此时闭合的路径转换为开放路径，使用“直接选择工具”选中开放的锚点，可以将闭合路径打开，如图 2-52 所示。

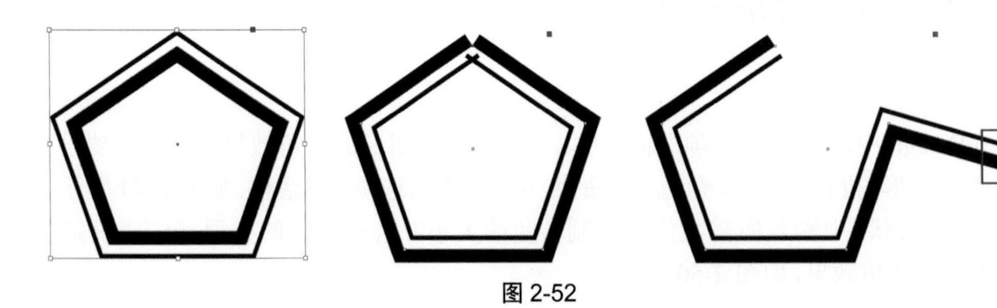

图 2-52

2.6.3 封闭路径

选择开放路径对象，然后执行“对象 / 路径 / 封闭路径”命令即可将开放路径转换为封闭路径，如图 2-53 所示。

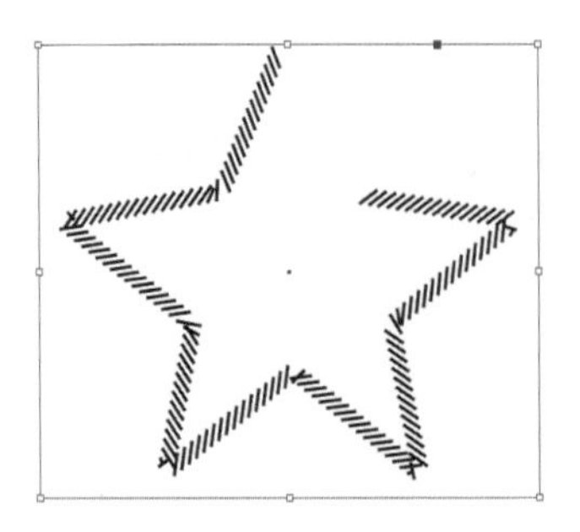
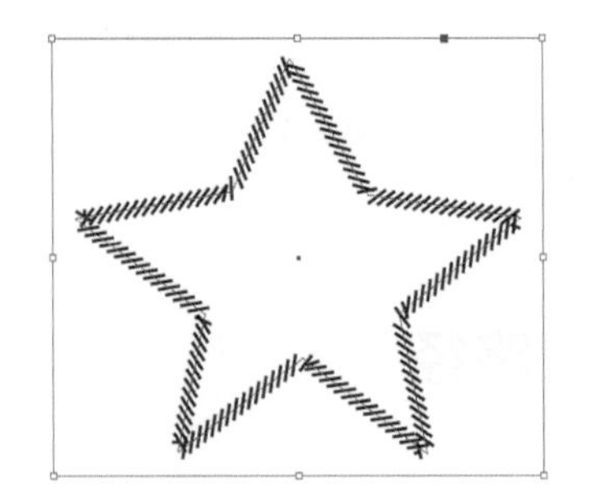

图 2-53

2.6.4　反转路径

使用“直接选择工具”在要反转的对象的子路径上选择一点（注意不要选择整个复合路径），然后执行“对象 / 路径 / 反转路径”命令，此时路径的起点与终点均发生了变化，如图 2-54 所示。

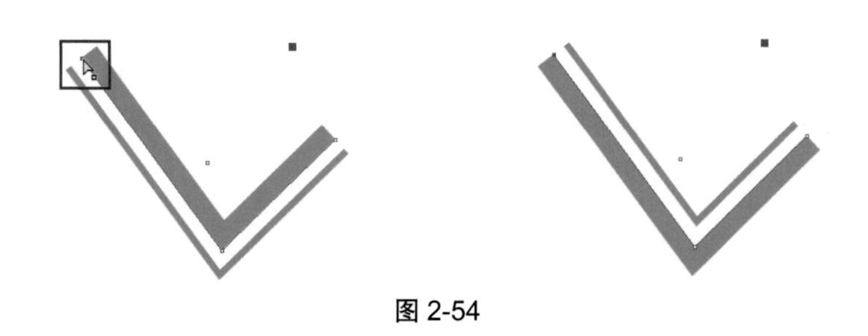

图 2-54

2.6.5　复合路径

复合路径就是将两个或多个不同的路径组合为单个对象，形成一个新路径。具体操作方法为，首先需要使用“选择工具”选中绘图区域的图形对象，如图 2-55 所示；然后执行“对象 / 路径 / 建立复合路径”命令或使用快捷键Ctrl+8，即可将对象组合在一起。组合后的复合路径具有相同的描边或填充属性，如图 2-56 所示。

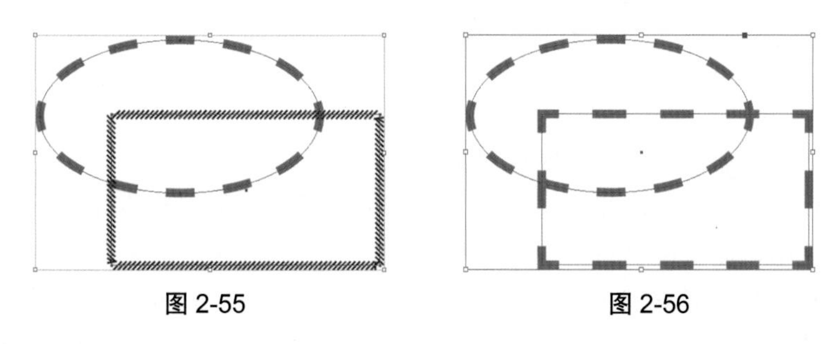

图 2-55　图 2-56

2.6.6　释放复合路径

使用“选择工具”选中复合路径对象，然后执行“对象 / 路径 / 释放复合路径”命令，即可分解复合路径，如图 2-57 所示。需要注意的是，当选定的复合路径包含在框架内部，或该路径包含文本时，“释放复合路径”命令将不可用。

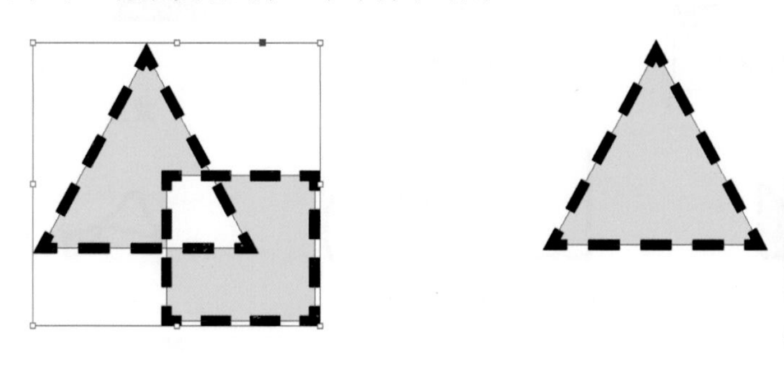

图 2-57

2.7　路径的运算

复合形状可以通过路径的各种运算或者组合来创建。很多复杂的图形是通过简单路径或复合路径的“相加”“减去”“交叉”等方式来生成的。利用“路径查找器”可以创建各种复合形状，执行“窗口 / 对象和面板 / 路径查找器”命令，打开“路径查找器”面板，如图 2-58 所示。各种路径运算效果如图 2-59 所示。

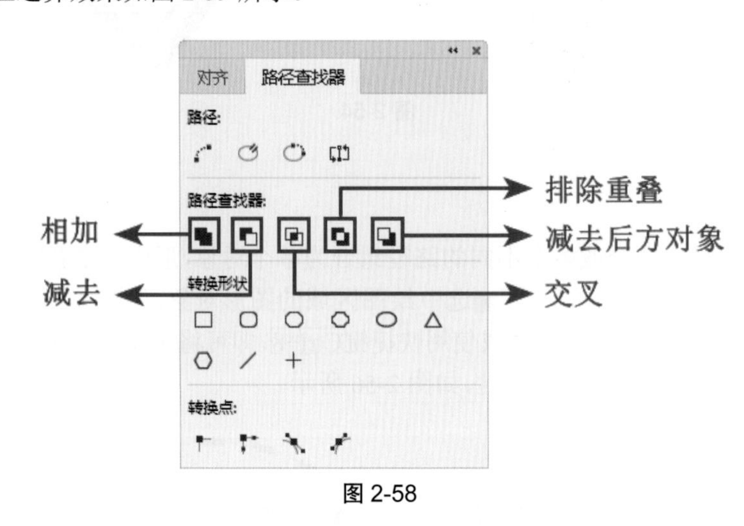

图 2-58

- 相加：使用该命令可以合并所选对象。
- 减去：使用该命令可以使底层对象减去和上层所有对象重叠的部分。
- 交叉：使用该命令可以将所选对象中所有的重叠部分保留下来。
- 排除重叠：使用该命令可以将所选对象合并成一个对象，但是重叠的部分被删除。如果是多个物体重叠，那么偶数次重叠的部分被删除，奇数次重叠的部分仍然被保留。
- 减去后方对象：从最前面的对象中减去后面的对象。

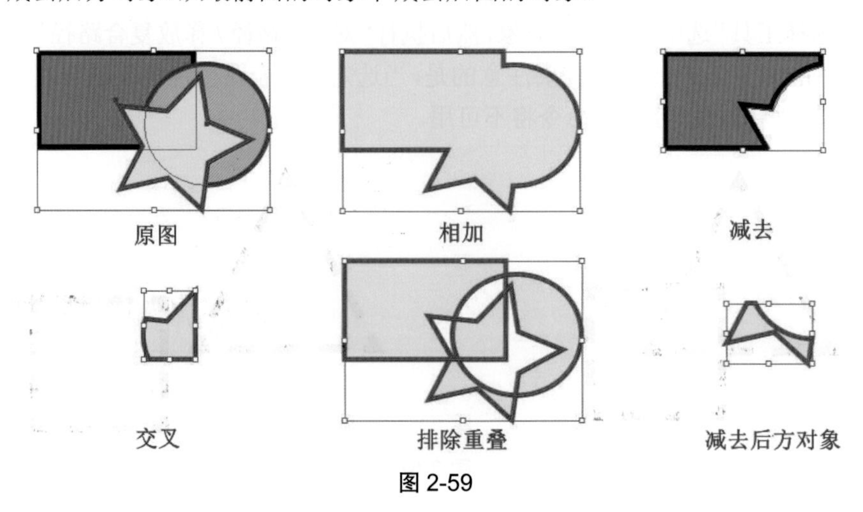

图 2-59

实例演练 2.7——制作花店画册封面

（1）在 InDesign 中执行“文件 / 新建”命令，在“新建文档”对话框中设置文档尺寸为“A4”，“方向”为“纵向”，“出血”为“3 毫米”，单击“边距和分栏”创建文档，如图 2-60 所示。

（2）在弹出的“新建边距和分栏”对话框中设置“上”选项的数值为 0 毫米，单击“将所有设置设为相同”，此时其他 3 个选项也一同改变，其他选项保持默认设置，单击“确定”，如图 2-61 所示。

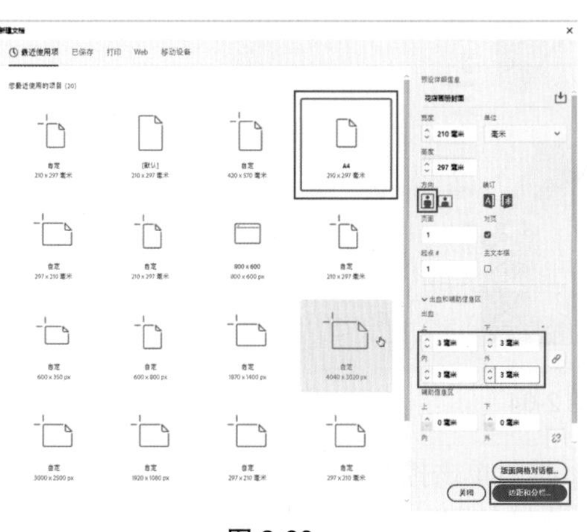

图 2-60

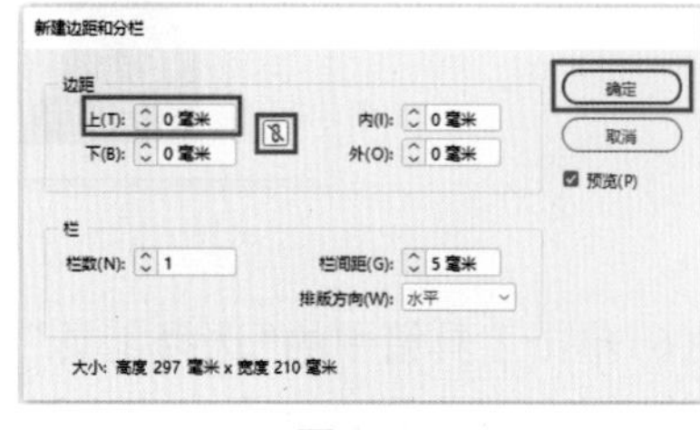

图 2-61

（3）选择“矩形工具”按钮，在页面的左上角绘制一个矩形，保持图形的选中状态，单击控制栏中“描边”右侧的按钮，在下拉列表中选择“无”；双击工具箱中颜色控制组件的“填色”，打开“拾色器”对话框，设置填色为“#f7c9de”，如图 2-62 所示。

（4）单击工具箱中的“矩形框架工具”，在第一个矩形的右下角单击鼠标左键拖曳绘制出一个矩形框架，如图 2-63 所示。

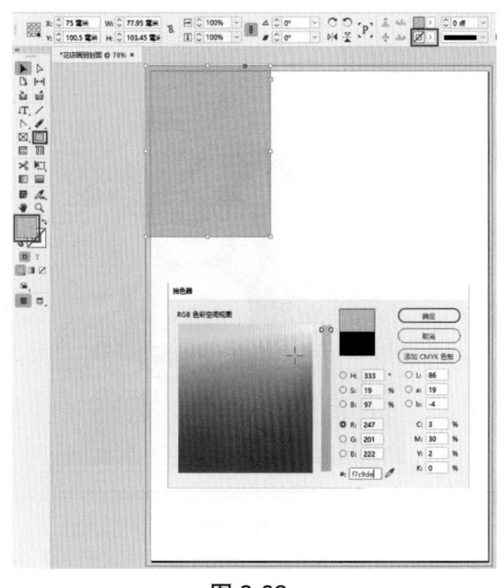

图 2-62

图 2-63

（5）保持矩形框架的选定状态，执行“文件 / 置入”命令，在弹出的“置入”窗口中选择素材“2.7.jpg”，单击“打开”将图像置入；置入图像后单击鼠标右键，选择“显示性能 / 高品质显示”命令，效果如图 2-64 所示。

图 2-64

（6）单击工具箱中的“选择工具”按钮，然后单击控制栏中的“选择内容”，激活图像后将鼠标指针放在图片 4 个角点上，按住 Shift 键的同时，按下鼠标左键并向内拖曳，图片将会等比缩小，如图 2-65 所示。当鼠标指针放置在图像区域内变为“内容手形抓取工具”时，单击鼠标左键，即可对图像进行移动调整，效果如图 2-66 所示。

图 2-65

图 2-66

（7）此时图像素材为外部链接文件状态，保持图像的选中，在“链接”面板中选择该图像单击鼠标右键，选择“嵌入链接”命令，将图像嵌入文档中，如图 2-67 所示。

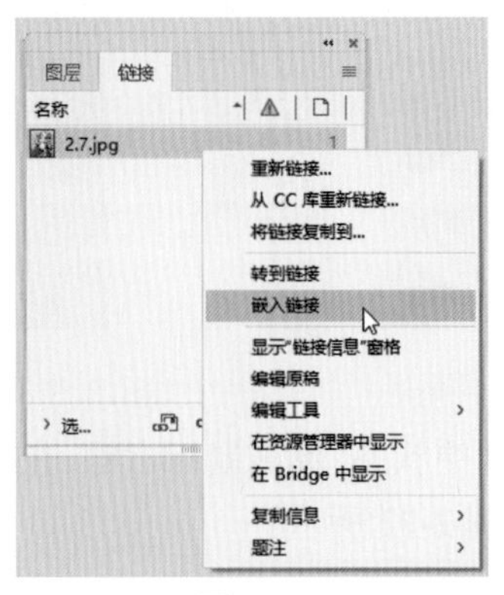

图 2-67

（8）使用“矩形工具”，在图像上按 Shift 键拖曳鼠标绘制一个正方形，单击控制栏中“填色”右侧的按钮，在下拉列表中选择黑色，再单击“描边”右侧的按钮，在下拉列表中选择“无”，如图 2-68 所示。

（9）然后选择“对象 / 角选项”命令，打开“角选项”对话框，转角大小为“5 毫米”，形状为“圆角”，然后单击“统一所有设置”，其他选项也会跟着改变，如图 2-69 所示。

图 2-68　　图 2-69

（10）选中圆角矩形，同时按住 Shift 键和 Alt 键在水平方向上拖动复制一排圆角矩形，如图 2-70 所示。

（11）接下来需要将所有的圆角矩形对齐并平均分布。首先将其全部选中，然后执行“窗口 / 对象和版面 / 对齐”命令，打开“对齐”面板，单击“顶对齐”，再单击“水平分布间距”，使这些圆角矩形顶对齐并且水平平均分布，如图 2-71 所示。

图 2-70

图 2-71

（12）保持整排圆角矩形的选中状态，单击鼠标右键，在弹出的快捷菜单中选择“编组”，将全部圆角正方形编为一组，如图 2-72 所示。

图 2-72

（13）继续保持选中状态，然后按住 Alt 键向下拖曳编组对象移动，复制出 9 个副本对象，如图 2-73 所示。

（14）接下来将所有的编组对象对齐并在垂直方向平均分布。首先将其全部选中，然后在“对齐”面板单击“左对齐”，再单击“垂直分布间距”，使这些编组对象左对齐并垂直平均分布，如图 2-74 所示。

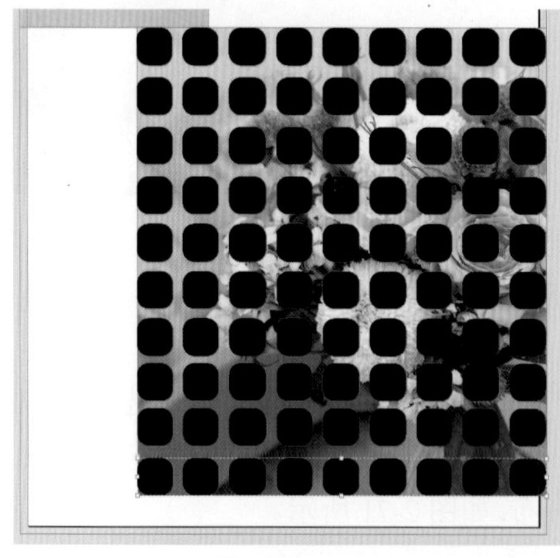

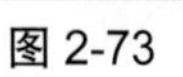

图 2-73

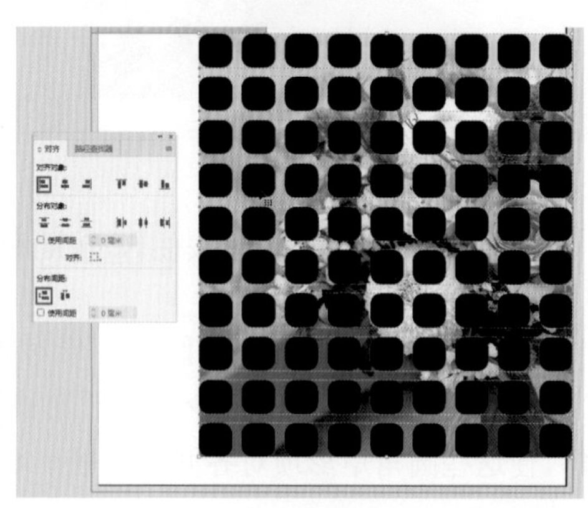

图 2-74

（15）为了避免在后续操作中误选置入的图像，需要将其锁定。使用“选择工具”选中图片，然后单击鼠标右键，在快捷菜单中选择“锁定”，也可以在“图层”面板中选择该图像的图层进行锁定，如图 2-75 所示。

（16）框选所有的编组对象，然后单击鼠标右键，在弹出的快捷菜单中选择“取消编组”，如图 2-76 所示。

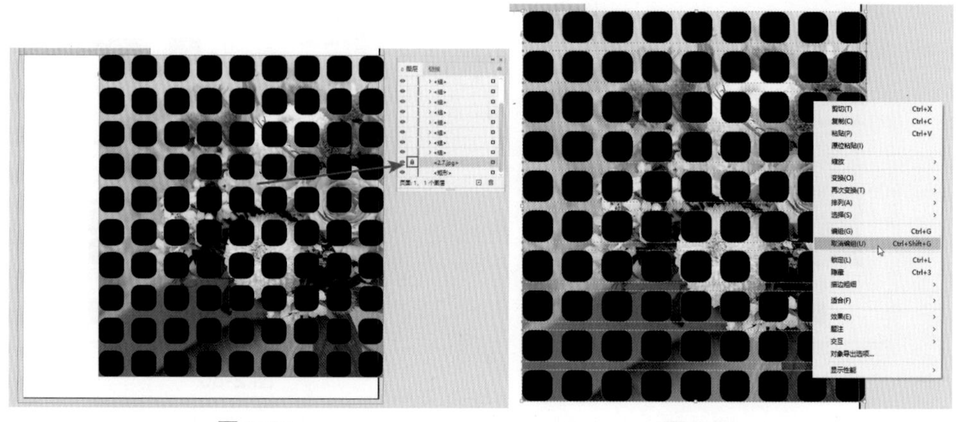

图 2-75　　图 2-76

（17）单击工具箱中的“矩形工具”按钮，在编组对象上面绘制一个与置入图像大小相同的矩形，为其填充色，再单击“描边”右侧的按钮，在下拉列表中选择“无”，如图 2-77 所示。

（18）使用“选择工具”框选白色矩形和所有的圆角矩形。执行“对象 / 路径查找器 / 减去后方对象”命令，此时白色矩形呈现镂空效果，露出底层图像内容，产生类似马赛克的效果，如图 2-78 所示。

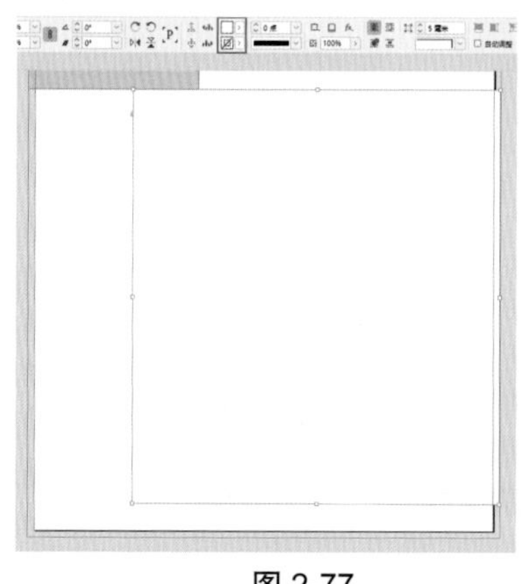

图 2-77

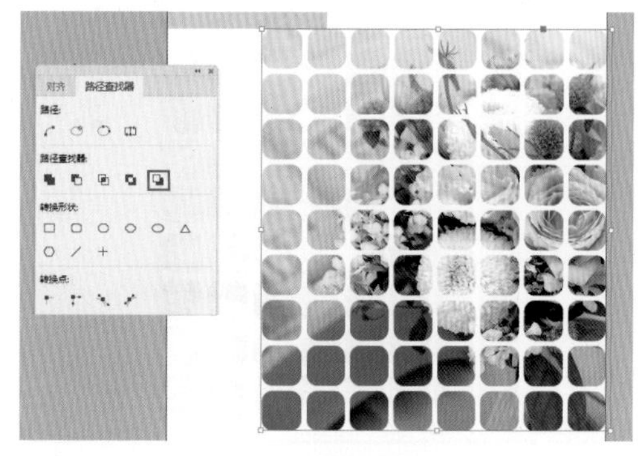

图 2-78

（19）选择“矩形工具”按钮，在马赛克图像的上方绘制一个矩形，保持图形的选中状态，单击控制栏中“描边”右侧的按钮，在下拉列表中选择“无”；双击工具箱中颜色控制组件的“填色”，打开“拾色器”对话框，设置填色为“#f2c7db”，如图 2-79 所示。

（20）选择“文字工具”按钮，在文档上方的空白处绘制一个文本框并键入文本内容，在控制栏中设置字体样式、文字大小；双击工具箱中颜色控制组件的“填色”，打开“拾色器”对话框，设置文字填色为“#d8508f”，如图 2-80 所示。

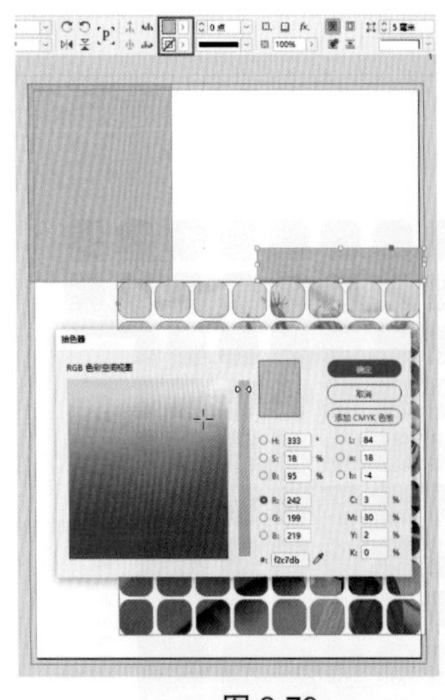

图 2-79

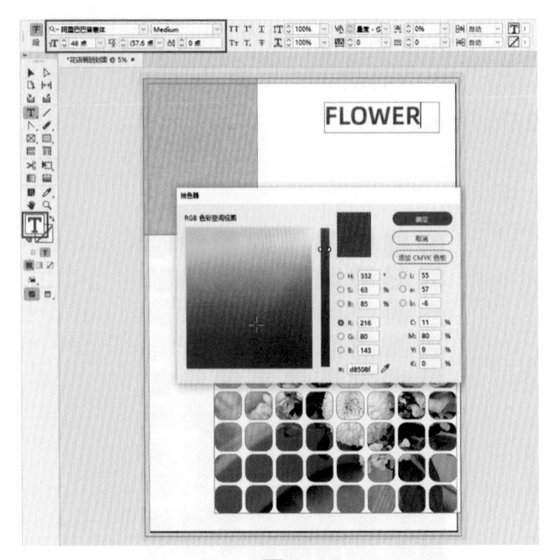

图 2-80

（21）按照上述方法制作其余的文字对象，效果如图 2-81 所示。

（22）选择“直排文字工具”按钮，在马赛克图像的左侧绘制一个垂直文本框并键入文本内容，在控制栏中设置字体样式、文字大小；双击工具箱中颜色控制组件的“填色”，打开“拾色器”对话框，设置文字填色为“#d8508f”，效果如图 2-82 所示。

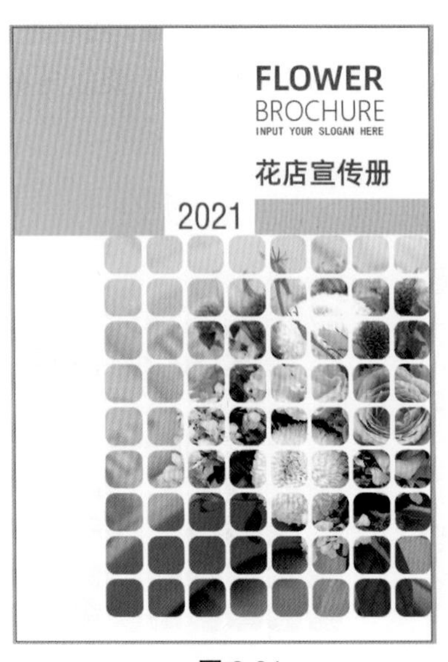

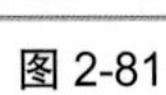

图 2-81

图 2-82

（23）画册封面制作完成，接下来需要对文档进行存储与导出。首先执行“文件 / 存储”命令，选择一个合适的存储位置，然后单击“保存”，接着执行“文件 / 导出”命令，在弹出的“导出”对话框中将保存格式设置为 JPEG，最终效果如图 2-83 所示。

图 2-83

2.8　转换形状

通过“转换形状”命令，任何路径都可以转换为预定义的形状，而且原始路径的描边设置与新路径的描边设置相同。首先选中路径对象，执行“对象 / 转换形状”下的子命令，例如，选择“对象 / 转换形状 / 三角形”命令。此时构成卡通图形的每个部分都变成了三角形，如图 2-84 所示。

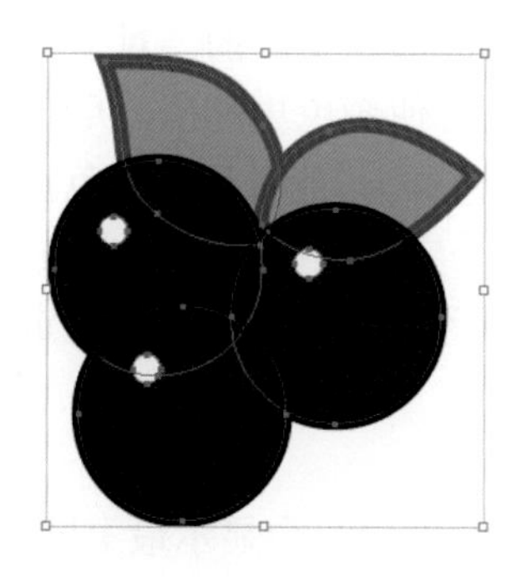
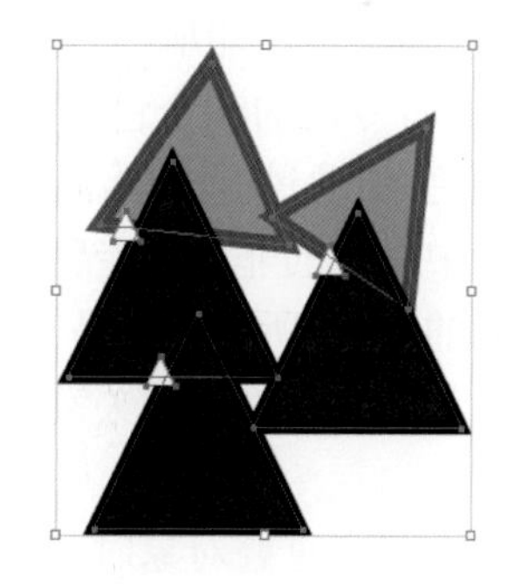

图 2-84

2.9　转换点

通过“转换点”命令，可以快速地将锚点转换类型，例如，将尖角锚点转变为平滑锚点。若要执行转换点操作，要首先使用“直接选择工具”选中一个点，然后执行“对象 / 转换点”命令，在菜单中选择一个命令，即可转换为相应类型，如图 2-85 所示。

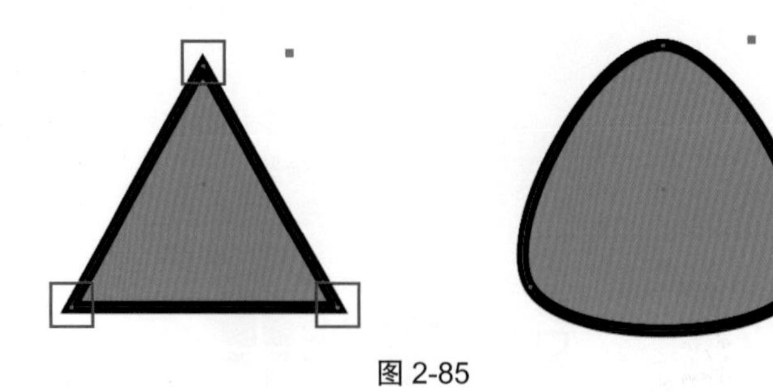

图 2-85

2.10 了解色彩

在 InDesign 中，颜色分为印刷色和专色这两种类型，与商业印刷中使用的两种主要的油墨类型相对应。

1. 印刷色

印刷色即 CMYK 颜色，是由 C（青色）、M（洋红色）、Y（黄色）和 K（黑色）按不同百分比组成的颜色。当作品需要的颜色较多而导致使用单独的专色油墨成本很高或者不可行（如印刷彩色照片）时，就需要使用印刷色。印刷时，C、M、Y、K 四种颜色都有对应的色版。因此，印刷彩色作品时，需要用这四块色版各印一次（故彩色印刷又称四色印刷），从而形成最终的成品。

2. 专色

专色是指在印刷时，不通过印刷 C、M、Y、K 四色合成颜色，而是专门用一种特定的油墨来印刷颜色。专色油墨是由印刷厂预先混合好的或由油墨厂生产的。对于印刷品的每一种专色，在印刷时都有专门的一个色版对应。使用专色可使颜色更准确。尽管在计算机上不能准确地表示颜色，但通过标准颜色匹配系统的预印色样卡，能看到该颜色在纸张上的准确颜色。对于设计中设定的非标准专色颜色，印刷厂不一定能准确地调配出来，而且在屏幕上也无法看到准确的颜色，所以若不是有特殊的需求，就不要轻易地使用自己定义的专色。当指定少量颜色并且颜色准确度很关键时可以使用专色。

3. 叠印

当设计图稿中包含重叠对象时，在打印中通常重叠部分只会显示最上层对象的属性，下层对象的属性会被隐藏。InDesign 中的颜色叠印功能可以解决这一问题，它会将下层对象的颜色和上层对象的颜色进行相加，使得到的效果能够正确地打印出来。

具体的操作方法如下：首先在文档中绘制三个圆形，并分别填充青色、洋红色和黄色，若想观察叠印效果，需切换到叠印预览模式下，执行“视图 / 叠印预览”命令，然后执行“窗口 / 输出 / 属性”命令，弹出“属性”面板。选择黄色对象，在“属性”面板中选中“叠印填充”复选框，如图 2-86 所示。

- 叠印填充：可叠印选定对象的填色或叠印未描边的文字。
- 叠印描边：可叠印选定对象的描边。
- 叠印间隙：可叠印应用到虚线、点线或图形线中的空格的颜色。

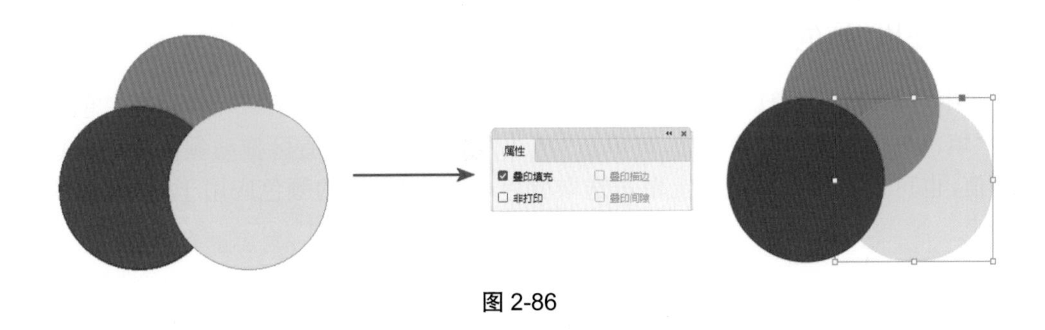

图 2-86

2.11　实色填充

实色填充也叫单色填充，是颜色填充的基础。在 InDesign 中，可使用工具箱中的颜色控制组件、"颜色"面板和"色板"面板设置所需的颜色，并应用于对象。

2.11.1　使用颜色控制组件设置填色或描边

在工具箱底部可以看到颜色控制组件，在这里可以对所选对象进行填充和描边的设置，如图 2-87 所示。

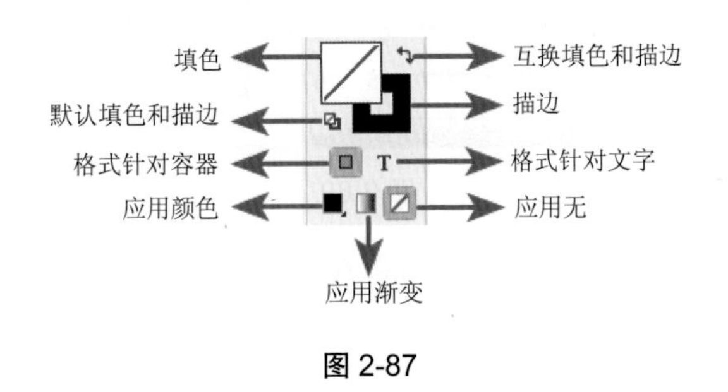

图 2-87

- 填色：选中对象，双击此按钮，可以在"拾色器"对话框中设置对象的填充颜色。
- 描边：选中对象，双击此按钮，可以在"拾色器"对话框中设置对象的描边颜色。
- 互换填色和描边：单击此按钮，可以在填色和描边之间互换颜色。
- 默认填色和描边：单击此按钮，可以恢复默认颜色设置（白色填充和黑色描边）。
- 应用颜色：单击此按钮，可以将上次选择的纯色应用于具有渐变填充或者没有描边或填充的对象。
- 应用渐变：单击此按钮，可以将当前选择的填色更改为上次设置的渐变。
- 应用无：单击此按钮，可以删除选定对象的填充或描边。

如果选中的对象是图形或框架，会自动激活"格式针对容器"，此时可分别单击"填色"或"描边"，为对象填色或描边。如果选中的对象是文字，会自动激活"格式针对文字"，用户可分别单击"填色"或"描边"，为文字设置填充或描边颜色。

2.11.2 使用“颜色”面板设置填色或描边

选中对象,执行“窗口/颜色/颜色”命令按快捷键F6,可打开“颜色”面板。单击面板中的“填色”(若要为对象描边,可单击“描边”),在颜色设置区拖动颜色滑块或直接输入数值,也可以直接在颜色条上单击选取颜色,即可将设置的颜色应用于对象,如图2-88所示。

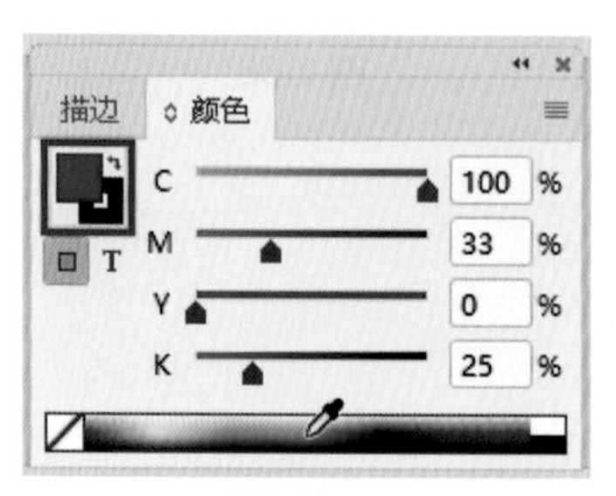

图2-88

单击“颜色”面板右上角的按钮,可以在展开的菜单中选择颜色模式,如图2-89所示。

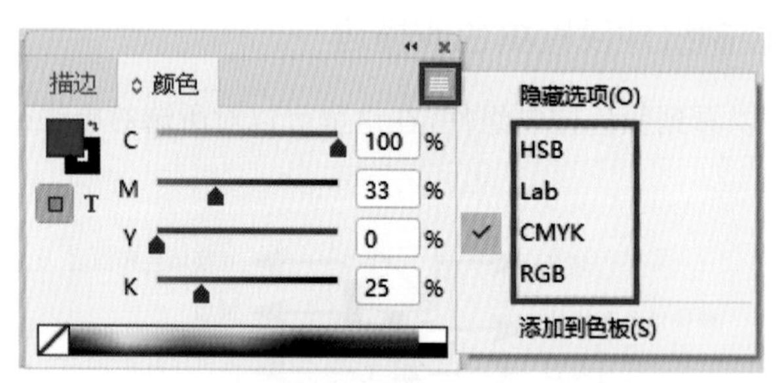

图2-89

如果想要将当前颜色添加到色板中,可以在“颜色”面板菜单中选择“添加到色板”,如图2-90所示。

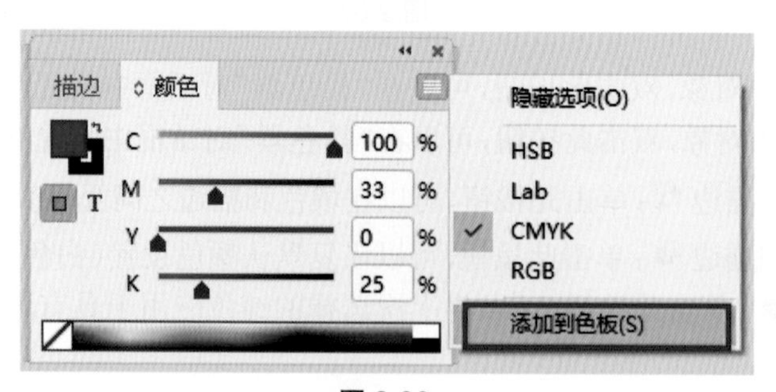

图2-90

2.11.3 使用“色板”面板设置填色或描边

1. 认识“色板”面板

选择“窗口/颜色/色板”命令,即可打开“色板”面板,利用“色板”面板可以创建和命名颜色、渐变或色调,并将这些颜色快速应用于对象,如图2-91所示。当用户修改“色板”面板中的任一色板后，其结果将影响应用该色板的所有对象。

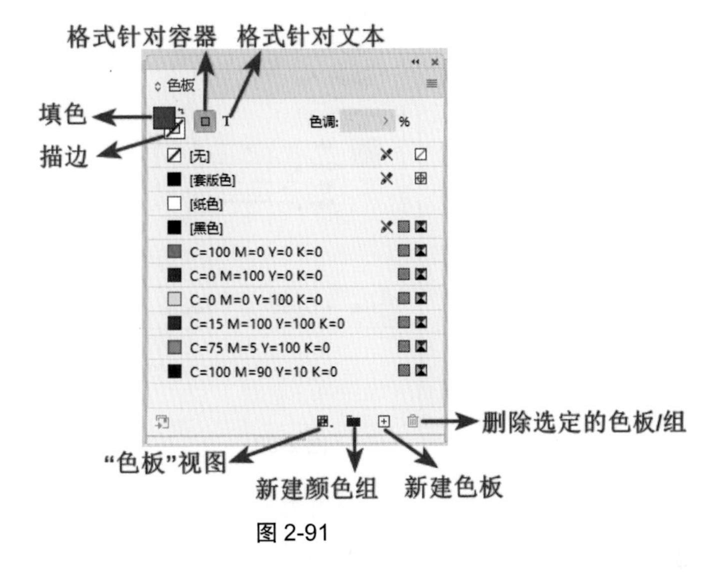

图 2-91

- 色调：显示在色板旁边的百分数，用以指示专色或印刷色的色调。
- 无：从对象中删除描边或填色，不能编辑或删除此色板。
- 套版色：是由 C100、M100、Y100、K100 复合而成的，它输出后会分别在四个分色中进行打印。
- 纸色：用于模拟印刷纸张的颜色，不能删除此色板。
- 黑色：使用 CMYK 颜色模型定义的 K100 印刷黑色。不能编辑或删除此色板。

2. 新建颜色色板

（1）在"颜色"面板设置一种颜色，单击"色板"面板底部的"新建色板"，如图 2-92 所示。

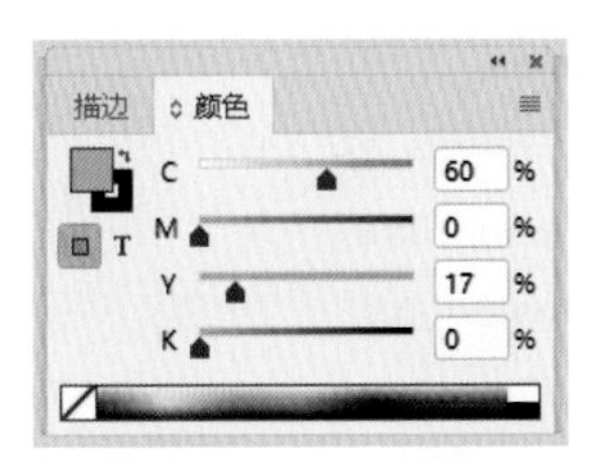

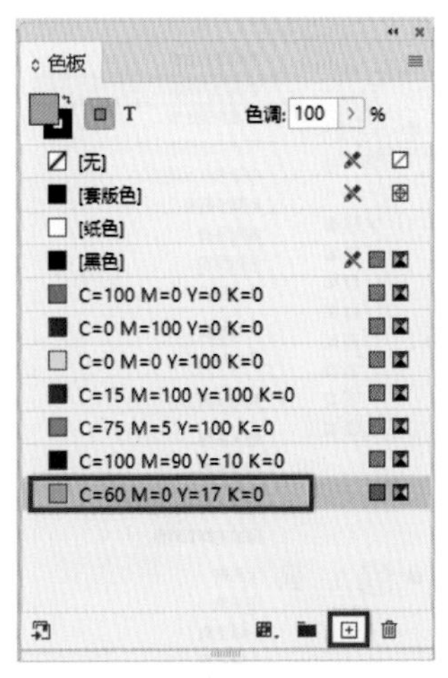

图 2-92

（2）单击"色板"面板右上角的菜单按钮，在打开的面板菜单中选择"新建颜色色板"，打开"新建颜色色板"对话框后，在其面板中设置色板名称、颜色类型、颜色模式和颜色值，单击"确定"即可，如图 2-93 所示。

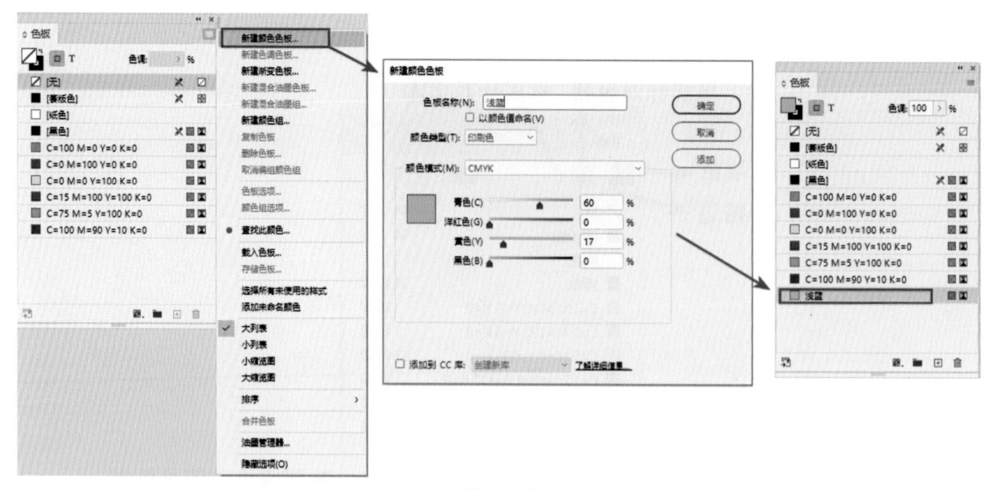

图 2-93

● 颜色类型：用于设置印刷文档的颜色类型，有印刷色和专色两种类型。

● 色板名称：默认情况下创建新的颜色，会直接以颜色值进行命名。取消"以颜色值命名"复选框的选中状态，可以进行自定义名称设置。

● 颜色模式：选择要用于定义颜色的模式。选择一种颜色模式后，下方会出现相应的颜色参数。

3. 新建色调色板

（1）打开"色板"面板，在色板中选择一个颜色色板，单击面板右上方"色调"选项旁边的按钮，拖动"色调"滑块或直接在色调编辑框中输入百分比数值，然后单击"新建色板"，或者单击"色板"面板菜单按钮，选择"新建色调色板"，弹出"新建色调色板"对话框，在该对话框中进行相应的设置，如图 2-94 所示。

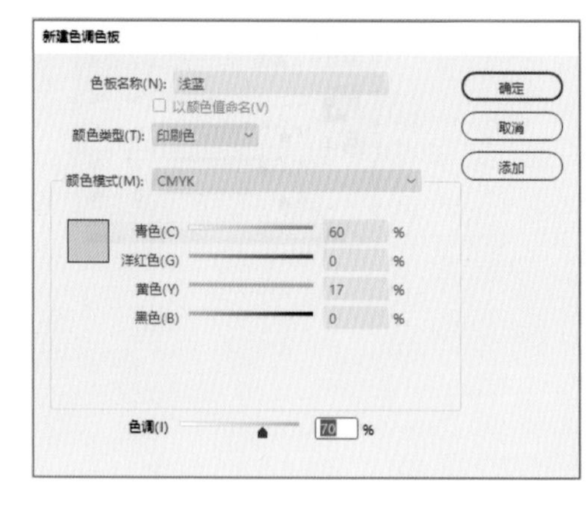

图 2-94

（2）首先打开“色板”面板，在色板中选择一个颜色色板，打开“颜色”色板，在该面板中拖动“色调”滑块或直接在色调编辑框中输入百分数，然后单击“颜色”面板菜单按钮，选择“添加到色板”，如图 2-95 所示。

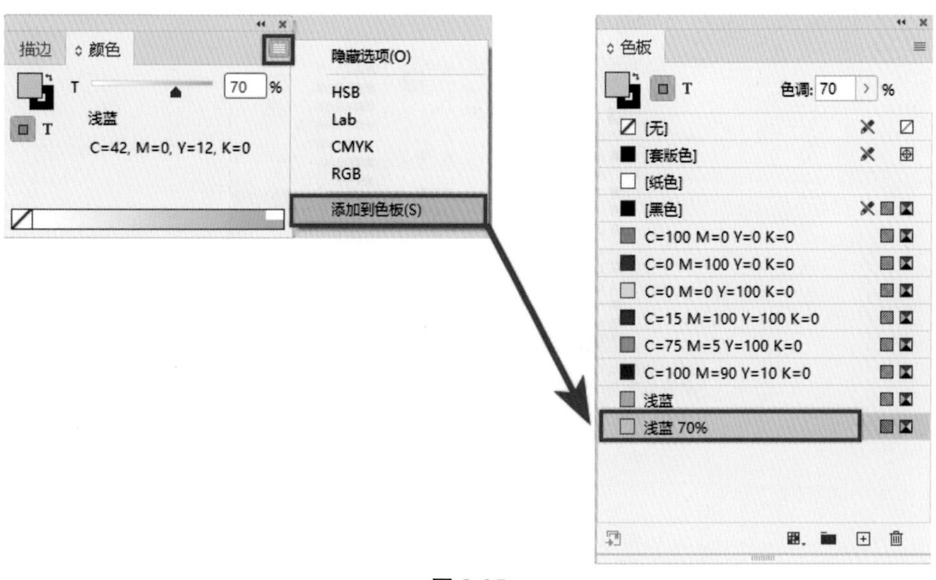

图 2-95

4. 复制色板

在“色板”面板列表中选择要复制的色板，将其拖拽到“新建色板”；或直接单击“新建色板”；还可以使用“色板”面板菜单中的“复制色板”命令，即可完成色板的复制，如图 2-96 所示。

图 2-96

5. 删除色板

在“色板”面板列表中选择要删除的色板，将其拖拽到“删除选定的色板或组”🗑；或直接单击“删除选定的色板或组”🗑；还可以使用“色板”面板菜单中的“删除色板”命令，即可完成色板的删除，如图 2-97 所示。

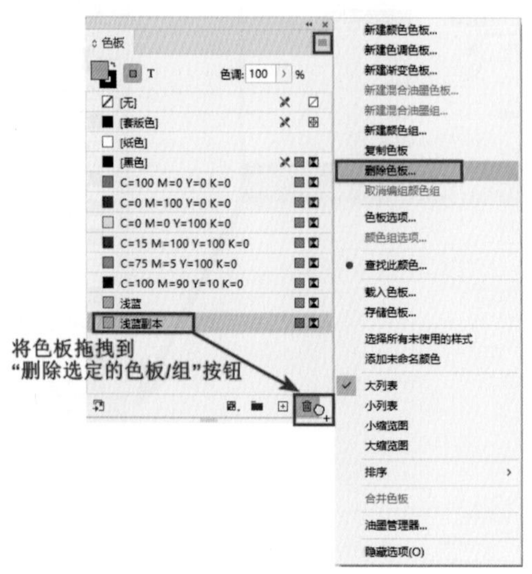

图 2-97

若想要删除的色板已经应用于文档的对象中，在删除色板时，将弹出“删除色板”提示对话框，如图 2-98 所示。

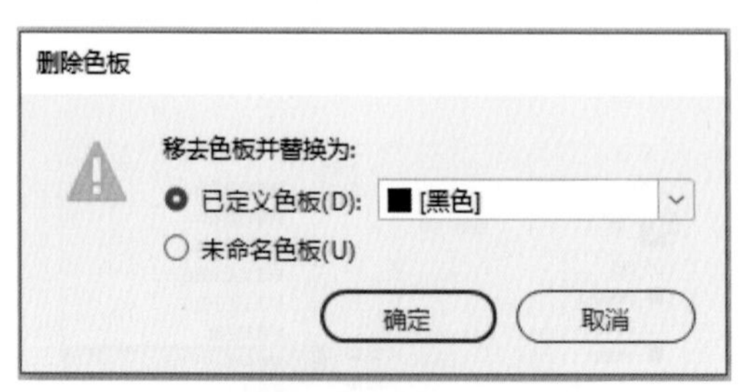

图 2-98

- 已定义色板：可在该选项右侧的下拉列表中选择其他色板来替换要删除的色板，并将替换的色板应用到文档的对象。
- 未命名色板：选择该选项表示将使用一个同样效果的未命名颜色来替换要删除的色板。

6. 调整色板

首先在“色板”面板列表中选中要调整的色板，然后选择“色板”面板菜单中的“色板选项”，打开“色板选项”对话框，在该对话框中可以更改色板名称、颜色类型、颜色模式及颜色参数，单击“确定”，即可完成修改，如图 2-99 所示。若调整的色板已经应用于文档的对象，在调整色板后，应用该色板的所有对象也将发生相应改变。

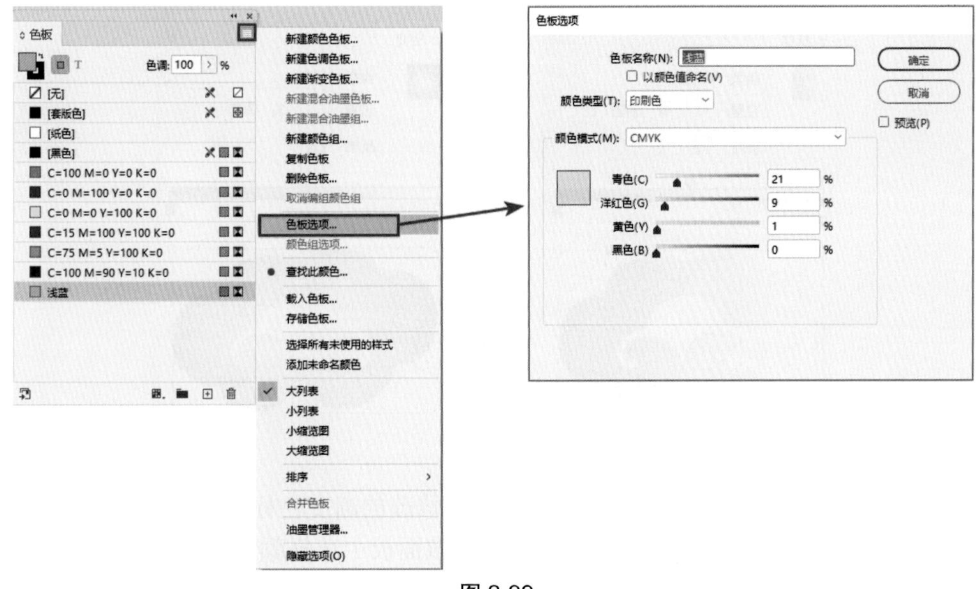

图 2-99

2.12　渐变填充

渐变是 2 种或 2 种以上的色调之间的逐渐混合。在 InDesign 中，通过“渐变”面板可以创建与编辑颜色渐变，或者使用“渐变色板工具”■调整颜色渐变的方向、角度，以及渐变的起始点和结束点位置。

2.12.1　“渐变”面板

执行“窗口 / 颜色 / 渐变”命令，或双击工具箱中的“渐变色板工具”■，打开“渐变”面板，如图 2-100 所示。

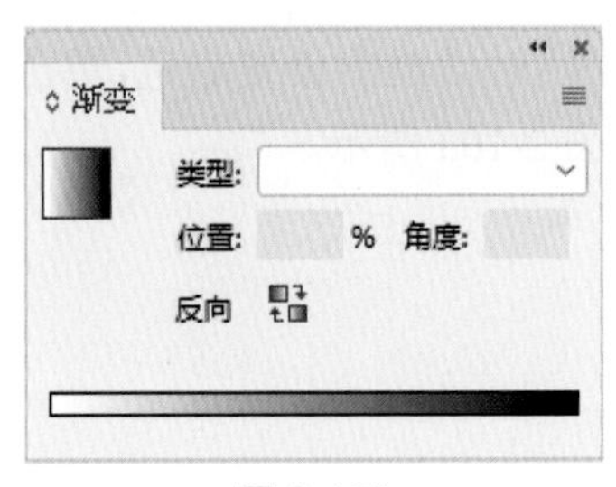

图 2-100

打开素材“2.12.indd”，在“类型”下拉列表中可以选择“线性”或“径向”选项。当选择“线性”渐变时，渐变色将按照从起点到终点颜色进行顺序渐变。当选择“径向”渐变时，渐变色将按照从中心到边缘的方式进行变化，如图 2-101 所示。

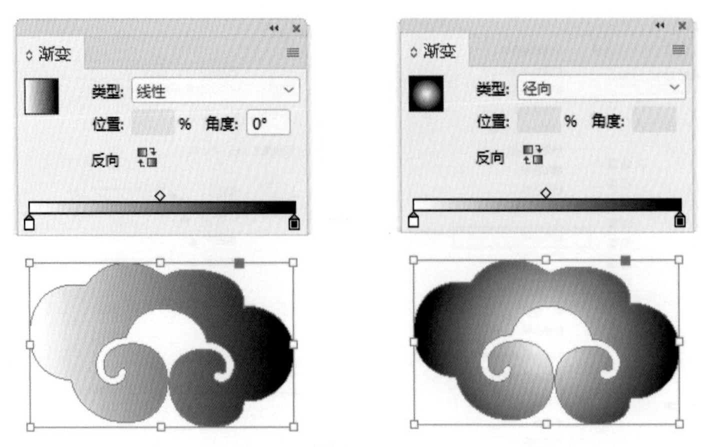

图 2-101

如果要修改渐变颜色，首先单击渐变条上的要修改的渐变色标，然后执行“窗口 / 颜色 / 颜色”命令或使用快捷键F6，打开“颜色”面板，在该面板中选择颜色，此时“渐变”面板中被选中的色标也更改为相同的颜色，如图 2-102 所示。

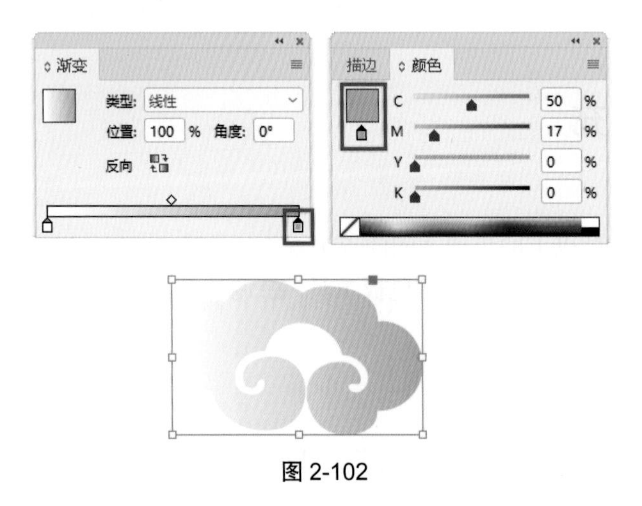

图 2-102

另一种修改渐变颜色的方法是，单击渐变色带上的要修改的渐变色标，然后双击工具箱中的“填色”，在打开的“拾色器”对话框中设置颜色，单击“确认”，“渐变”面板中被选中的色标也更改为相同的颜色，如图 2-103 所示。

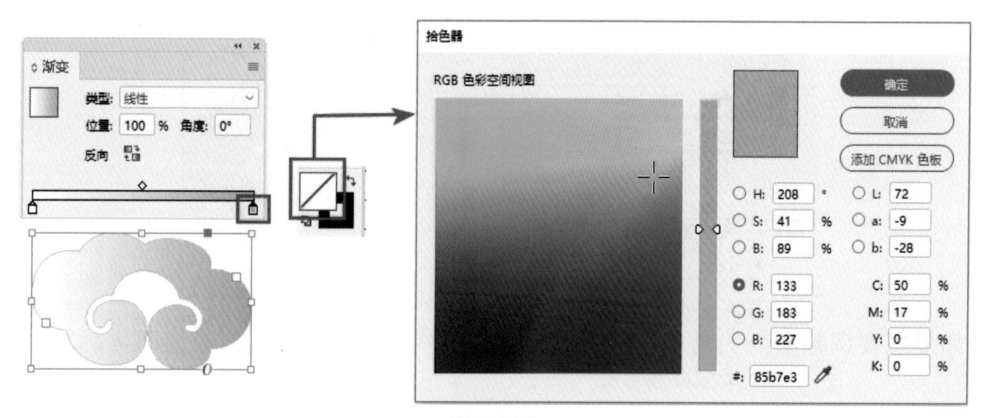

图 2-103

默认的渐变为双色渐变，如果想要实现多种颜色过渡的渐变效果，在渐变色带上单击，即可添加一个新的色标，如图 2-104 所示。如果想要删除色标，将其选中后按住鼠标左键并向下拖曳即可。

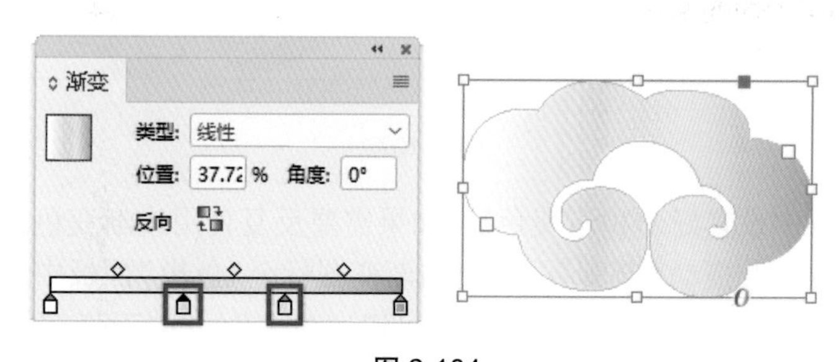

图 2-104

单击“渐变”面板中的“反向渐变”，可以对调渐变的方向，如图 2-105 所示。

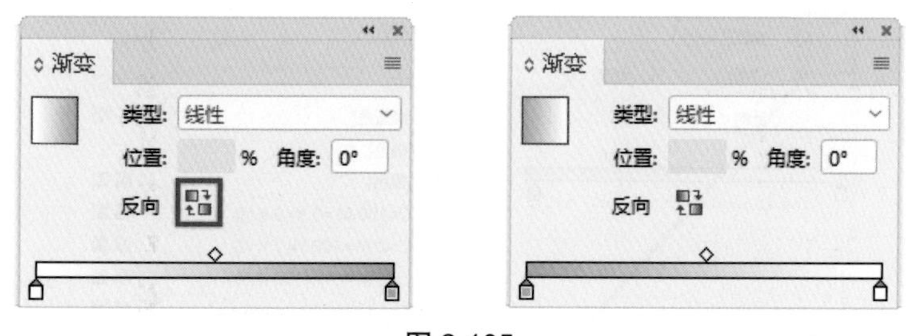

图 2-105

如果想要调整颜色在渐变中的位置，单击色标或渐变色标的中点后直接拖动即可；或者选中色标或渐变色标的中点后，在“位置”编辑框中输入百分数也可改变颜色在渐变中的位置，如图 2-106 所示。

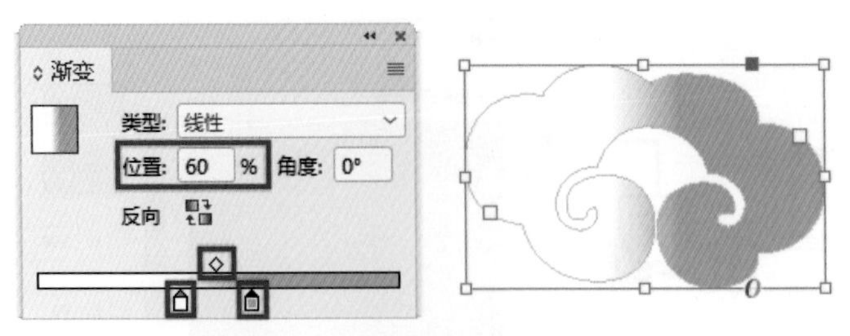

图 2-106

如果想要调整渐变的角度，在“角度”编辑框中输入精确的角度数值即可，如图 2-107 所示。

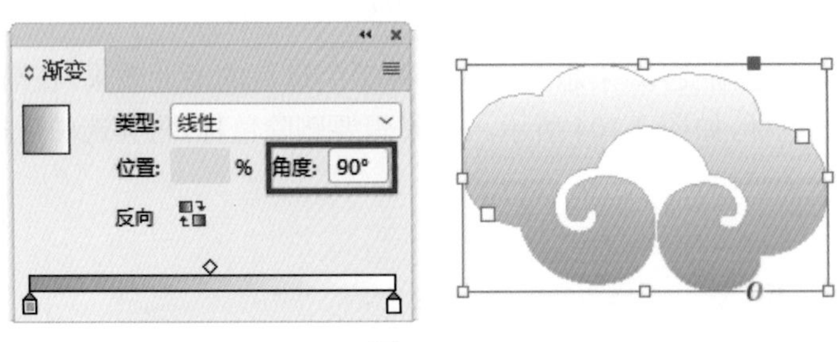

图 2-107

在“渐变”面板中设置好一种渐变色后，如果需要反复使用该渐变色，可以将其存储到“色板”面板中。单击并拖动“渐变”面板中的渐变图标至“色板”面板中，此时鼠标指针呈形状，释放鼠标后即可存储渐变色板；也可以通过单击“色板”面板底部的“新建渐变色板”来创建渐变色板，如图 2-108 所示。

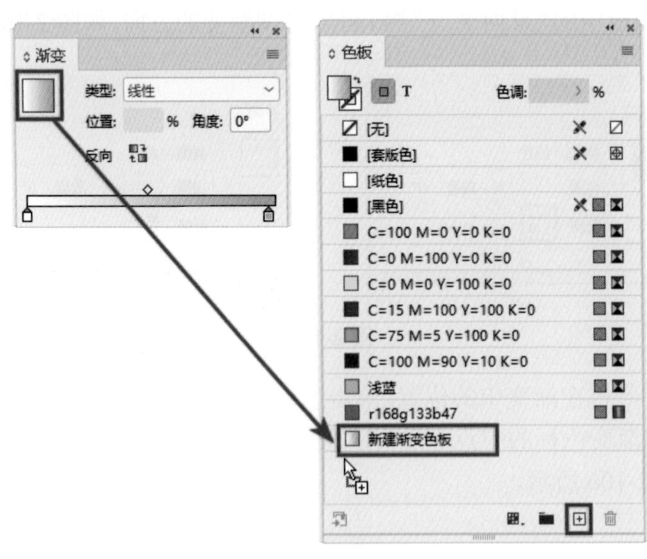

图 2-108

2.12.2　渐变色板工具

在没有创建任何渐变颜色的情况下，保持对象的选中状态，选择工具箱中的“渐变色板工具”，将鼠标指针移动到图形上单击确定起始点，并按住鼠标左键进行拖曳，在适当的位置释放鼠标确定结束点，即可用默认的黑白线性渐变填充对象，如图 2-109 所示。如果想要修改渐变效果，可以双击“渐变色板工具”，打开“渐变”面板进行相应的编辑。

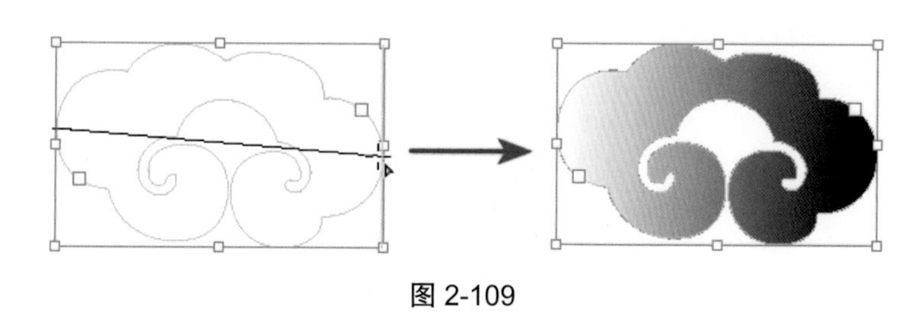

图 2-109

2.13　渐变羽化工具

渐变羽化工具可以将矢量图形或位图对象渐隐到背景中。打开素材“2.13.indd”，首先选中图像对象，然后单击工具箱中的“渐变羽化工具”，在渐变起点位置单击鼠标左键并沿着从左到右的方向拖曳，至渐变结束点释放鼠标即可，如图 2-110 所示，所选的蓝色矩形出现从左到右的半透明效果。在拖曳渐变羽化效果的过程中按住 Shift 键，工具将锁定在 45° 的倍值上。

图 2-110

2.14 设置描边

在 InDesign 中，可以通过“描边”面板设置图形的描边属性。执行“窗口 / 描边”命令或使用快捷键F10，可以打开“描边”面板，如图 2-111 所示。

图 2-111

- 粗细：在该编辑框中设置相应的数值，调整粗细的大小。
- 端点：在该选项组中可以选择一种端点样式以指定开放路径两端的外观。“平头端点”用于创建具有方形端点的描边，如图 2-112 所示；“圆头端点”用于创建在端点之外扩展半个描边宽度的半圆端点，如图 2-113 所示；“方头端点”用于创建在端点之外扩展半个描边宽度的方形端点，如图 2-114 所示。

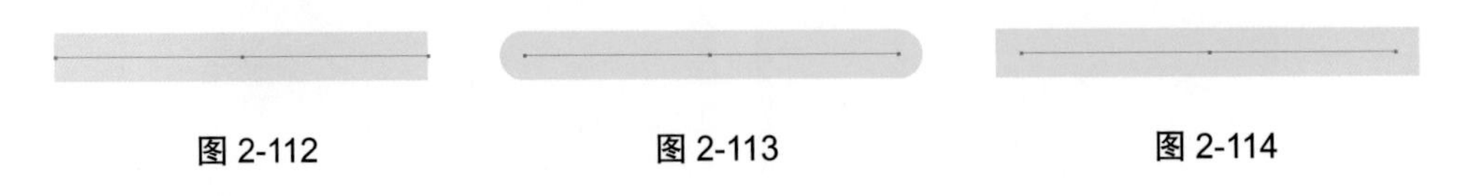

图 2-112　　图 2-113　　图 2-114

- 斜接限制：指定在斜角连接成为斜面连接之前，相对于描边宽度对拐点长度的限制。
- 连接：在该选项组中可以指定直线段改变方向（拐角）处描边的外观。选择“斜接连接”可创建当斜接的长度位于斜接限制范围内时，扩展至端点之外的尖角，如图 2-115 所示；选择“圆角连接”可创建在端点之外扩展半个描边宽度的圆角，如图 2-116 所示；选择“斜面连接”可创建与端点邻接的方角，如图 2-117 所示。

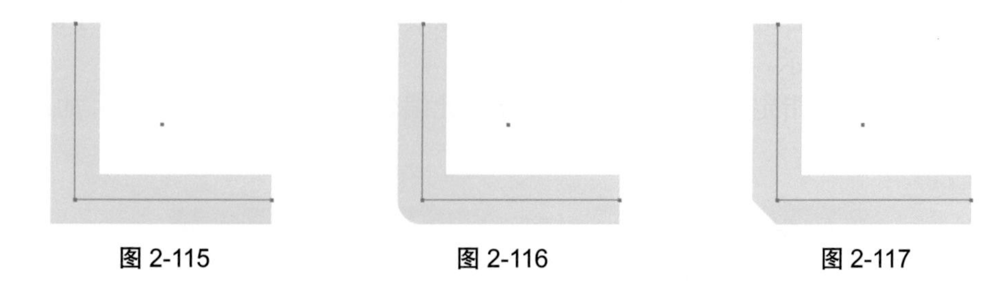

图 2-115　　图 2-116　　图 2-117

● 对齐描边：用于定义描边和路径对齐的方式。“描边对齐中心”用于将路径定义在描边中心，如图 2-118 所示；“描边居内”用于将描边定义在路径内部，如图 2-119 所示；“描边居外”用于将描边定义在路径的外部，如图 2-120 所示。

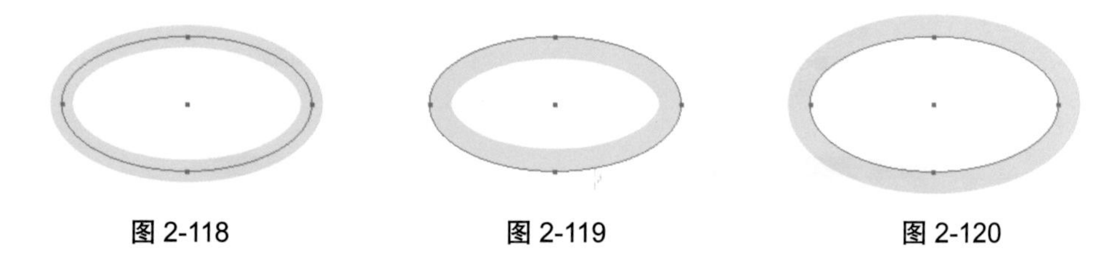

图 2-118　　图 2-119　　图 2-120

● 类型：在此列表下拉菜单中可指定一种描边类型。

● 起始处：指定路径的起点样式。

● 结尾处：指定路径的终点样式。

● 缩放：用于设置路径两端箭头的百分比大小，如图 2-121 所示。

● 对齐：用于设置箭头位于路径终点的位置，将箭头提示扩展到路径中点外的效果如图 2-122 所示；将箭头提示放置于路径中点处的效果如图 2-123 所示。

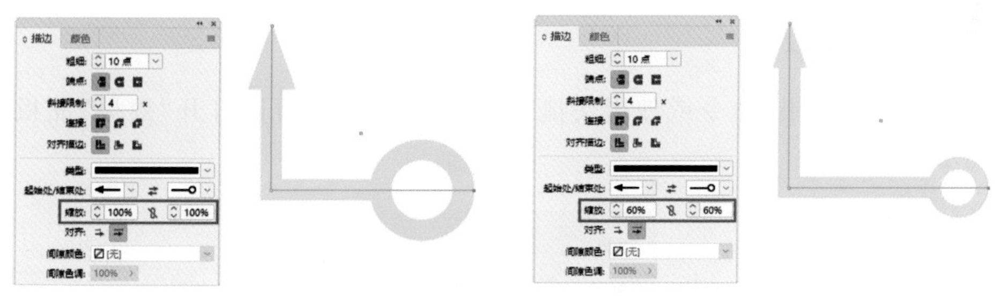

图 2-121

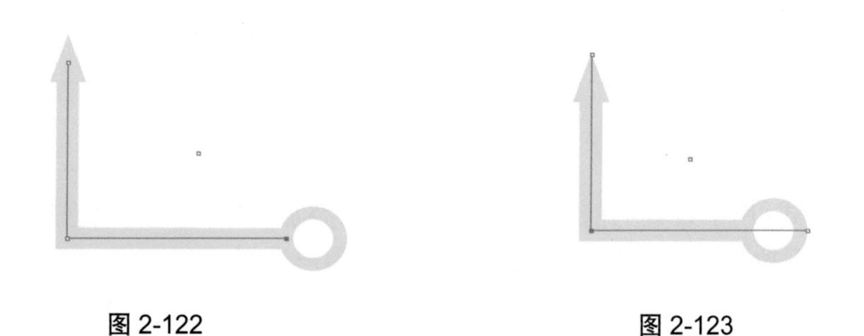

图 2-122　　图 2-123

● 间隙颜色：指定在应用了图案的描边中的虚线、点线或多条线条之间的空隙中显示的颜色，如图 2-124 所示。

● 间隙色调：当指定了间隙颜色后，可以在此编辑框设置该颜色的色调，如图 2-125 所示。

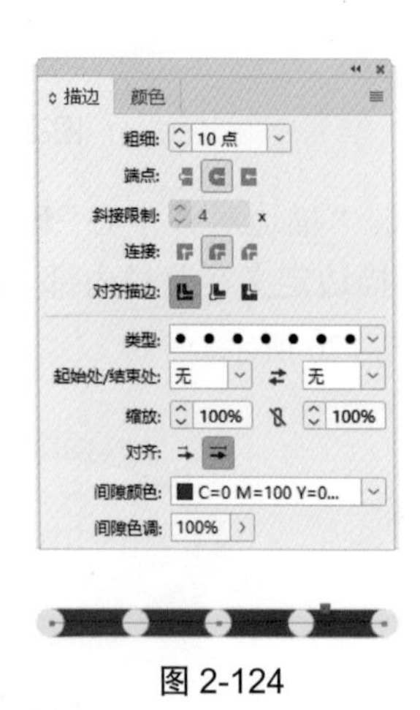

图 2-124

图 2-125

2.15 效果的应用

在 InDesign 中，利用“效果”面板可以为对象设置不透明度和混合模式，以及添加投影、发光和羽化等效果。

2.15.1 “效果”面板

执行“窗口 / 效果”命令或使用快捷键 Ctrl+Shift+F10，可以打开“效果”面板，如图 2-126 所示。

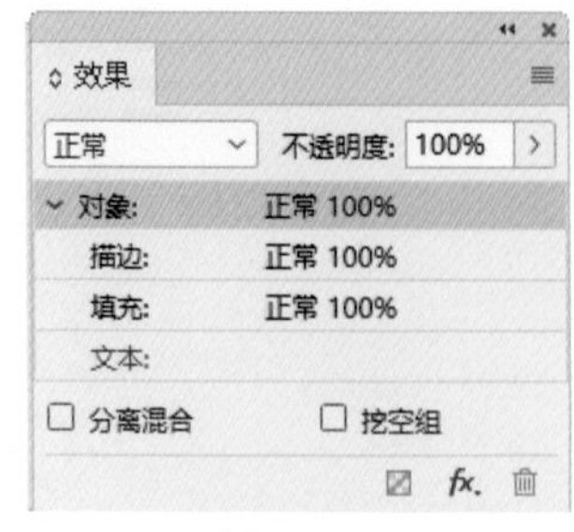

图 2-126

● 混合模式：用于设置当前对象与其下方对象叠加在一起时的颜色效果，单击右侧按钮⌄，在弹出的下拉列表中提供了 16 种混合模式供用户选择。

● 不透明度：单击右侧的按钮 >，通过拖动滑块或在编辑框中输入数值可设置对象（描边、填色或文本）的不透明度，如图 2-127 所示。

● 级别：该区域用于显示当前对象的不透明度设置。单击“对象”左侧的按钮⌄可以隐藏其下方的级别设置，如图 2-128 所示。

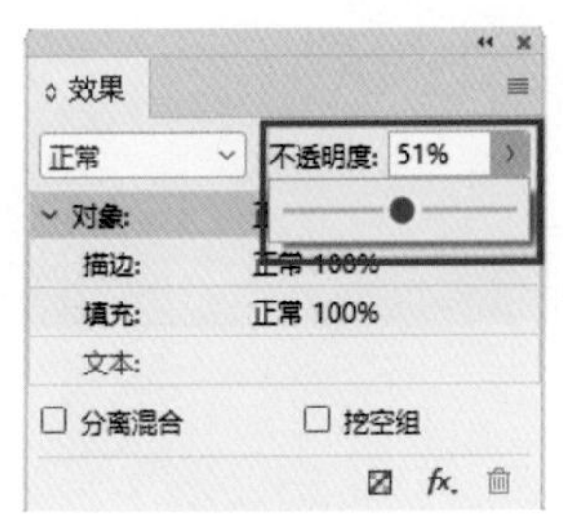

图 2-127

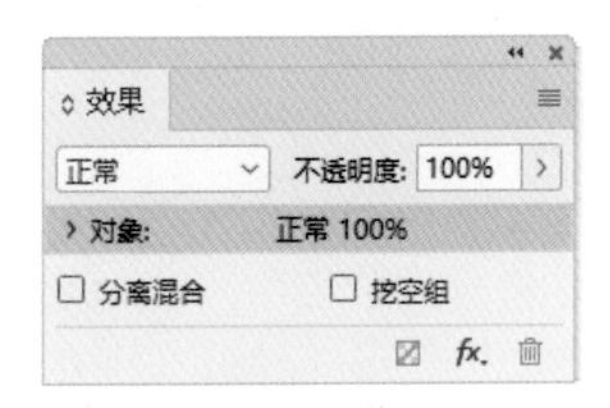

图 2-128

● 向选定的目标添加对象效果fx.：单击该按钮，可以在弹出的下拉列表中选择相应项，为当前对象（描边、填色或文本）设置投影、发光或羽化等效果。

● 清除所有效果并使对象变为不透明：单击该按钮，可以清除应用于对象（描边、填色或文本）的效果，将混合模式设置为“正常”，并将整个对象的不透明度恢复为 100%。

● 从选定的目标中移去效果：单击该按钮，可以删除应用于选定对象上的效果。

2.15.2　设置不透明度

打开素材“2.15.2.indd”，选中图像对象，然后选择“窗口 / 效果”命令打开“效果”面板，可以通过在“不透明度”编辑框中直接输入数值或者拖动滑块来实现不透明度的设置。降低对象不透明度后，就可以透过该对象看见下方的图像，如图 2-129 所示。

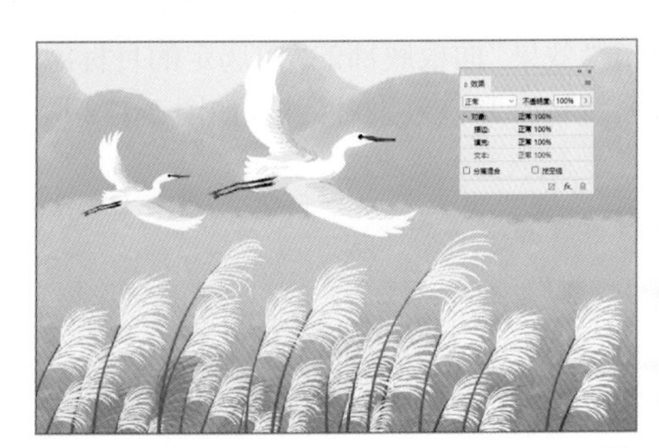

图 2-129

2.15.3　设置混合模式

使用混合模式可以将两个重叠对象之间的颜色进行混合。选中顶层的图像，单击“效果”面板混合模式右侧的按钮⌄，从弹出的下拉列表中选择一种混合模式，即可观察到当前画面产生的混合效果。打开素材“2.15.3 .indd”，选中顶层的图像对象，选择“叠加”，此时选中的图像与其下方对象自然地融合在一起，如图 2-130 所示。

图 2-130

2.15.4　效果的应用

在 InDesign 中，系统提供了投影、内阴影、外发光、内发光、斜面和浮雕、光泽、基本羽化、定向羽化和渐变羽化 9 种效果，如图 2-131 所示。

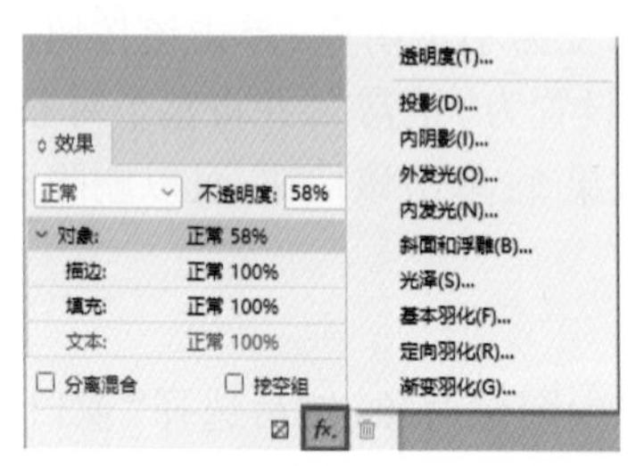

图 2-131

例如，“投影”效果可以为选择的对象添加一个阴影，以增加对象的层次感和立体感。要为对象添加投影效果，首先要选择该对象，单击“效果”面板底部的“向选定的目标添加对象效果”fx，在弹出的菜单中选择“投影”效果，系统将打开该效果对话框，如图 2-132 所示。

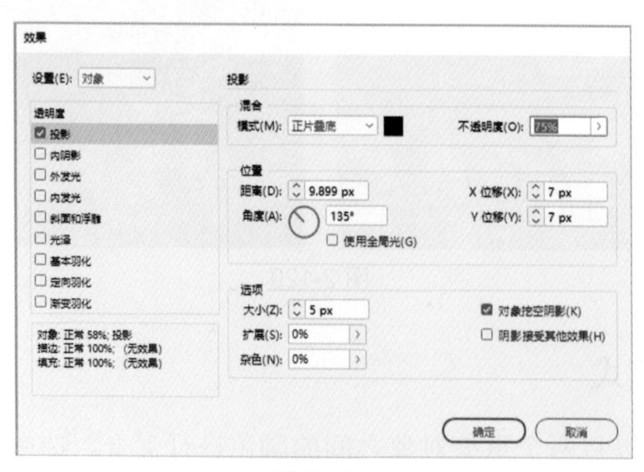

图 2-132

- 模式：在其下拉列表中可选择所加投影的混合模式。单击其右侧的色块，可在弹出的“效果颜色”对话框中设置投影的颜色。
- 不透明度：用于设置投影效果的不透明度。
- 距离：用于设置投影效果与对象间的距离。

● 角度：用于确定应用光源效果的光源角度。勾选“使用全局光”复选框，表示可以为所有对象使用相同的光源角度。

● 大小：指定投影或发光应用的量。

● 扩展：确定大小设置中所设定的投影或发光效果中模糊的透明度。百分比越高，所选对象越模糊。适用于投影和外发光。

● 杂色：指定输入值或拖移滑块时发光不透明度或投影不透明度中随机元素的数量。

● 对象挖空阴影：对象显示在它所投射阴影的前面。

● 阴影接受其他效果：投影中包含其他透明效果。如果对象的一侧被羽化，则可以使投影忽略羽化，以便投影不会淡出，或者使投影看上去已经羽化，就像对象被羽化一样。

如果还要设置其他效果，单击对话框左侧的相应选项即可。

2.16 综合案例实战——唱片封面设计

（1）执行“文件 / 新建 / 文档”命令，在“新建文档”对话框中设置文件名称为“唱片封面”，用途选择“打印”，“宽度”和“高度”值分别设置为“125 毫米”，“出血”设置为“3 毫米”，单击“边距和分栏”，如图 2-133 所示。接着在弹出的“新建边距和分栏”对话框中设置“上边距”为“10 毫米”，单击“将所有设置设为相同”，此时其他 3 个选项也一同改变，其他选项保持默认设置，如图 2-134 所示。

图 2-133

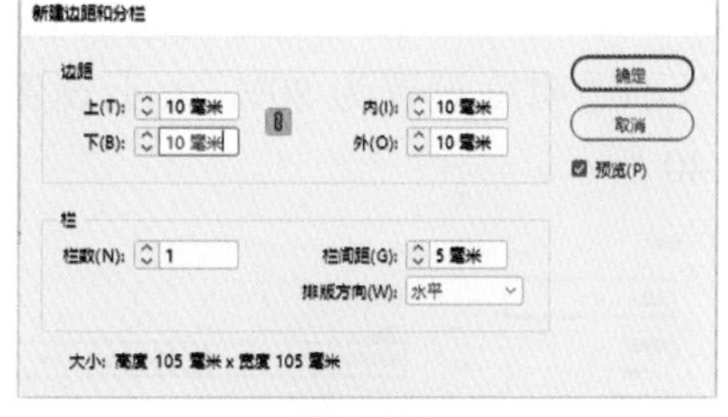

图 2-134

（2）执行“文件 / 置入”命令，选择素材“2.16.1.jpg”，单击“打开”，如图 2-135 所示。使用“选择工具”将图片位置及大小调整好，使其填充整个文档画面中，此时图像素材为外部链接文件状态，保持图像的选中，在“链接”面板中选择该图像单击鼠标右键，选择“嵌入链接”命令，将图像嵌入到文档中；再到“图层”面板将其选中并锁定，效果如图 2-136 所示。

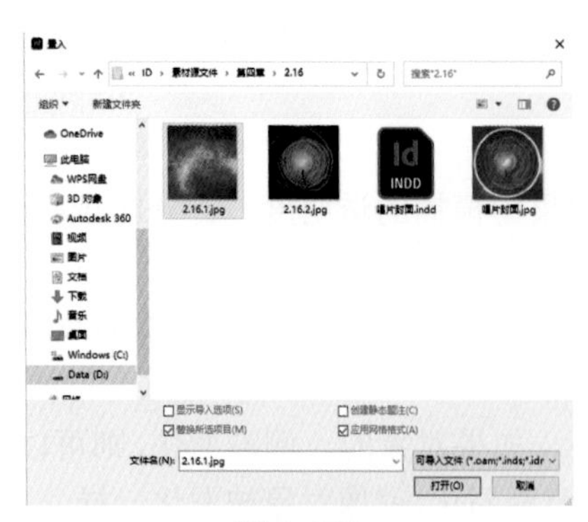

图 2-135

图 2-136

（3）单击工具箱中的“椭圆工具”，按住 Shift 键的同时按下鼠标左键拖曳，绘制出一个正圆，在控制栏中将描边设置为白色，将描边大小设置为“6 点”，效果如图 2-137 所示。

图 2-137

（4）选择圆形，执行“对象 / 效果 / 外发光”命令，在该对话框中将“设置”选项更改为“描边”，模式选择“滤色”，颜色设置为“白色”，不透明度设置为 80%，大小设置为 4 毫米，如图 2-138 所示。接着在左侧选项中选择“内发光”选项，模式选择“滤色”，颜色设置为“白色”，不透明度设置为 80%，大小设置为 4 毫米，如图 2-139 所示，单击“确定”，效果如图 2-140 所示。

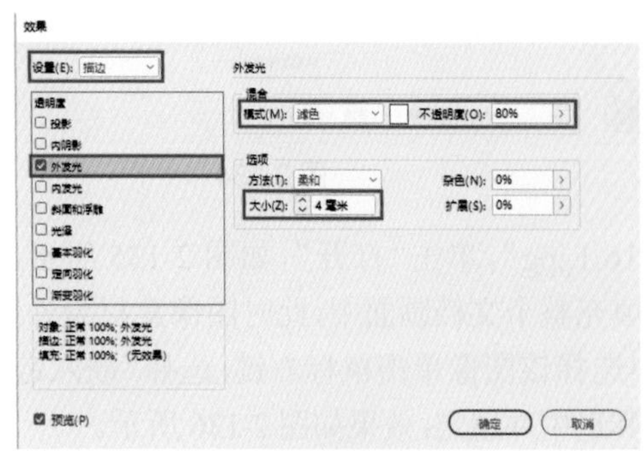

图 2-138

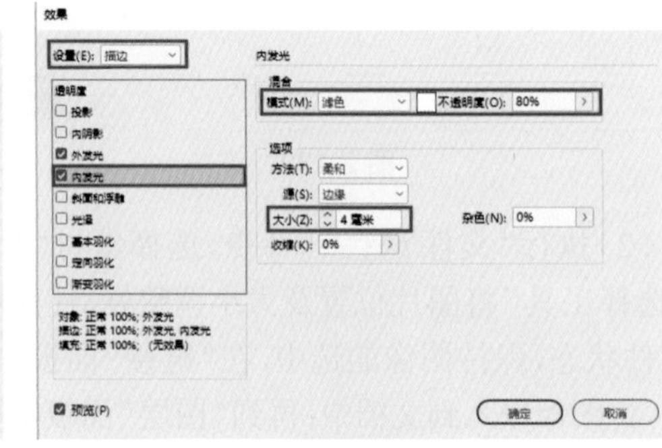

图 2-139

（5）保持圆形的选中状态，执行“文件 / 置入”命令，在弹出的“置入”窗口中选择素材“2.16.2.jpg”打开。将图片置入后单击鼠标右键，选择“显示性能 / 高品质显示”命令。置入图片后继续调整其位置，单击工具箱中的“选择工具”，将鼠标指针移动到素材图片的中心，当鼠标指针变为“内容手形抓取工具”，单击鼠标左键，随即可选中框架内的图像内容部分并对其进行移动调整，将鼠标指针放在图片 4 个角点上，按住 Shift 键的同时，按下鼠标左键并拖曳，图片将会等比放大或缩小。此时图像素材为外部链接文件状态，保持图像的选中，在“链接”面板中选择该图像单击鼠标右键，选择“嵌入链接”命令，将图像嵌入到文档中，如图 2-141 所示。

图 2-140

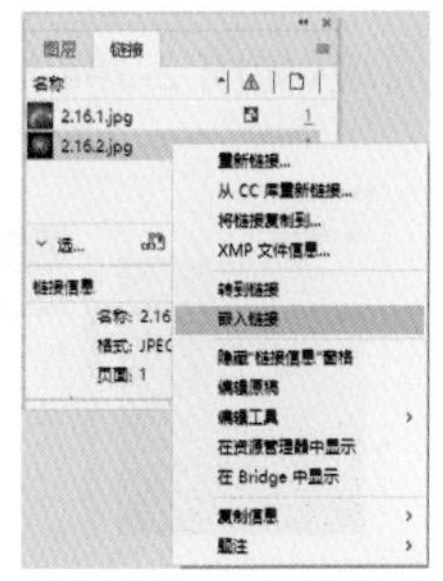

图 2-141

（6）单击工具箱中的“矩形工具”，按住 Shift 键的同时，按下鼠标左键并拖曳，绘制出一个和文档大小相同的正方形，填充颜色为“#1900ff”，去掉描边，如图 2-142 所示。

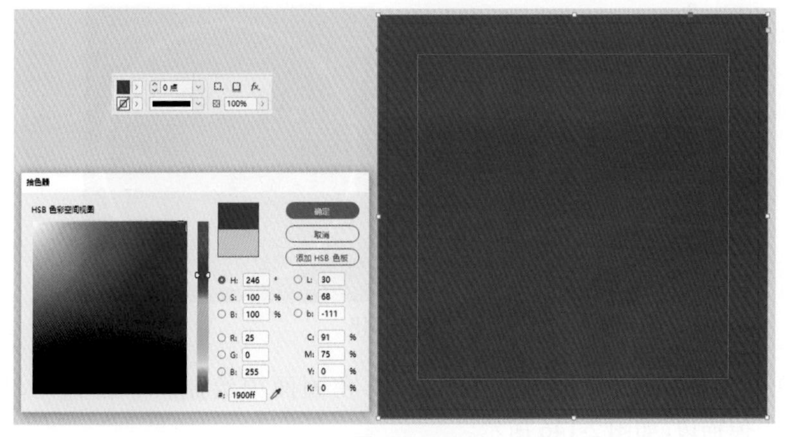

图 2-142

（7）执行“对象/效果/透明度”命令，在弹出的“效果”对话框中将“设置”选项更改为“填色”，将“模式”设置为“柔光”，设置完效果单击“确定”，再在“图层”面板选中该正方形，将其锁定，如图2-143所示。

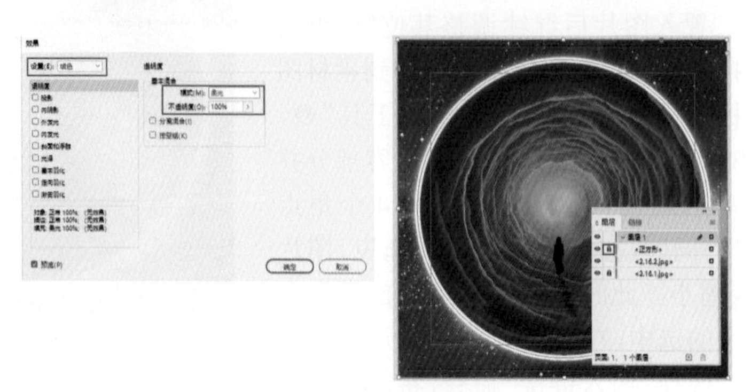

图2-143

（8）单击工具箱中的“钢笔工具”，在画面中绘制一个四边形，填充颜色为“#0014ab”，去掉描边，如图2-144所示。

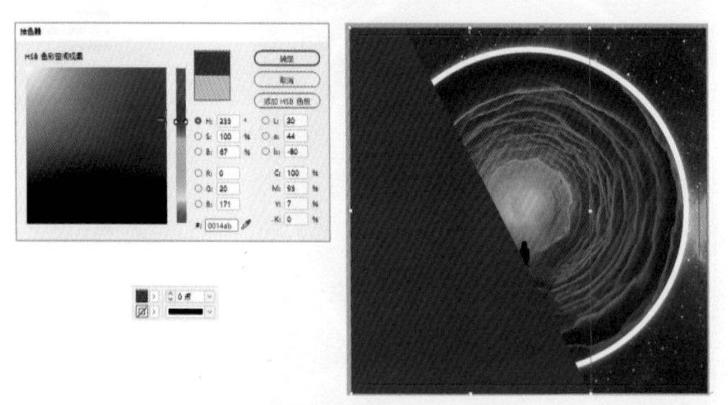

图2-144

（9）执行“对象/效果/透明度”命令，在弹出的效果窗口中将“设置”选项更改为“填色”，将“模式”设置为“柔光”，设置完效果后单击“确定”，如图2-145所示。

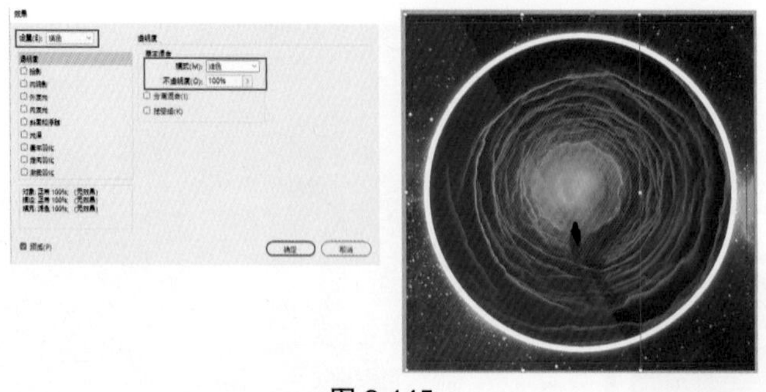

图2-145

（10）单击工具箱中的“钢笔工具”，再在画面中绘制一个四边形，填充颜色为“#4d0fdb”，去掉描边，如图2-146所示。

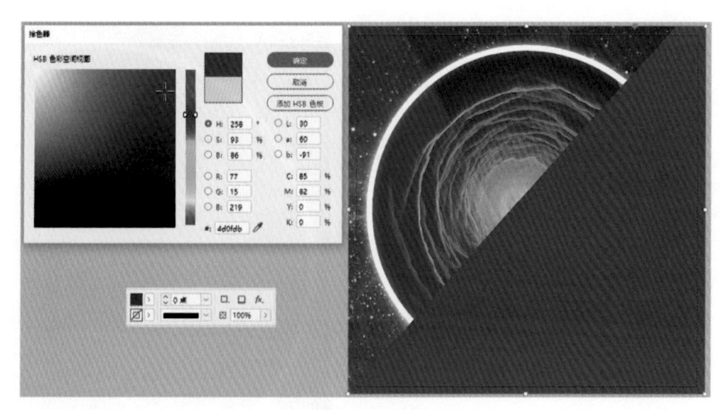

图 2-146

（11）执行“对象 / 效果 / 透明度”命令，在弹出的效果窗口中将“设置”选项更改为“填色”，将“模式”设置为“颜色减淡”，设置完效果后单击“确定”，如图 2-147 所示。

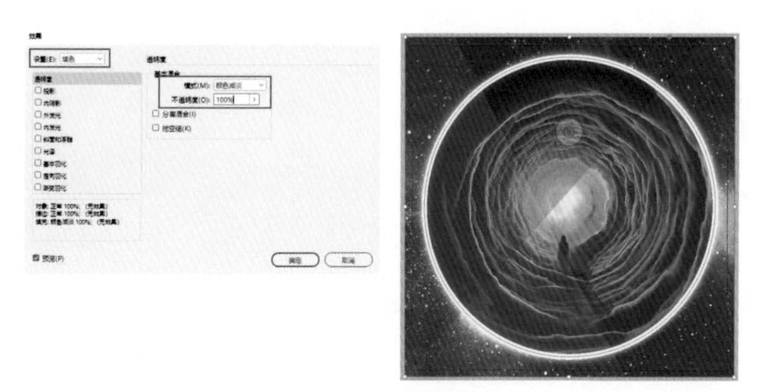

图 2-147

（12）单击工具箱中的“文字工具”，按住鼠标左键拖曳出一个文本框，输入文字，并在控制栏中设置字体、大小、描边、颜色等，如图 2-148 所示。

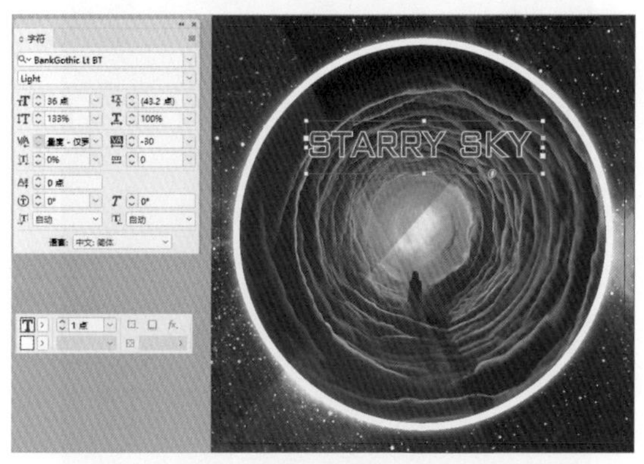

图 2-148

（13）使用同样的方法输入其他文字，并为所有文字对象执行“对象 / 效果 / 投影”命令，为文字添加投影，最终效果如图 2-149 所示。

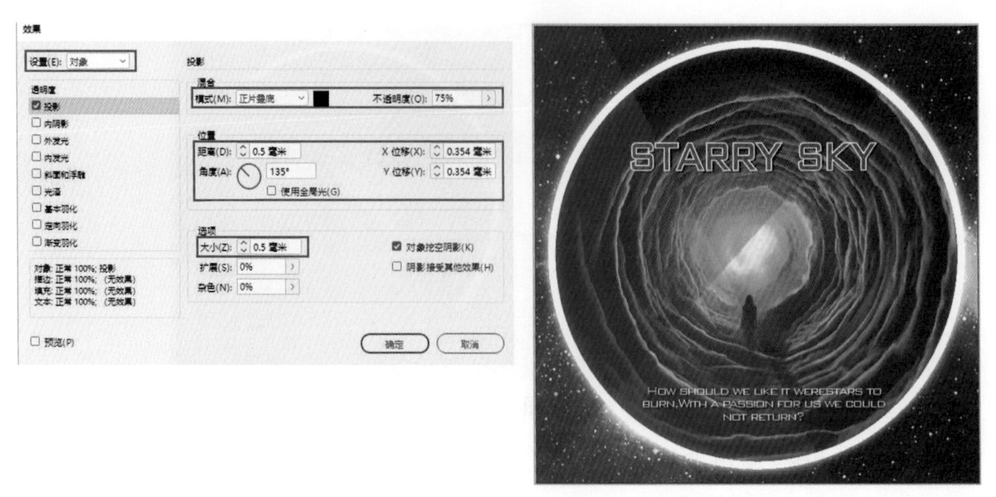

图 2-149

根据本章所授知识，制作文档大小为 A4 尺寸的 DM（直邮广告）宣传单页，效果如图 2-150 所示。

图 2-150

第 3 章　对象的编辑

- 掌握选择对象与框架的方法。
- 掌握复制、粘贴、隐藏、显示对象的方法。
- 掌握编组、锁定对象的方法
- 掌握各种变换对象的方法。
- 掌握排列与分布对象的技巧。
- 掌握框架的应用方法。

弘扬中华美育，加强现代美育，使学生在设计创造性活动中，体验生活艺术化和艺术生活化，通过感受美、欣赏美和创造美，在生动性、愉悦性、整体性和系统性中，通过审美关照积累知识；在寓教于乐的教育活动中，筑牢理想信念，陶冶情操，锤炼意志。

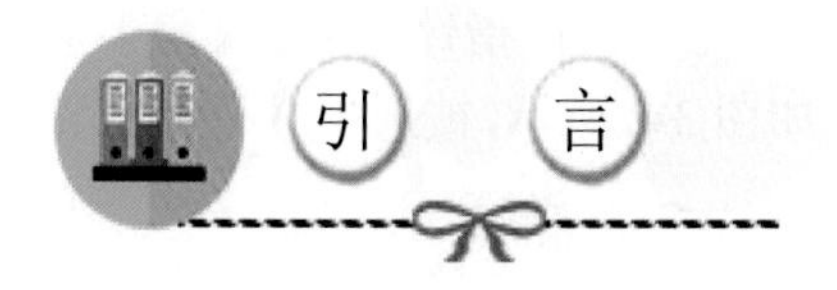

在应用 InDesign 进行排版设计时，需要全面掌握对象的编辑与设置知识，包括选择对象和框架、对象的复制与粘贴、对象的编组与锁定、对象的隐藏与显示、对象的变换等。InDesign 提供了许多用于调整和编辑对象的工具和菜单命令，应用这些工具和菜单命令，可以快速选择并调整所选对象。本章主要围绕文档中对象的编辑进行详细讲解。

3.1 对象的选择

对页面中的对象进行编辑操作之前，首先要选择编辑的对象。在 InDesign 中，选择对象的方法有很多种，可以通过“选择工具”单击选择某一对象，或者拖动鼠标同时框选多个对象，也可以使用“直接选择工具”选取对象锚点等，以更改对象的外形轮廓。

3.1.1 选择工具

选择工具是 InDesign 最常用的工具之一，它不仅可以选择矢量图形，还可以用来选择位图、框架等。

单击工具箱中的“选择工具”▶或使用快捷键V，可以选择文本和图形，被选中的文本和图形对象可以直接进行大小和位置的调整。将鼠标指针定位到要选择的对象上，单击左键，即可使该对象被选中，如图 3-1 所示。

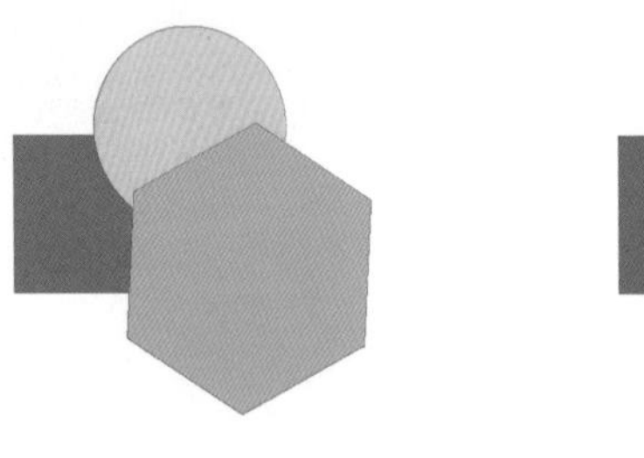
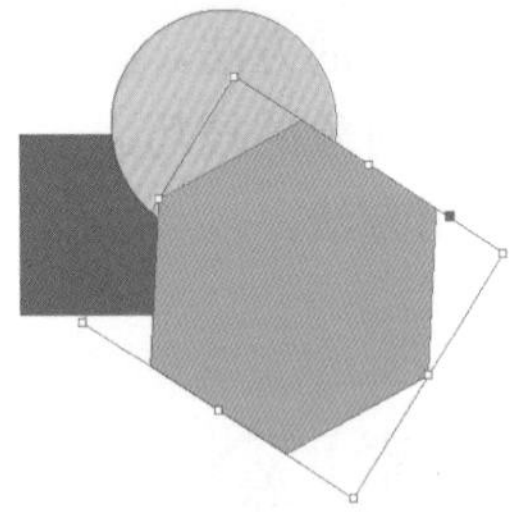

图 3-1

如果需要选择文档中的位图元素，首先需要了解 InDesign 中的位图元素是由“内容”和“框架”两个部分构成的。“内容”是指位图图像的原始部分，而“框架”则是 InDesign 特有的一种用于控制位图显示范围的“边框”。

打开素材“3.1.1.Indd”，在选择位图对象时，需要注意选择的对象是位图的“内容”还是“框架”。例如，一个位图被置入到六边形的框架中，如果想要使用“选择工具”选取位图的“内容”，可以将鼠标指针悬停在框架中央的“圆环”◎上，此时鼠标指针变为“内容手形抓取工具”，单击即可直接选中框架内图像的“内容”。如图 3-2 所示，被选中并进行位置移动的区域为位图图像的“内容”。

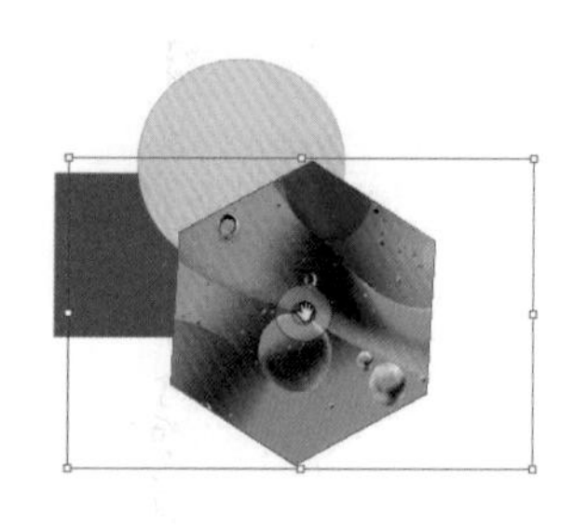
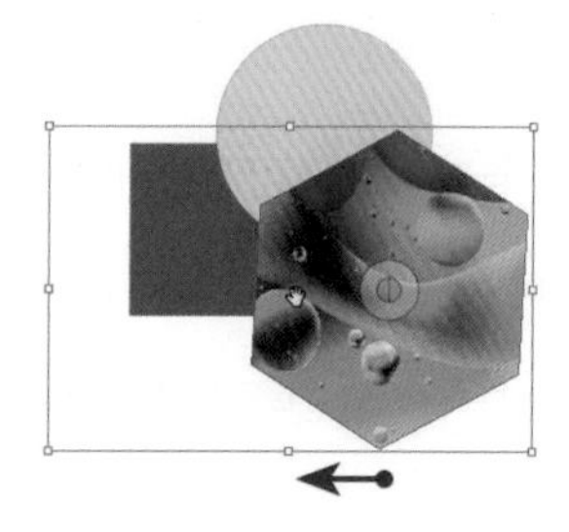

图 3-2

如果想要选中图像的“框架”，可以将鼠标指针定位到“圆环”◎以外的区域，单击之后即可激活“框架”部分以执行后续操作，如图 3-3 所示。

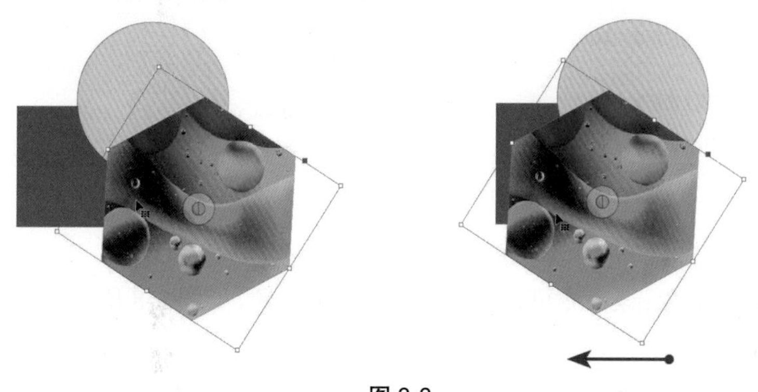

图 3-3

3.1.2　直接选择工具

“直接选择工具”与“选择工具”在用法上基本相同，但“直接选择工具”主要用来选择和调整图形对象的锚点、曲线控制柄和路径线段。利用“直接选择工具”既可以选择图形对象上的一个或多个锚点，也可以直接选择一个图形对象上的所有锚点。

如果想要选择单独的一个锚点，只需使用“直接选择工具”单击该锚点即可，如图 3-4 所示；若要选择路径上的多个锚点，可按住 Shift 键依次单击每个点，如图 3-5 所示；若要一次性选择路径上的所有锚点，单击位于对象中心的锚点即可，如图 3-6 所示。

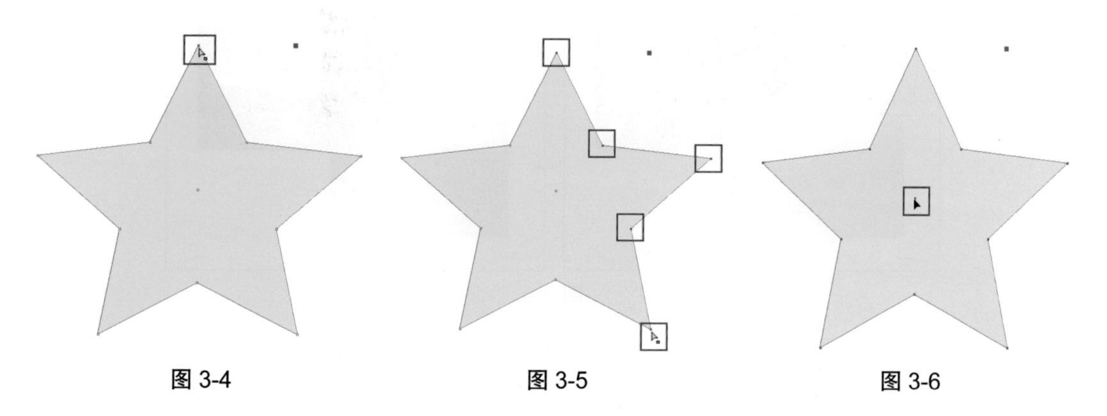

图 3-4　　图 3-5　　图 3-6

3.1.3 “选择”命令

当文档中包含多个对象时，可以执行“对象 / 选择”中的命令对画面中的对象进行选择，如图 3-7 所示。

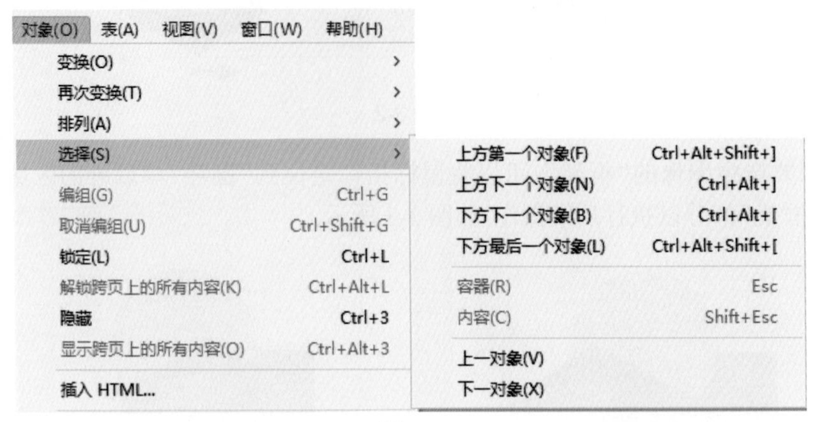

图 3-7

打开素材“3.1.3.indd”进行以下选择操作。

- 上方第一个对象：该命令可选择堆栈最上面的对象，如图 3-8 所示。

图 3-8

- 上方下一个对象：该命令可选择刚好在当前对象上方的对象，如图 3-9 所示。

图 3-9

- 下方下一个对象：该命令可选择刚好在当前对象下方的对象，如图 3-10 所示。

图 3-10

● 下方最后一个对象：该命令可选择堆栈最底层的对象，如图 3-11 所示。

图 3-11

● 内容：该命令可选择选定图形框架里的内容；如果选择了某个组，该命令则选择该组内的对象，如图 3-12 所示。此外，也可通过单击控制栏中的“选择内容”中来实现同样的功能，如图 3-13 所示。

图 3-12

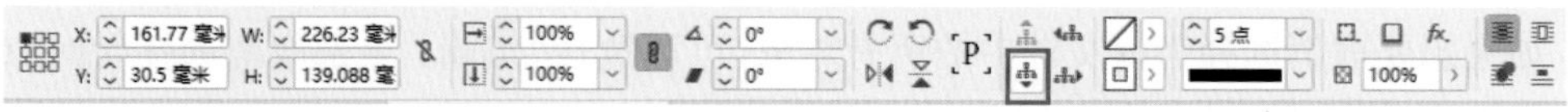

图 3-13

● 容器：该命令可选择选定对象周围的框架；如果选择了某个组内的对象，则该命令会选择包含该对象的组，如图 3-14 所示。此外，也可通过单击控制栏中的“选择容器”来实现同样的功能，如图 3-15 所示。

图 3-14

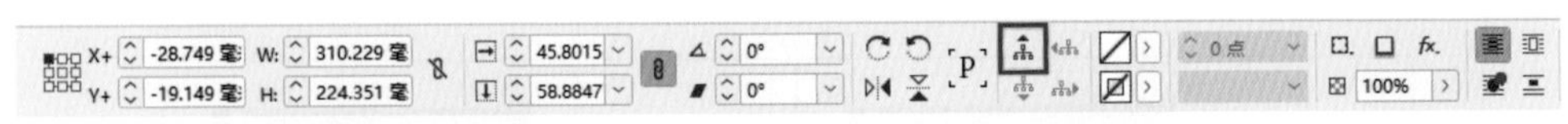

图 3-15

● 上一对象 / 下一对象：若想选择的对象是组的一部分，执行该命令，则选择组内的上一个或下一个对象。若选择了取消编组的对象，则选择跨页的上一个或下一个对象。按住 Shift 键并单击，可跳过 5 个对象；按住 Ctrl 键并单击，可选择堆栈中的第一个或最后一个对象。

3.1.4 “全选”命令

如果想要选择当前文档中的所有对象，可以执行“编辑 / 全选”命令或使用快捷键 Ctrl+A，如图 3-16 所示。此时页面中的所有对象都被选中，如图 3-17 所示。

图 3-16

图 3-17

3.1.5 “全部取消选择”命令

如果想要取消选择当前文档中的所有对象，可以执行“编辑 / 全部取消选择”命令或使用快捷键 Ctrl+Shift+A，如图 3-18 所示。

图 3-18

3.1.6　选择多个对象

如果要同时选中多个相邻对象，使用“选择工具”单击并拖曳出一个矩形选框，即可将选框中的图形对象全部选中，如图 3-19 所示。如果要选择不相邻的对象，可以使用“选择工具”先选择一个对象，然后在按住 Shift 键的同时单击其他对象；若想取消选择，再次单击选定对象即可。

图 3-19

3.1.7　移动对象

在 InDesign 中，可以使用“选择工具”选中某一对象并将其移动。除此之外，也可以使用移动命令进行精确移动。

要移动对象，首先需要使用“选择工具”选择该对象，或使用“直接选择工具”选择需要移动的锚点，然后按住鼠标左键并拖动，即可更改该对象或锚点的位置。如果想要进行精确移动，可以在选中对象后，双击工具箱中的“选择工具”或“直接选择工具”，在弹出的“移动”对话框中进行相应的设置，然后单击“确定”，即可进行精确移动，如图 3-20 所示。

图 3-20

- 水平 / 垂直：用于设置对象移动的“水平”和“垂直”距离。输入正值，会将对象移到 X 轴的右下方；输入负值，会将对象移到 X 轴的左上方。
- 距离 / 角度：要将对象移动某一精确的“距离”和“角度”，可在这两个文本框中输入要移动的“距离”和“角度”。系统将从 X 轴开始计算输入的角度，正角度将按逆时针方向移动，负角度将按顺时针方向移动。此外，还可以输入 180° 至 360° 之间的值，这些值将转换为相应的负值。
- 预览：要在应用前预览效果，应选中比复选框。
- 确定：单击此按钮，可执行设置好参数的移动命令。
- 复制：保留原始对象的位置，进行移动命令的是对象的副本。

3.2 还原与重做

在排版设计的过程中，经常会出现错误，这时可以选择“编辑 / 还原”命令或使用快捷键 Ctrl+Z 来修正错误；执行还原之后，还可以选择“编辑 / 重做”命令或使用快捷键 Shift+Ctrl+Z 来撤销还原，使操作对象恢复到还原操作之前的状态，如图 3-21 所示。即使执行过“文件 / 存储”命令，也可以进行还原操作，但是如果关闭了文件又重新打开，则无法再还原。当“还原”命令显示为灰色时，表示该命令不可用，无法还原之前的操作。还原操作不限制次数，只受内存大小的限制。

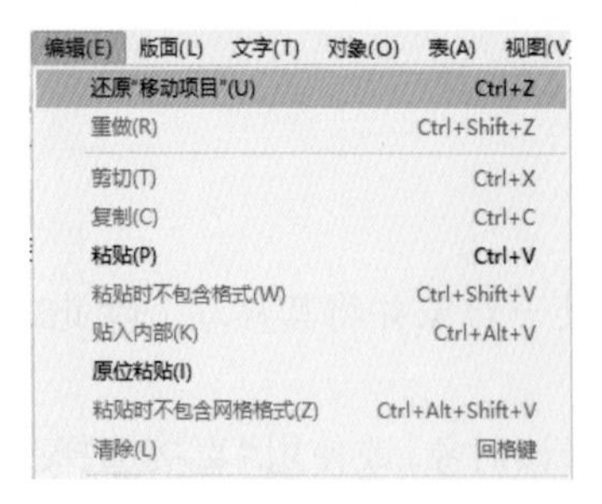

图 3-21

如果选择“文件 / 恢复”命令，则可以将文件恢复到上一次存储的版本，如图 3-22 所示。需要注意的是，选择“文件 / 恢复”命令将无法还原。

图 3-22

3.3　剪切对象

“剪切”命令是把当前选中的对象移入到剪贴板中，此时选择的对象将消失，然后可以通过“粘贴”命令调出剪贴板中的该对象。也就是说，“剪切”命令经常与“粘贴”命令配合使用。打开素材“3.3.indd”，首先选中一个对象，然后执行“编辑 / 剪切”命令或使用快捷键Ctrl+X，即可将所选对象剪切到剪切板中，被剪切的对象将在画面中消失，如图 3-23 所示。

图 3-23

3.4　对象的复制与粘贴

在 InDesign 中，通过“复制”命令，可将选定的对象暂时复制到剪贴板中，然后通过“粘贴”命令将其粘贴到当前文档的页面中，通过此操作可以在文档中创建出一个或多个副本对象。

3.4.1 复制对象

在设计过程中经常会出现重复的对象，InDesign 提供了多种复制方式，选中对象进行复制操作就无需重复创建了。

1. 复制

在使用 InDesign 编辑文档时若需要制作出多个相同的文字或图形，可以应用“复制”命令复制对象。首先选择对象，然后执行“编辑复制”命令或使用快捷键 Ctrl+C，即可将其复制，如图 3-24 所示。

图 3-24

2. 多重复制

使用“多重复制”命令可直接复制粘贴成行或成列的副本对象。例如，可以将一个图形等间距地直接复制，填满整个页面。

具体的操作方法如下：首先选中要复制的对象，执行“编辑 / 多重复制”命令或使用快捷键 Ctrl+Alt+U，在弹出的“多重复制”对话框中进行相应的设置，然后单击“确定”即可，如图 3-25 所示。

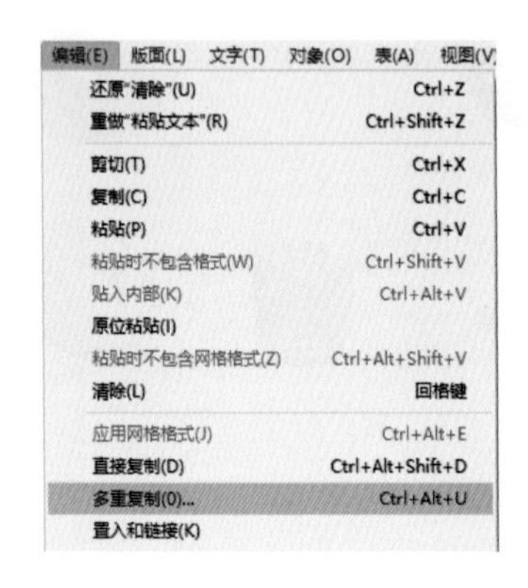

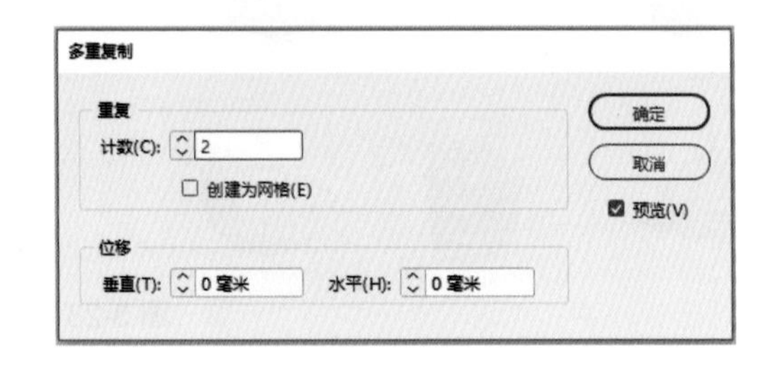

图 3-25

- 计数：用来设置要生成的副本数量。
- 水平 / 垂直：分别指定在 X 轴和 Y 轴上的每个新副本位置与原副本的偏移量。

实例演练 3.4.1——使用多重复制命令制作海报背景

（1）打开素材“3.4.1.indd”，选择柠檬图形，执行“编辑 / 多重复制”命令，在弹出的“多重复制”对话框中设置“计数”为“2”，“水平”为“70 毫米”，此时可勾选“预览”复选项观察执行该命令后的效果，单击“确定”，如图 3-26 所示。

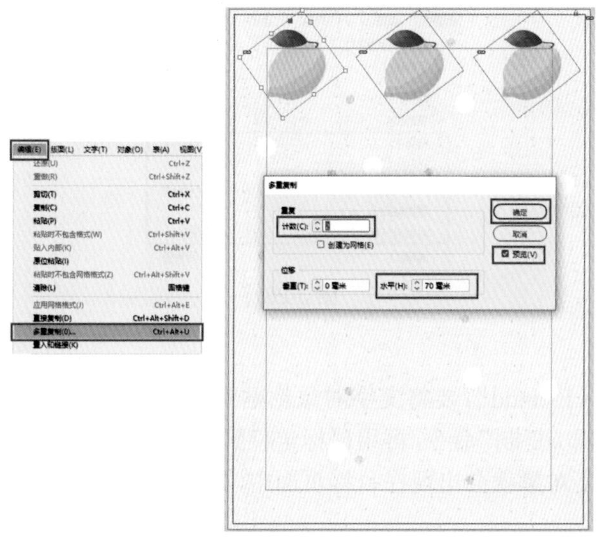

图 3-26

（2）框选所有的柠檬图形，再次执行“编辑 / 多重复制”命令，在弹出的“多重复制”对话框中设置“计数”为“4”，“垂直”为“60 毫米”，此时可勾选“预览”复选项观察执行该命令后的效果，单击“确定”，最终效果如图 3-27 所示。

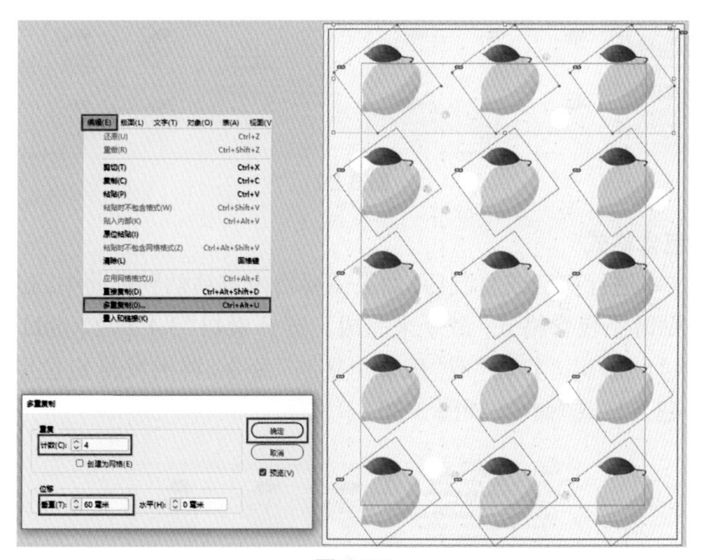

图 3-27

3.4.2　粘贴对象

在执行“复制”或者“剪切”命令后，接下来要做的就是进行粘贴操作。InDesign 提供了多种粘贴方式，可以将复制或剪切的对象进行“原位粘贴”和“贴入内部”等，还可以设置粘贴时是否包含格式，如图 3-28 所示。

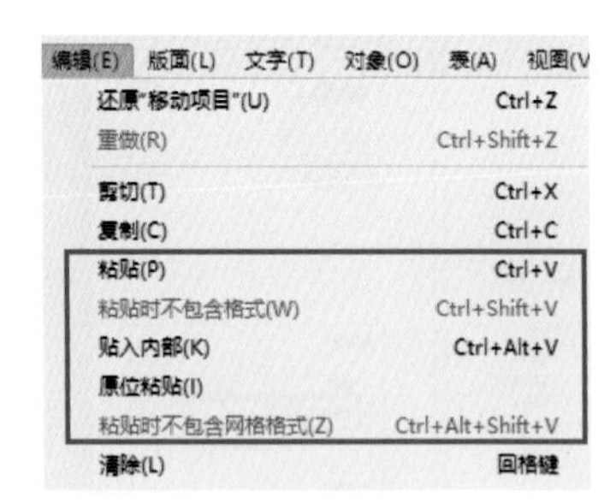

图 3-28

1. 粘贴

打开素材“3.4.2（1）.indd”，要将文字对象粘贴到新位置，首先选中文字对象，然后执行“编辑 / 剪切”或“编辑 / 复制”命令，再用鼠标定位到目标页面，执行“编辑 / 粘贴”命令或使用快捷键 Ctrl+V，文字对象就会出现在目标页面中，如图 3-29 所示。

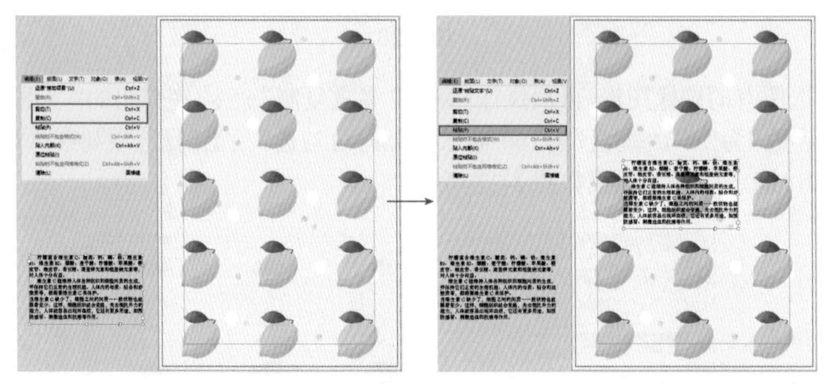

图 3-29

2. 粘贴时不包含格式

对文档中的文本进行剪切或复制后，如果需要将内容粘贴到画面中，却不想保留原始格式，可以使用“粘贴时不包含格式”命令来完成。打开素材“3.4.2（2）.indd”，操作步骤是先选中文本，然后执行“编辑 / 剪切”或“编辑 / 复制”命令，再用鼠标定位到目标页面，执行“编辑 / 粘贴时不包含格式”命令，如图 3-30。

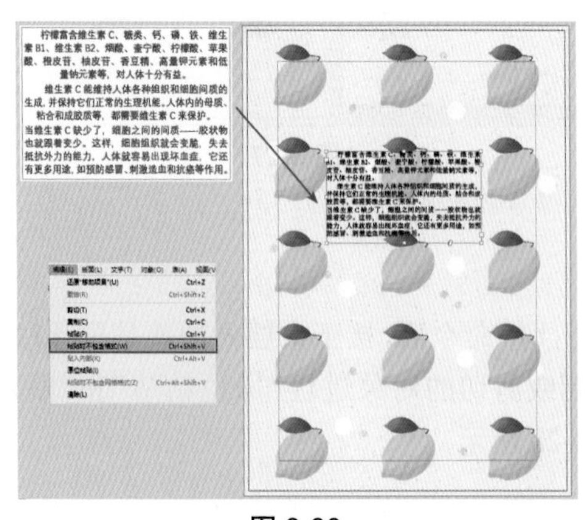

图 3-30

3. 贴入内部

使用“贴入内部”命令可在框架内嵌套图形，甚至可以将图形嵌套到嵌套的框架内。要将一个对象粘贴到框架内，可选中该对象，然后执行“编辑 / 复制”命令，再选中路径或框架，执行“编辑 / 贴入内部”命令。

例如，打开素材“3.4.2（3）.indd”，首先选中部分文字对象，执行“编辑 / 复制”命令，然后在一幅图像中选中创建的框架，执行“编辑 / 贴入内部”命令，即可看到文字被贴入了框架内部，如图 3-31 所示。

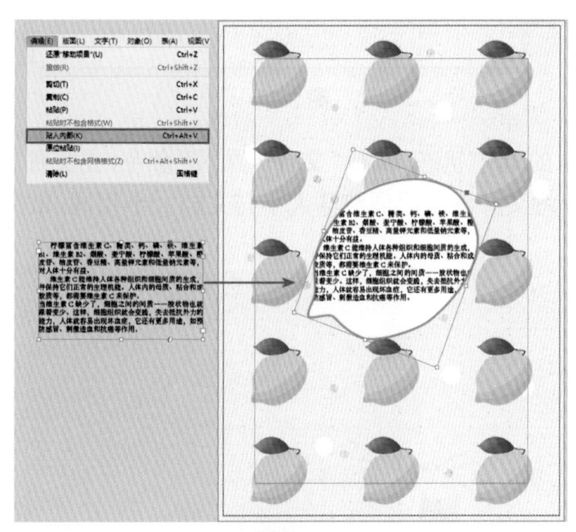

图 3-31

实例演练 3.4.2——使用贴入内部命令制作单页

（1）在 InDesign 中执行“文件 / 新建”命令，在“新建文档”对话框中设置文档为“A4”尺寸，方向为“横向”，“出血”为“3 毫米”，单击“边距和分栏”完成文档创建操作，如图 3-32 所示。在弹出的“新建边距和分栏”对话框中直接单击“确认”，如图 3-33 所示。

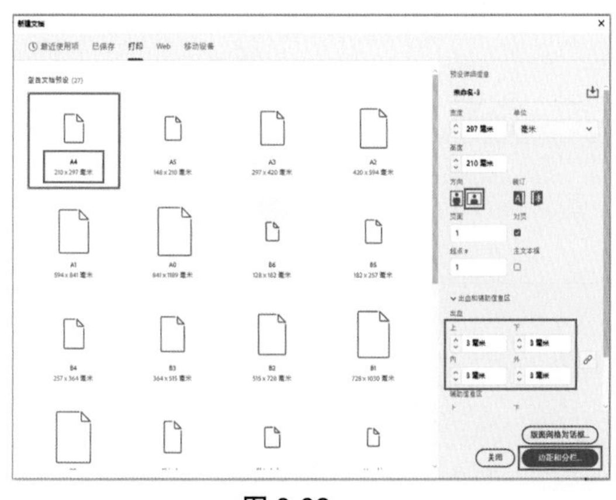

图 3-32

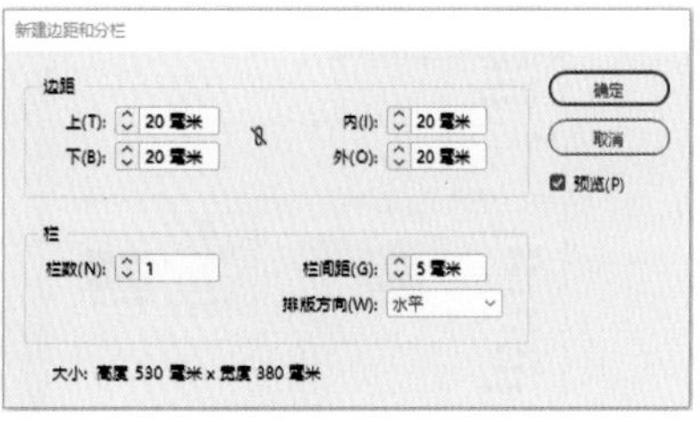

图 3-33

（2）在工具箱中选择“矩形工具”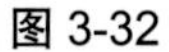绘制一个与文档大小相同的矩形，如图 3-34 所示。

图 3-34

（3）保持矩形对象的选中状态，执行“文件 / 置入”命令，在文件夹“3.4.2 实例演练”中选择文件“背景 .png”，将文件置入后调整其大小与文档大小相同，效果如图 3-35 所示。

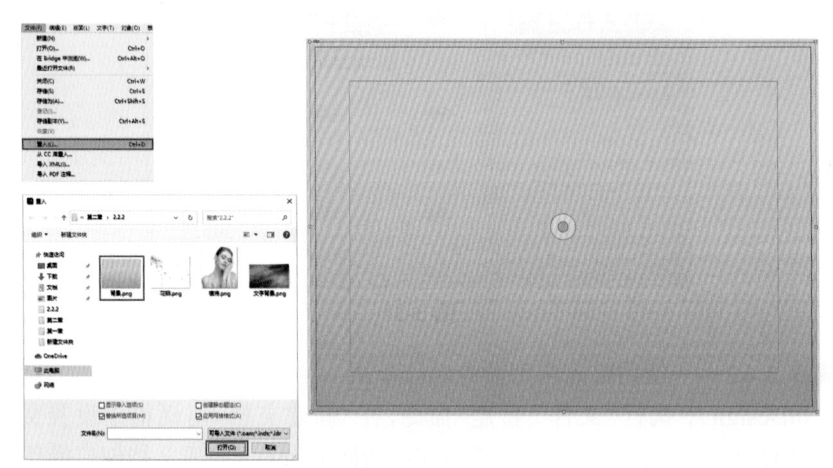

图 3-35

（4）执行“文件 / 置入”命令，选择文件“模特 .png”，置入后将图片移动到整个画面的右侧，效果如图 3-36 所示。

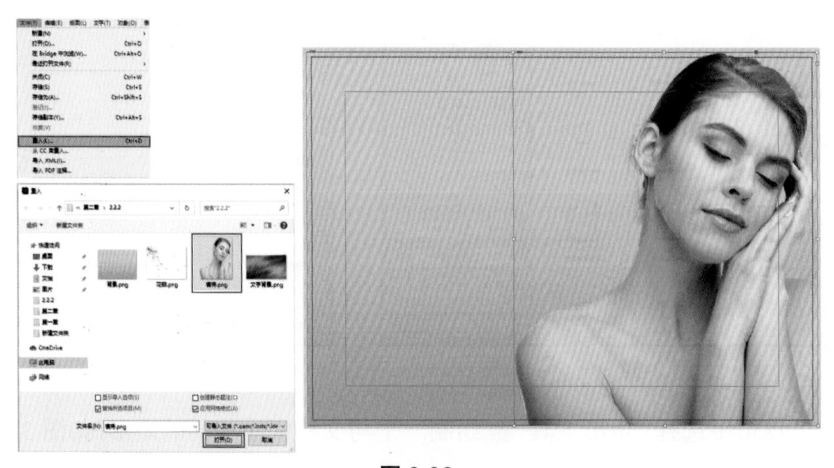

图 3-36

（5）继续执行“文件 / 置入”命令，选择文件“花瓣 .png”，置入后将图片移动到整个画面的左上角并调整大小，效果如图 3-37 所示。

图 3-37

（6）单击工具箱中的“文字工具”，按住鼠标左键拖曳出一个文本框，然后键入文字。在控制栏中设置文字样式、文字大小、文字颜色等，如图 3-38 所示。

图 3-38

（7）选中标题文字，执行“文字 / 创建轮廓”命令，如图 3-39 所示。

图 3-39

（8）选择创建轮廓后的文字对象，单击鼠标右键，选择“取消编组”，如图 3-40 所示。

图 3-40

（9）执行“文件 / 置入”命令，选择文件“文字背景 .png”，置入后将图片选中，使用快捷键 Ctrl+C 进行复制。选择第一行文字对象单击鼠标右键，在快捷菜单中选择“贴入内部”命令，如图 3-41 所示。

（10）依照上述操作，选择第二行文字对象单击鼠标右键，在快捷菜单中选择“贴入内部”命令，然后将原本置入的“文字背景 .png”对象删除，效果如图 3-42 所示。

图 3-41　　图 3-42

（11）按住 Shift 键依次加选两行文字对象，执行“对象 / 效果 / 投影”命令，在弹出的对话框中设置颜色为“黑色”，模式为“正片叠底”，不透明度为 75%，X 位移和 Y 位移为 1 毫米，大小为 1 毫米，设置完毕单击“确认”，效果如图 3-43 所示。

图 3-43

（12）单击工具箱中的“直线工具”，按住 Shift 键的同时，按下鼠标左键，绘制出一条垂直的线，设置填色为“无”，描边颜色为“#2886c9”，描边大小设为“1 点”，如图 3-44 所示。

图 3-44

（13）单击工具箱中的“文字工具”，按住鼠标左键拖曳出两个文本框，分别键入副标题和段落文字。执行“窗口 / 文字和表 / 字符”命令，打开“字符”面板设置文字样式、文字大小等，如图 3-45 和图 3-46 所示。

图 3-45

图 3-46

（14）切换“预览模式”观察最终效果，并执行“文件 / 导出”命令，将文件导出为 JPEG 格式，最终效果如图 3-47 所示。

图 3-47

3.4.3　原位粘贴

若想将副本对象粘贴到文档中原始对象所在的位置，可选中该对象，执行“编辑 / 复制”命令或使用 Ctrl+C 快捷键，然后选择“编辑 / 原位粘贴”命令，如图 3-48 所示。执行操作后，就会发现粘贴得到的对象与原对象在位置上是重合的。

图 3-48

3.4.4　粘贴时不包含网格格式

在 InDesign 中，可以在粘贴文本时保留其原格式属性。如果从一个框架网格中复制修改了属性的文本，然后将其粘贴到另一个框架网格，则只保留那些更改的属性。要在粘贴文本时不包含网格格式，可以选择“编辑 / 粘贴时不包含网格格式”命令，如图 3-49 所示。

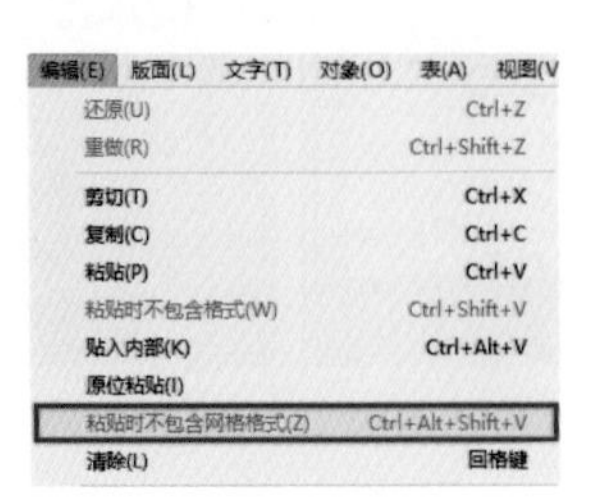

图 3-49

3.5　清除对象

打开素材“3.5.indd”，首先选择想要清除的一个或多个对象，然后执行“编辑 / 清除”命令或按 Delete 键，即可删除选中的对象，如图 3-50 所示。

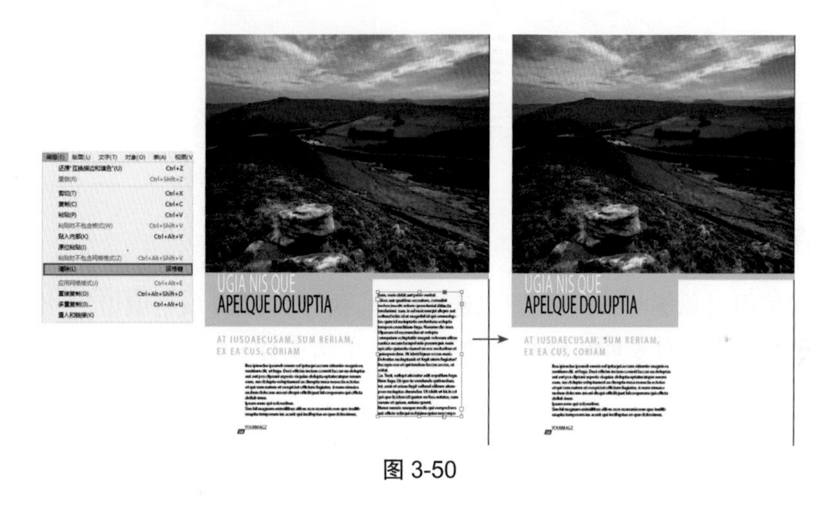

图 3-50

3.6　对象的编组与解组

在进行排版设计时，文档中经常会包含大量的内容，并且每个部分都可能由多个对象组成。如果需要对多个对象同时进行相同的操作，可以将这些对象组合成一个“组”。编组后的对象仍然保持其原始属性，并且可以随时解散组合。

3.6.1　成组对象

打开素材“3.6.indd”，首先将要进行成组的对象选中，执行“对象 / 编组”命令或使用 Ctrl+G 键即可将对象进行编组，单击鼠标右键也可以执行“编组”命令。编组后，使用“选择工具”进行选择时只能选中该组，如图 3-51 所示。

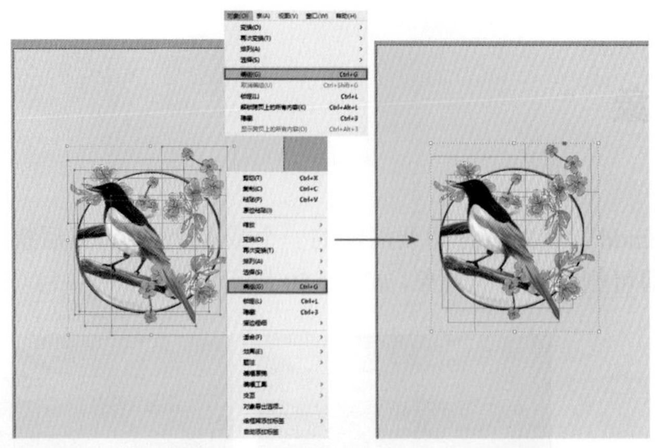

图 3-51

3.6.2 取消编组

当需要对编组对象解除编组时，可以选中该组，执行“对象 / 取消编组”命令或使用快捷键Shift+Ctrl+G，组中的对象即可解组为独立对象，单击鼠标右键也可以执行“取消编组”命令，如图 3-52 所示。

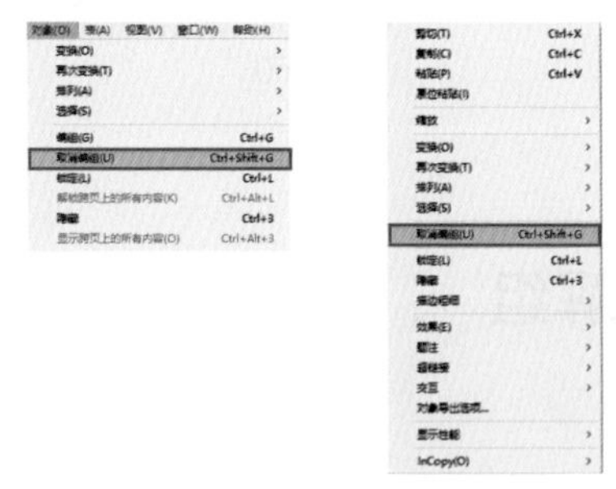

图 3-52

3.7 对象的锁定与解锁

在文档的排版设计过程中，经常需要将页面中暂时不需要编辑的对象固定在一个特定的位置避免误操作，此时可以运用锁定功能把暂时不需要进行编辑的对象锁定起来。一旦需要对锁定的对象进行编辑时，还可以使用解锁功能恢复对象的可编辑性。

3.7.1 锁定对象

首先选择要锁定的对象，然后执行“对象 / 锁定”命令或或使用快捷键Ctrl+L，即可将所选对象锁定单击鼠标右键也可以执行“锁定”命令。锁定之后的对象无法被选中，也无法被编辑。锁定对象后，打开“图层”面板，单击图层前面的三角标展开图层，此时可以看到被锁定对象的前方出现了锁形图标，如图 3-53 所示。

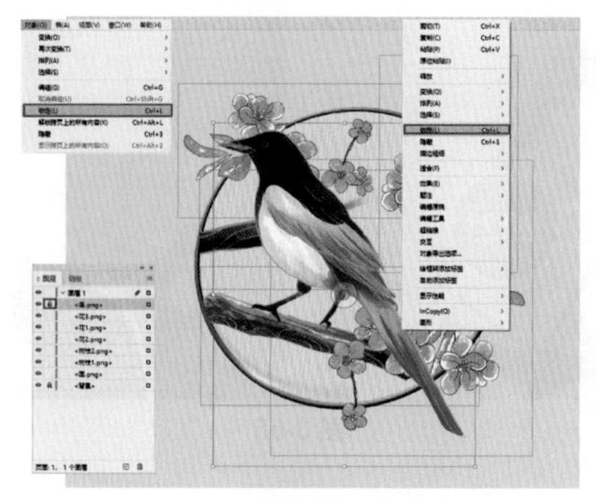

图 3-53

3.7.2　解锁跨页上的全部内容

执行“对象 / 解锁跨页上的全部内容”命令或使用快捷键Ctrl+Alt+L，即可解锁文档中所有锁定的对象。若要解锁单个对象，则需要在“图层”面板中选择要解锁的对象对应的锁定图标，如图 3-54 所示。

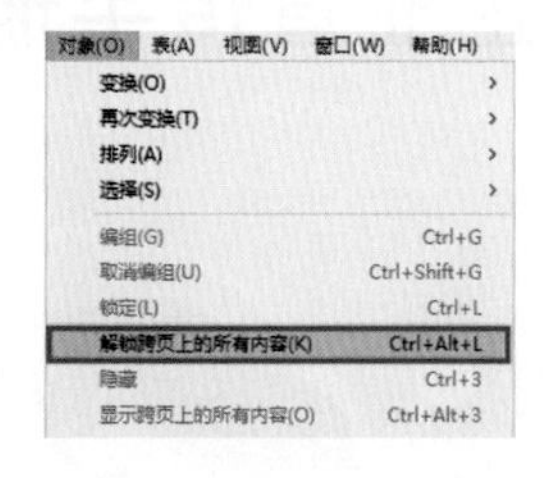

图 3-54

3.8　对象的隐藏与显示

当文件中包含过多对象时，有可能影响某些对象或要素的细节编辑，在 InDesign 中可以将对象进行隐藏，以便于对其他对象的观察。隐藏的对象是不可见、无法选择的，而且也不会被打印出来。但隐藏对象仍然存在于文档中，文档关闭和重新打开时，隐藏对象会重新出现。

3.8.1　隐藏对象

打开素材“3.8.indd”，选择要隐藏的对象，执行“对象 / 隐藏”命令或使用快捷键Ctrl+3，即可将所选对象隐藏，如图 3-55 所示。

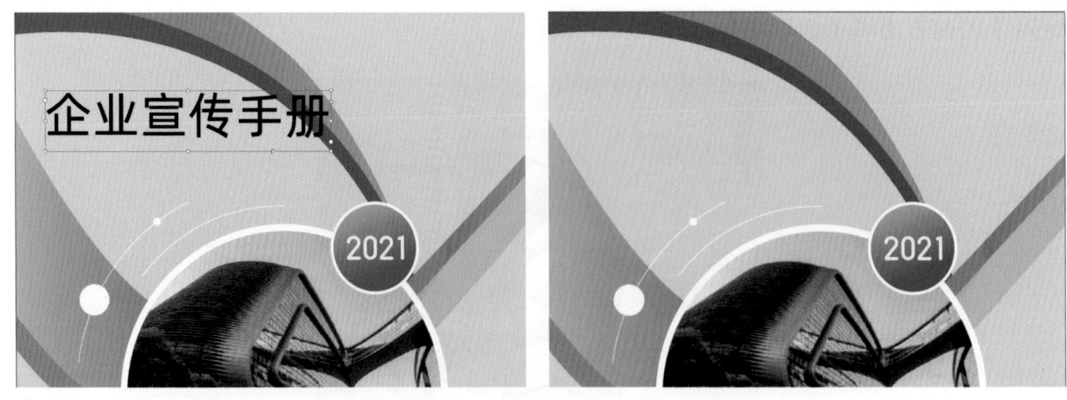

图 3-55

3.8.2 显示跨页上的全部内容

执行“对象 / 显示跨页上的全部内容”命令或使用快捷键Ctrl+Alt+3，之前被隐藏的所有对象都将显示出来，并且之前选中的对象仍保持选中状态，如图 3-56 所示。

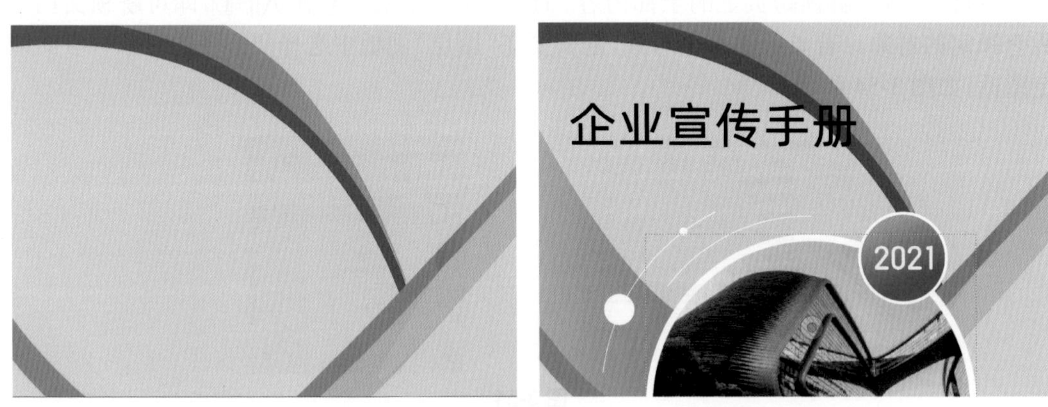

图 3-56

3.9 变换对象

InDesign 提供了用于调整对象大小或形状的变换工具组，此工具组包括“自由变换工具”“旋转工具”“缩放工具”和“切变工具”，应用这些工具可以快速完成对象的调整操作，如图 3-57 所示。此外，还可以应用“变换”命令对对象进行相应调整，如图 3-58 所示。

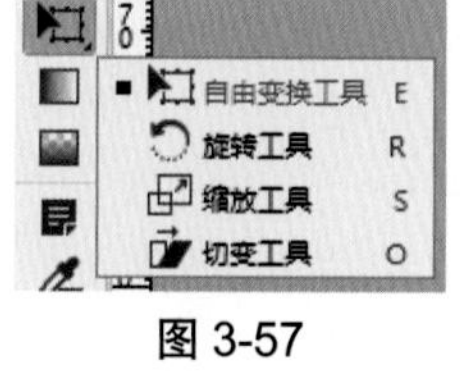

图 3-57

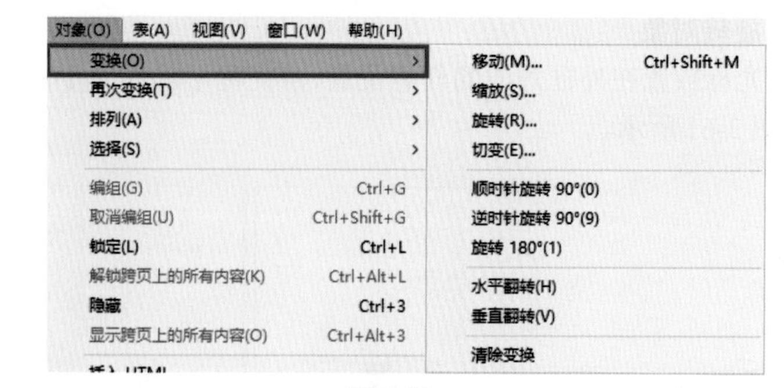

图 3-58

3.9.1　自由变换工具

打开素材“3.9.1.indd”，首先使用“选择工具”选中要变换的一个或多个对象，然后单击工具箱中的“自由变换工具”，可以进行多种变换操作：

1. 移动对象

将鼠标移动到对象上，当鼠标指针形状变为时，按下鼠标左键并拖动，即可移动对象，如图 3-59 所示。

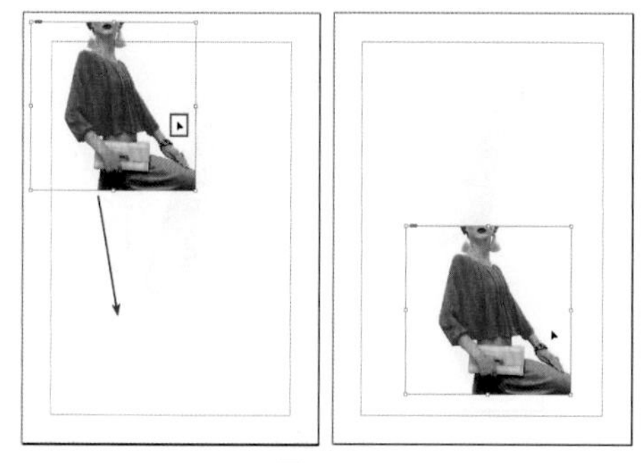
图 3-59

2. 缩放对象

将光标定位到外框上，光标变为双箭头时，按住鼠标左键并拖动，即可调整对象大小。按住 Shift 键并拖动鼠标，可以保持对象的原始比例；要从外框的中心缩放对象，可以按住 Alt 键并拖动鼠标，如图 3-60 所示。

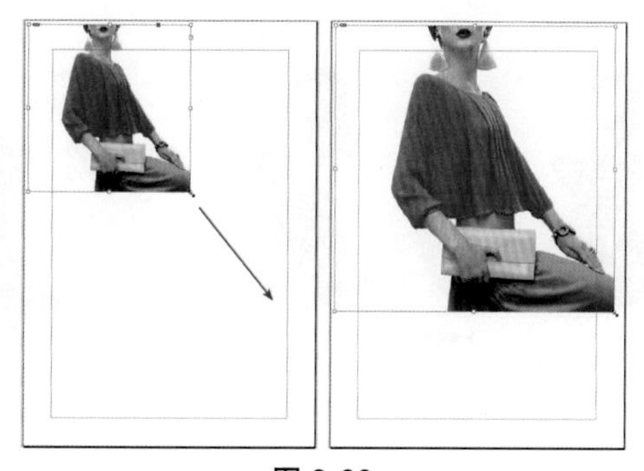
图 3-60

3. 旋转对象

将光标放置在外框外面的任意位置，当光标形状变为↰时拖动鼠标，直至旋转到所需角度，如图 3-61 所示。

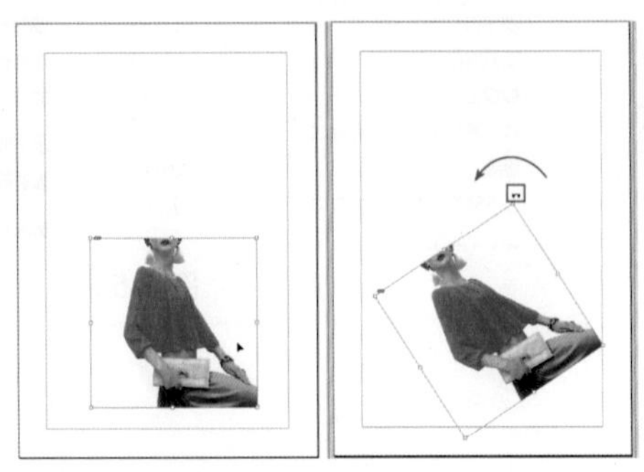

图 3-61

4. 切变对象

可以先按住鼠标左键，再按住 Ctrl 键拖曳；如果先按住鼠标左键，再按住 Alt+Ctrl 键拖曳，则可以从对象的两侧进行切变，如图 3-62 所示。

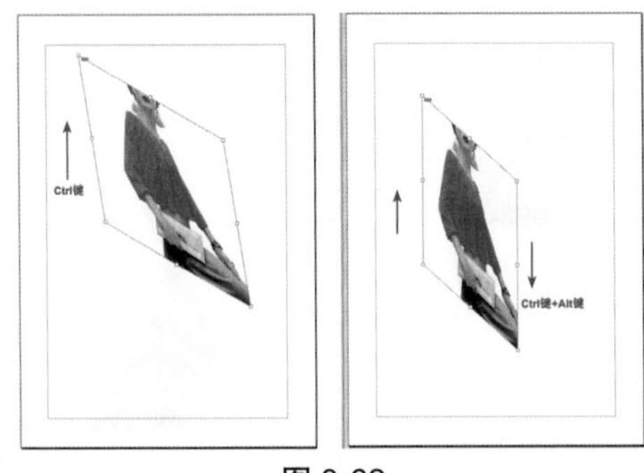

图 3-62

3.9.2 旋转工具

打开素材“3.9.2.indd”，首先选中要旋转的对象，单击工具箱中的“旋转工具”或使用快捷键 R，单击鼠标设置旋转参考点的位置，然后离开控制点并按住鼠标左键围绕控制点拖动鼠标，即可旋转对象，如图 3-63 所示。按住 Shift 键，可以锁定旋转的角度为 45°的倍值。

图 3-63

想要精确地旋转对象，还可以选中要旋转的对象，双击工具箱中的“旋转工具”或执行“对象 / 变换 / 旋转”命令，在弹出的“旋转”对话框中进行相应的设置，然后单击“确定”即可，如图 3-64 所示。

图 3-64

- 角度：用于设置旋转角度。输入正角度可逆时针旋转对象，输入负角度可顺时针旋转对象。
- 预览：勾选此复选框，可以在确认旋转操作前查看相应的效果。
- 确定：要旋转对象，单击此按钮。
- 复制：单击此按钮，可以旋转对象的副本。

3.9.3　缩放对象

打开素材“3.9.3.indd”，利用“比例缩放工具”可以对图形进行任意的缩放。选择要缩放的对象，单击工具箱中的“比例缩放工具”或使用快捷键S，将鼠标指针放置在远离参考点的位置并拖动鼠标。如果要对 X 轴或 Y 轴进行缩放，只需沿着该轴拖动即可；如果要按比例进行缩放，应在拖动鼠标的同时按住Shift键，如图 3-65 所示。

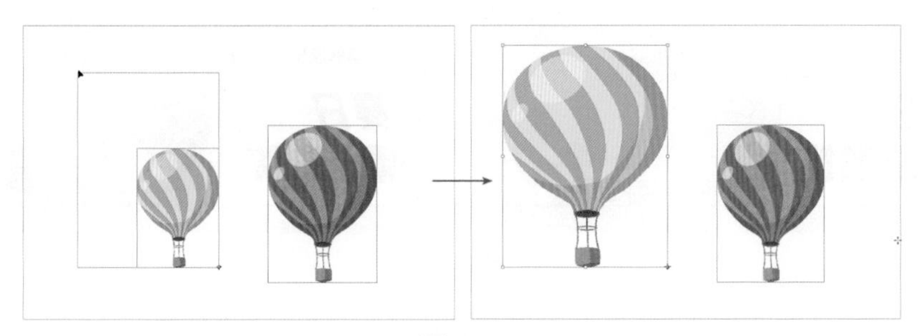

图 3-65

选中要缩放的对象，然后双击工具箱中的“比例缩放工具”或执行“对象 / 变换 / 旋转”命令，在弹出的“缩放”对话框中进行相应的设置，单击“确定”，即可进行精确的比例缩放，如图 3-66 所示。

图 3-66

- X 缩放 /Y 缩放：在这两个文本框中输入相应的数值，可以调整缩放比例的大小。
- 约束缩放比例：若要在对象缩放时保持固定的比例，单击该按钮可约束缩放比例，更改一个参数值，另一个参数的数值会自动更改。
- 预览：勾选此复选框，可以在确认缩放操作前查看相应的效果。
- 确定：要缩放对象，单击此按钮。
- 复制：单击此按钮，可以缩放对象的副本。

3.9.4 切变对象

在 InDesign 中，可以使用“切变工具”使对象沿着其水平轴或垂直轴倾斜，还可以同时旋转对象的两个轴。打开素材“3.9.4.indd”，首先选中要切变的文本对象，然后单击工具箱中的“切变工具”或使用快捷键O，在框架附近单击鼠标左键并拖动鼠标进行切变。按住Shift键的同时拖动鼠标，可以将切变约束在正交的垂直轴或水平轴上；如果在非垂直角度开始拖动，按Shift键，则切变将约束在该角度，如图 3-67 所示。切变可用于制作某些透视效果、倾斜文本框架或切变对象副本以创建投影等。

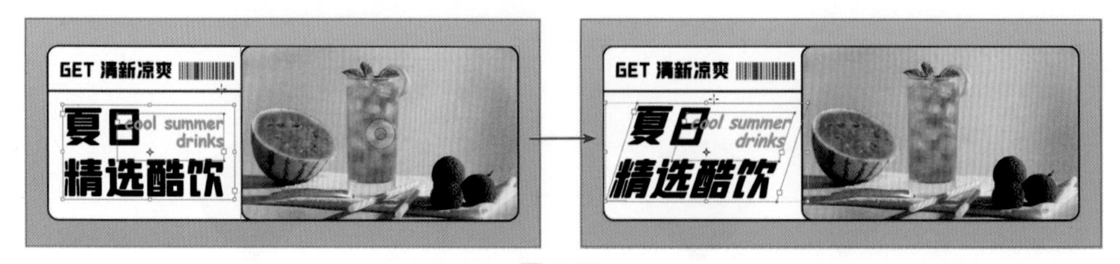

图 3-67

选中要切变的文本对象，然后双击工具箱中的“切变工具”或执行“对象 / 变换 / 切变”命令，在弹出的“切变”对话框中进行相应的设置，单击“确定”，即可进行精确的切变，如图 3-68 所示。

图 3-68

- 切变角度：指应用于对象的倾斜量（相对于垂直于切变轴的直线）。
- 轴：指定要沿哪个轴切变对象，有两种选择，即“水平”和“垂直”。
- 预览：勾选此复选框，可以在确认切变操作前查看相应的效果。
- 确定：要确认切变效果，单击此按钮。
- 复制：单击此按钮，可以切变对象的副本。

3.9.5　精确变换对象

打开素材“3.9.5.indd”，首先选中要变换的对象，然后在控制栏中指定变换的参考点（其中所有的参数值都是针对对象的外框而言的，如通过 X 值、Y 值可以指定外框上相对于标尺原点的选定参考点），即可精确地变换对象。若想保持对象按比例缩放，可以单击控制栏中的“约束缩放比例”后再进行缩放，如图 3-69 所示。

图 3-69

3.9.6　使用“变换”命令变换对象

打开素材“3.9.6.indd”，选择要变换的对象，执行“对象 / 变换”命令，在弹出的子菜单中提供了“移动”“缩放”“旋转”“切变”“顺时针旋转 90°”“逆时针旋转 90°”“旋转 180°”等多种变换命令，如图 3-70 所示。

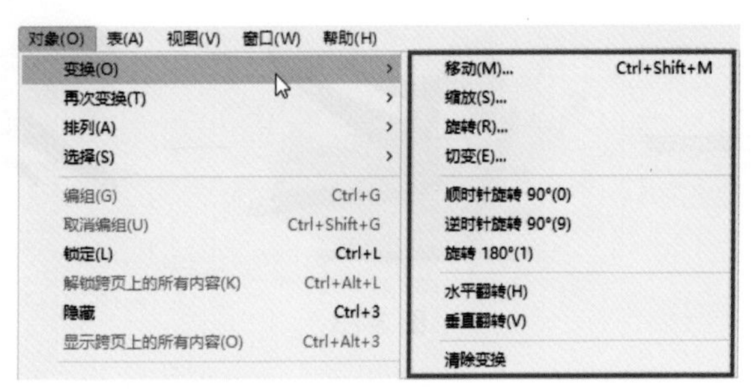

图 3-70

1. 顺时针旋转 90°

首先选中对象，然后执行“对象 / 变换 / 顺时针旋转 90°”命令，可以将选中的对象快速顺时针旋转 90°，如图 3-71 所示。

图 3-71

2. 逆时针旋转 90°

同“顺时针旋转 90°”命令结果相反，选中对象，执行“对象 / 变换 / 逆时针旋转 90°”命令，可以将选中的对象快速逆时针旋转 90°，如图 3-72 所示。

图 3-72

3. 旋转 180°

选中对象，然后执行“对象 / 变换 / 旋转 180°”命令，可以将选中的对象快速旋转 180°，如图 3-73 所示。

图 3-73

4. 水平翻转

选中对象，然后执行“对象 / 变换 / 水平翻转”命令，可以将选中的对象快速进行水平翻转，如图 3-74 所示。

图 3-74

5. 垂直翻转

选中对象，然后执行“对象 / 变换 / 垂直翻转”命令，可以将选中的对象快速进行垂直翻转，如图 3-75 所示。

图 3-75

6. 清除变换

选中对象，然后执行“对象 / 变换 / 清除变换”命令，可以将之前对象的变换效果清除，恢复到未进行变换的状态。

3.9.7　再次变换

在对某一个或多个对象进行了变换操作后，还可以选择“再次变换”命令，使对象继续重复之前的操作。选择要变换的对象，执行“对象 / 再次变换”命令，在其子菜单中提供了“再次变换”“逐个再次变换”“再次变换序列”“逐个再次变换序列”4 种命令，如图 3-76 所示。

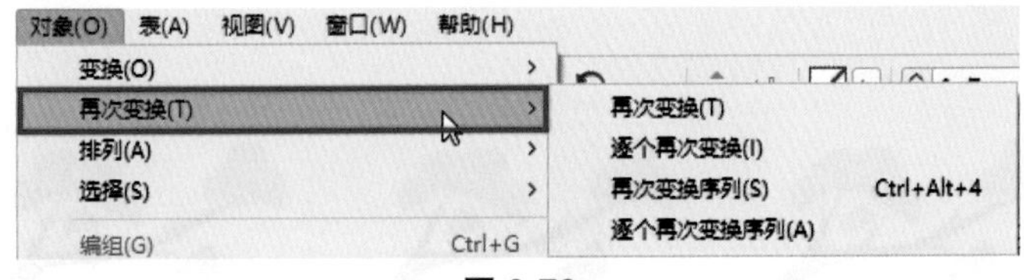

图 3-76

1. 再次变换

打开素材“3.9.7.indd”，“再次变换”命令可以将最后一个变换操作应用于当前选中的对象，相当于重复之前的操作，如图 3-77 所示。

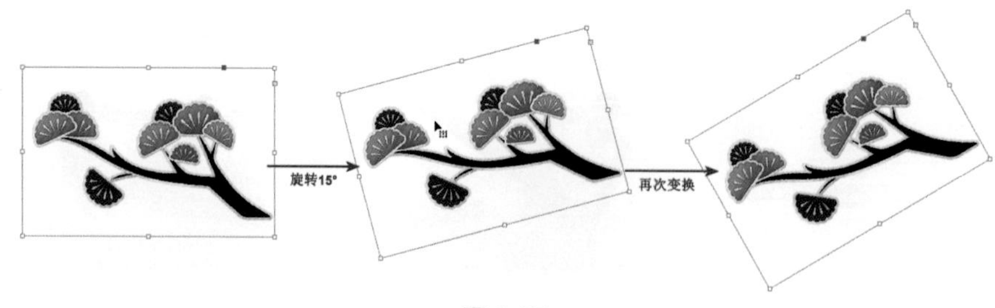

图 3-77

2. 逐个再次变换

“逐个再次变换”命令可以将最后一个变换操作逐个应用于当前选中的所有对象，而不是将这些选中的对象作为一个整体去变换，如图 3-78 所示。

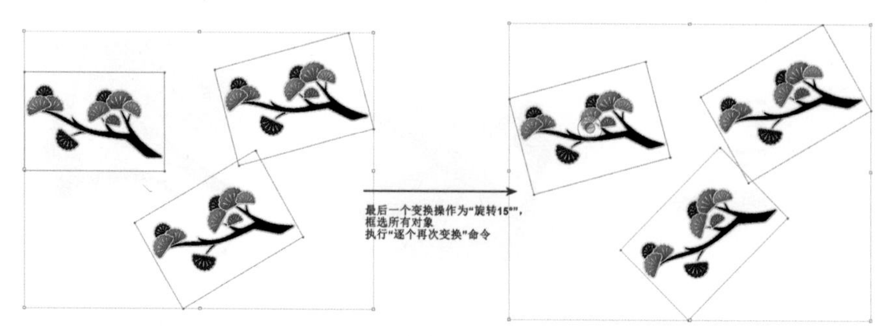

图 3-78

3. 再次变换序列

“再次变换序列”命令可以将最后一个变换操作序列应用于当前选中的对象。首先执行“窗口 / 对象或版面 / 变换”命令，打开“变换”面板，如图 3-79 所示。

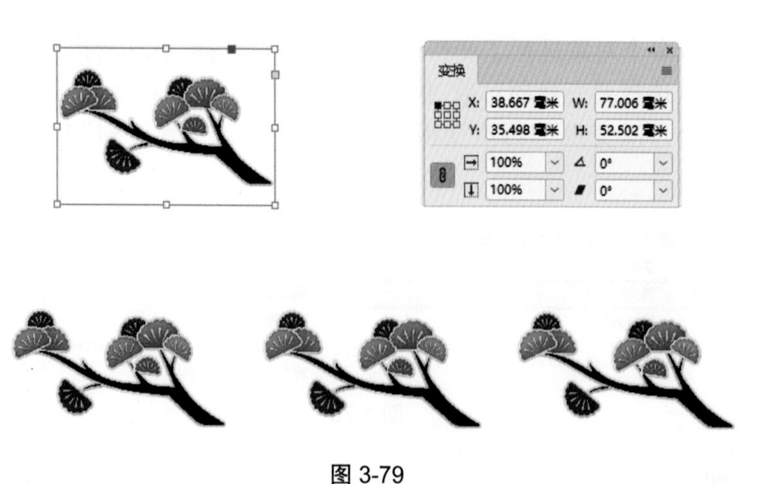

图 3-79

然后选择第一行单个对象，依次执行“旋转”30°、“切变”45°、等比“缩放”50%，如图 3-80 所示。

图 3-80

框选第二行所有对象，执行“再次变换序列”命令，效果如图 3-81 所示。

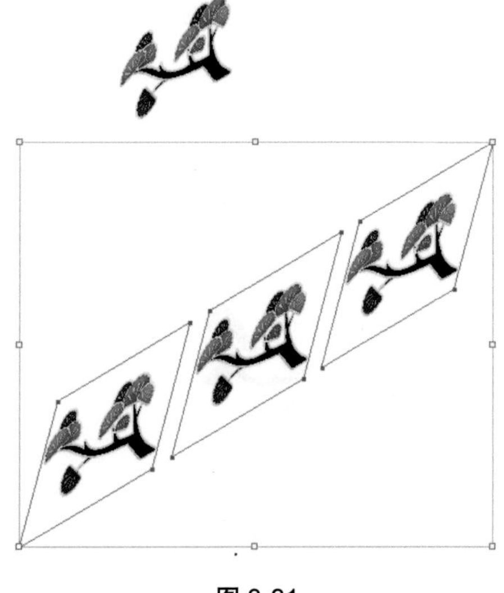

图 3-81

4. 逐个再次变换序列

“逐个再次变换序列”命令可以将最后一个变换操作序列逐个应用于当前选中的所有对象，而不是将这些选中的对象作为一个整体去变换。首先执行“窗口 / 对象或版面 / 变换”命令，打开“变换”面板。然后选择第一行单个对象，依次执行“旋转”30°、“切变”45°、等比“缩放”50%，如图 3-82 所示。

图 3-82

框选第二行所有对象，执行“逐个再次变换序列”命令，效果如图 3-83 所示。

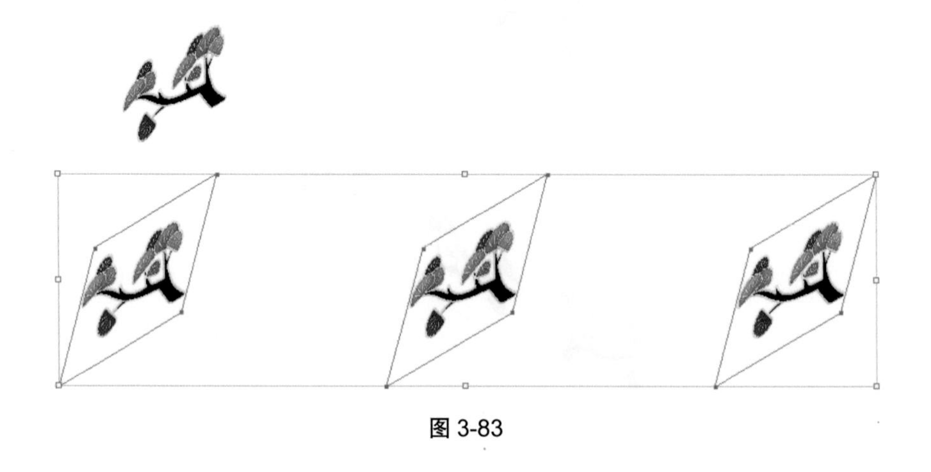

图 3-83

3.10 对象的排列

对象的堆叠方式决定了最终的显示效果，在 InDesign 中对象的堆叠顺序取决于使用的绘图模式。使用“排列”命令可以随时更改图稿中对象的堆叠顺序。InDesign 中也有“图层”的概念。每个图层中都可以包含多个对象，类似于 Photoshop 中的文件夹。在 InDesign 中，还可以通过“排列”命令调整对象的排列顺序。选择“对象 / 排列”命令，在弹出的子菜单中可以为对象选择“置于顶层”“前移一层”“后移一层”“置为底层”等具体的排列方式，如图 3-84 所示。

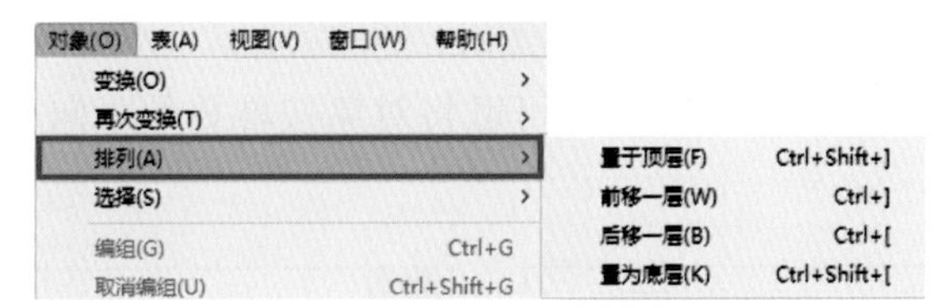

图 3-84

3.10.1　使用命令更改对象排列

执行“对象 / 排列”命令，在子菜单中包含多个可以用于调整对象排列顺序的命令；或者在画布中选中对象，单击鼠标右键，在弹出的快捷菜单中执行“排列”命令，也会出现相同的子菜单。打开素材“3.10.indd”，执行以下对象排列操作。

1. 置于顶层

执行“对象 / 排列 / 置于顶层”命令，可以将对象移到其组或图层中的顶层位置，如图 3-85 所示。

图 3-85

2. 前移一层

执行“对象 / 排列 / 前移一层”命令，可以将对象按堆叠顺序向前移动一个位置，如图 3-86 所示。

图 3-86

3. 后移一层

执行“对象 / 排列 / 后移一层”命令，可以将对象按堆叠顺序向后移动一个位置，如图 3-87 所示。

图 3-87

4. 置为底层

执行“对象 / 排列 / 置为底层”命令，可以将对象移到其组或图层中的底层位置，如图 3-88 所示。

图 3-88

3.10.2 使用命令更改对象排列

位于“图层”面板顶部的图稿在堆叠顺序中位于前面，而位于“图层”面板底部的图稿在堆叠顺序中位于后面。同一图层中的对象也是按结构进行堆叠的。展开图层可以看到当前画面中存在的编组或对象，拖动项目名称，当黑色的插入标记出现在期望的位置时，释放鼠标即可调整对象的图层顺序，如图 3-89 所示。

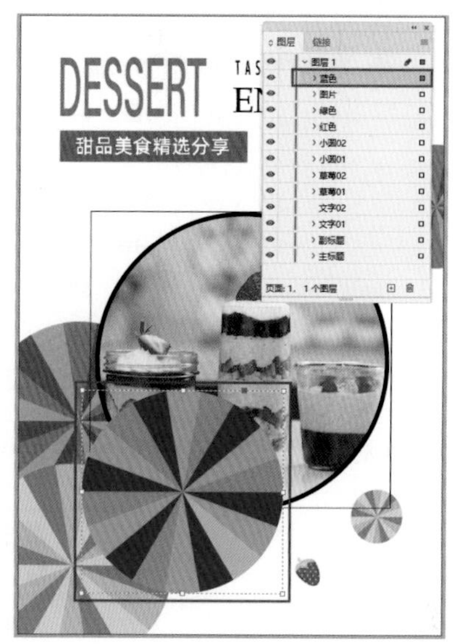

图 3-89

3.11　对象的排列与分布

在排版设计过程中，经常需要将许多对象排列整齐。在 InDesign 中，可以使用对齐与分布命令实现这一目的。

执行“窗口 / 对象和版面 / 对齐”命令，在弹出的“对齐”面板中选择相应的命令或设置相应的选项，可以沿选区、边距或跨页水平或垂直地对齐或分布对象，如图 3-90 所示。

图 3-90

3.11.1　对齐对象

首先选中要进行对齐的对象，执行“窗口 / 对齐”命令或使用快捷键 Shift+F7，打开“对齐”面板，在其中的“对齐对象”选项中可以看到对齐控制按钮，如图 3-91 所示。

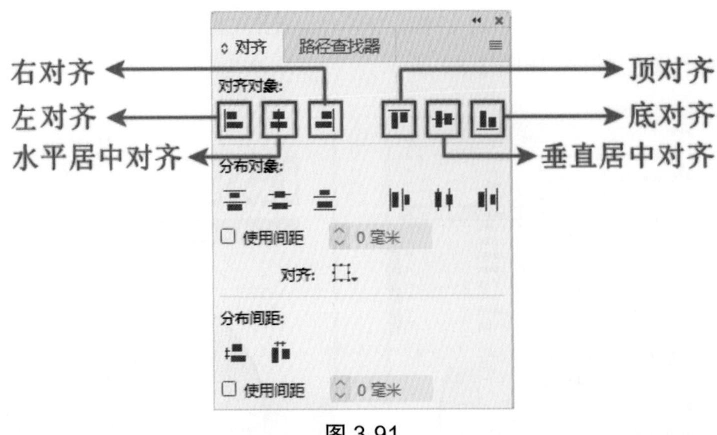

图 3-91

选中要进行对齐的对象，在控制栏中也可以看到相应的对齐控制按钮，如图 3-92 所示。

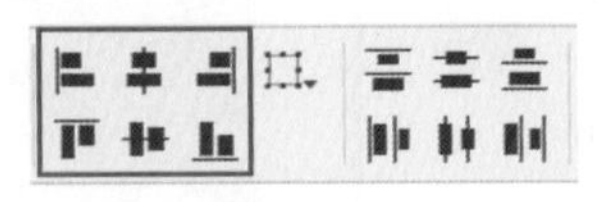
图 3-92

打开素材“3.11.1.indd”，执行以下对齐操作，如图 3-93 和图 3-94 所示。

● 左对齐：单击该按钮时，选中的对象将以最左侧的对象为基准，将所有对象的左边界调整到一条基线上。

● 水平居中对齐：单击该按钮时，选中的对象将以中心的对象为基准，将所有对象的垂直中心线调整到一条基线上。

● 右对齐：单击该按钮时，选中的对象将以最右侧的对象为基准，将所有对象的右边界调整到一条基线上。

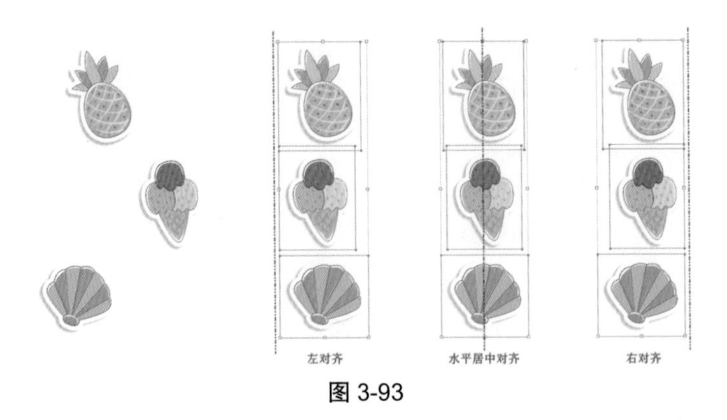

图 3-93

● 顶对齐：单击该按钮时，选中的对象将以顶部的对象为基准，将所有对象的上边界调整到一条基线上。

● 垂直居中对齐：单击该按钮时，选中的对象将以水平的对象为基准，将所有对象的水平中心线调整到一条基线上。

● 底对齐：单击该按钮时，选中的对象将以底部的对象为基准，将所有对象的下边界调整到一条基线上。

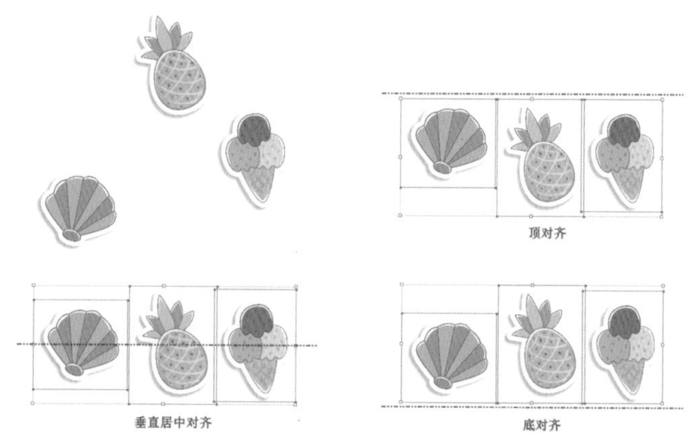

图 3-94

3.11.2　分布对象

在“对齐”面板的“分布对象”选项中可以看到相应的分布控制按钮，如图 3-95 所示。

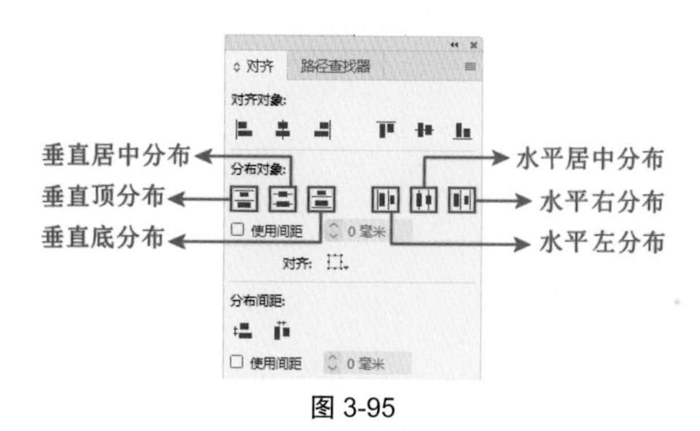

图 3-95

选中要进行分布的对象，在控制栏中也可以看到相应的分布控制按钮，如图 3-96 所示。

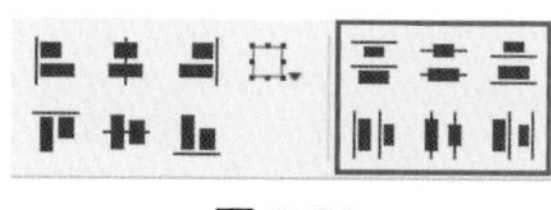

图 3-96

打开素材“3.11.2（1）.indd”，执行以下对齐操作，如图 3-97 所示。

- 垂直顶分布：单击该按钮时，将平均每一个对象顶部基线之间的距离，调整对象的位置。
- 垂直居中分布：单击该按钮时，将平均每一个对象水平中心基线之间的距离，调整对象的位置。
- 垂直底分布：单击该按钮时，将平均每一个对象底部基线之间的距离，调整对象的位置。

打开素材“3.11.2（2）.indd”，执行以下对齐操作，如图 3-98 所示。

● 水平左分布：单击该按钮时，将平均每一个对象左侧基线之间的距离，调整对象的位置。

● 水平居中分布：的单击该按钮时，将平均每一个对象垂直中心基线之间的距离，调整对象的位置。

● 水平右分布：单击该按钮时，将平均每一个对象右侧基线之间的距离，调整对象的位置。

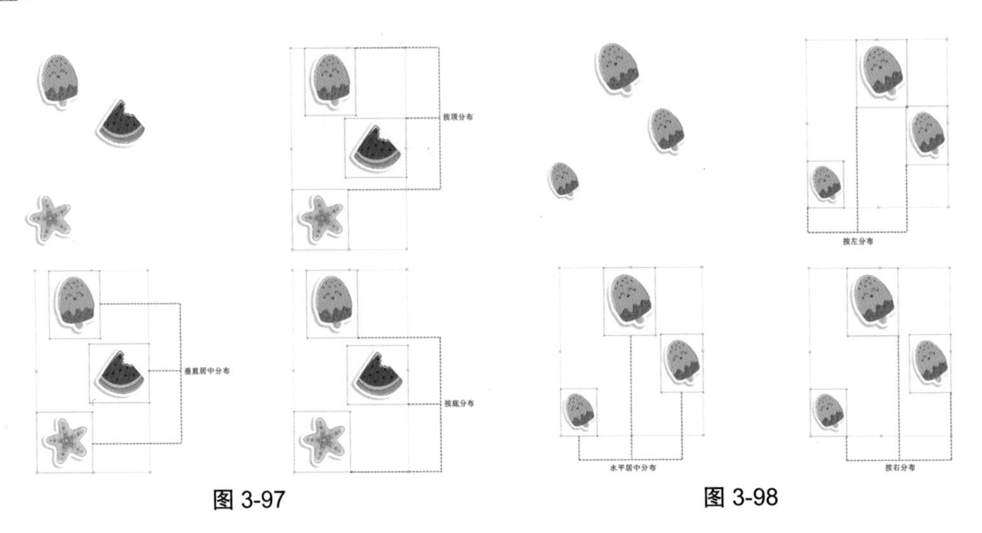

图 3-97　　图 3-98

3.12　框架的应用

在 InDesign 中置入图像前，需要在文档中创建用于放置图像的框架。InDesign 提供了“矩形框架工具”“椭圆框架工具”和“多边形框架工具”用于创建外形相对规则的框架。除了可以使用各种框架工具创建框架外，使用形状工具创建出的形状也可以像框架一样置入图像。

3.12.1　框架的创建及调整

InDesign 工具箱中提供了 3 种框架工具，分别为“矩形框架工具”“椭圆框架工具”与“多边形框架工具”，如图 3-99 所示。这 3 种框架工具的使用方法与“矩形工具”“椭圆工具”“多边形工具”类似，在页面区域拖动鼠标，即可快速创建出矩形框架、正方形框架、椭圆框架、正圆框架以及各种多边形框架等。

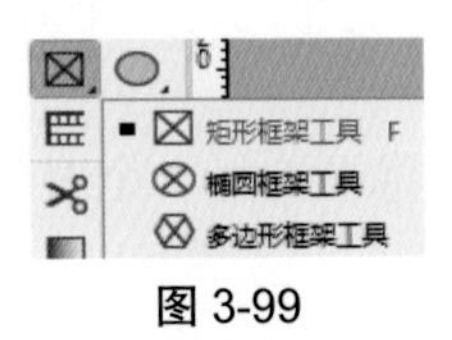

图 3-99

框架对象与形状对象在很多地方都非常相似。如果需要调整框架的形状，可以单击工具箱中的“直接选择工具”，选中框架上的锚点，然后调整锚点的位置，即可改变框架的形状，如图 3-100 所示。如果需要绘制复杂一些的框架形状，也可以使用钢笔工具组中的工具对框架进行添加锚点、删除锚点、转换方向点等操作，如图 3-101 所示。

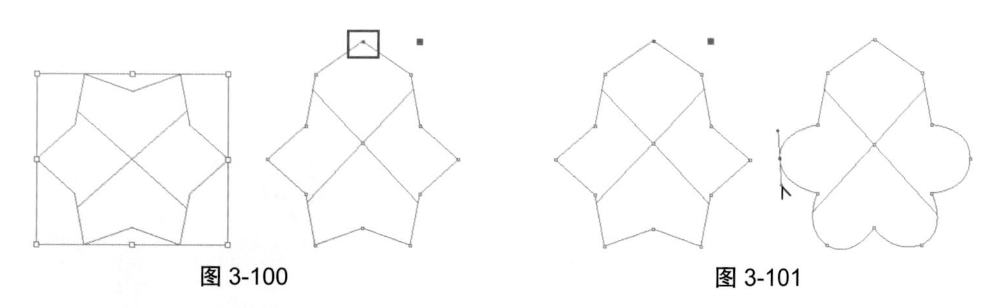

图 3-100　　图 3-101

如果想要绘制精确框架，选择框架工具之后，单击绘图区的任何位置，将会弹出相应的框架对话框，在对话框中设置相关参数，单击“确定”，即可精确绘制框架，如图 3-102 所示。

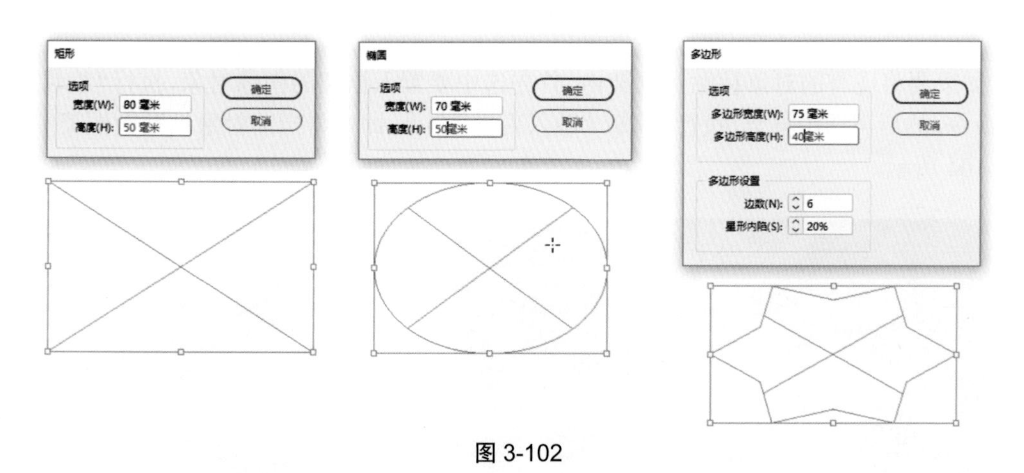

图 3-102

3.12.2　在框架中置入内容

在 InDesign 中，可以将图像置入到某个特定的路径、图形（矩形、多边形或星形等）或框架对象中。置入图像后，这些路径或图形将被转换为框架，作为放置图像的容器。

具体的操作方法如下：首先在文档中绘制一个框架，然后选中框架对象，执行“文件 / 置入”命令，在弹出的对话框中选择需要置入的对象，单击“打开”，即可将所选对象置入到框架中，如图 3-103 所示。

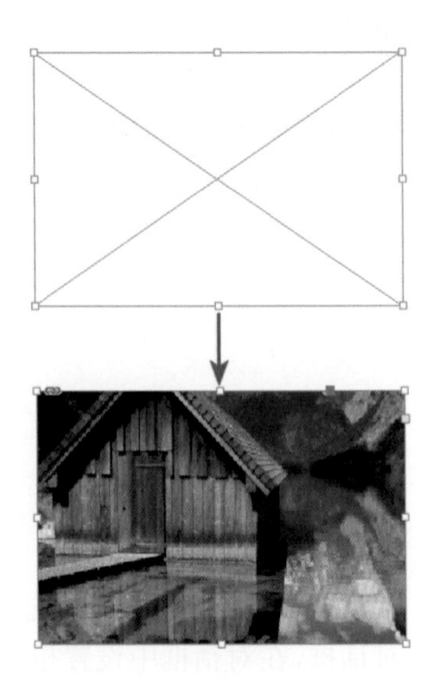

图 3-103

如果要将现有的对象粘贴到框架内，首先选中要置入框架的图像对象，执行“编辑 / 复制”命令，然后再选中框架，执行“编辑 / 贴入内部”命令，即可将当前对象粘贴到框架中，如图 3-104 所示。

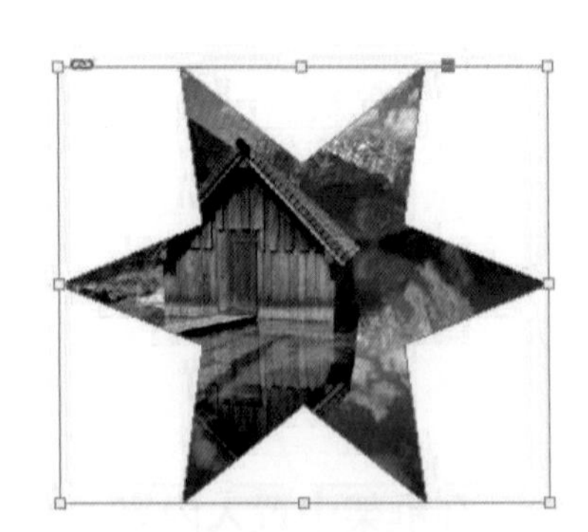

图 3-104

3.12.3 调整框架内的对象

在 InDesign 中，框架和框架中的内容是独立存在的。如果框架和其内容大小不同，可在选中图像框架后，执行“对象 / 适合”命令中的相应项，使图像根据需要自动适合框架，或使框架自动适合图像。

1. 按比例填充框架

将图像置入框架后，选中框架，执行“对象 / 适合 / 按比例填充框架”命令，或单击控制面板中的“按比例填充框架”，此时框架尺寸不会改变，框架内容会按比例调整大小以填充整个框架。如果框架和内容比例不同，框架的外框将会裁切部分内容，如图 3-105 所示。

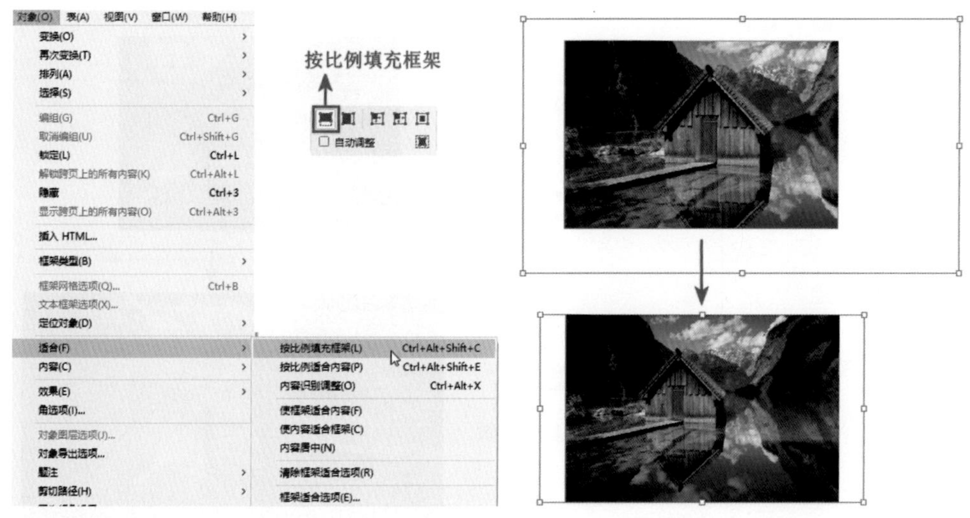

图 3-105

2. 使比例适合内容

将图像置入框架后，选中框架，执行“对象 / 适合 / 按比例适合内容”命令，或单击控制面板中的“按比例适合内容”，此时框架尺寸不会改变，框架内容会按比例调整大小以适合框架。如果内容和框架的比例不同，框架中将会出现一些空白区域，如图 3-106 所示。

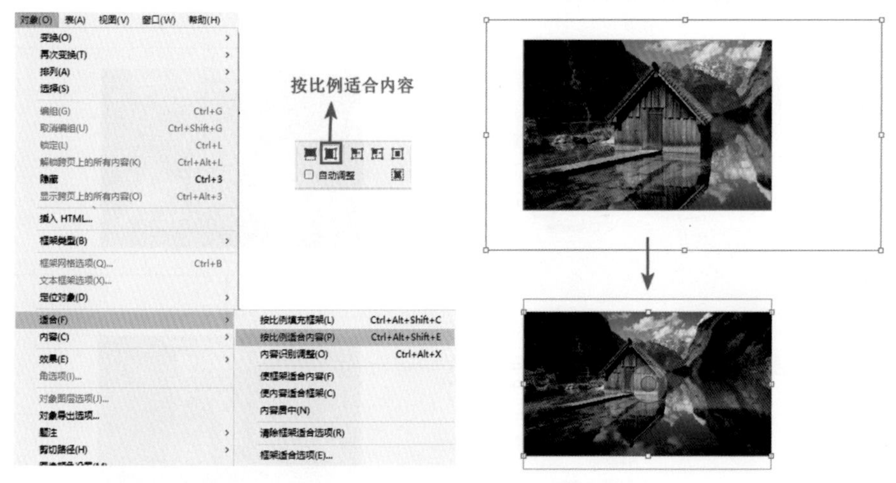

图 3-106

3. 使框架适合内容

将图像置入框架后，选中框架，执行“对象 / 适合 / 使框架适合内容”命令，或单击控制面板中的“框架适合内容”，此时框架尺寸会自动调整大小以适合其内容，如图 3-107 所示。

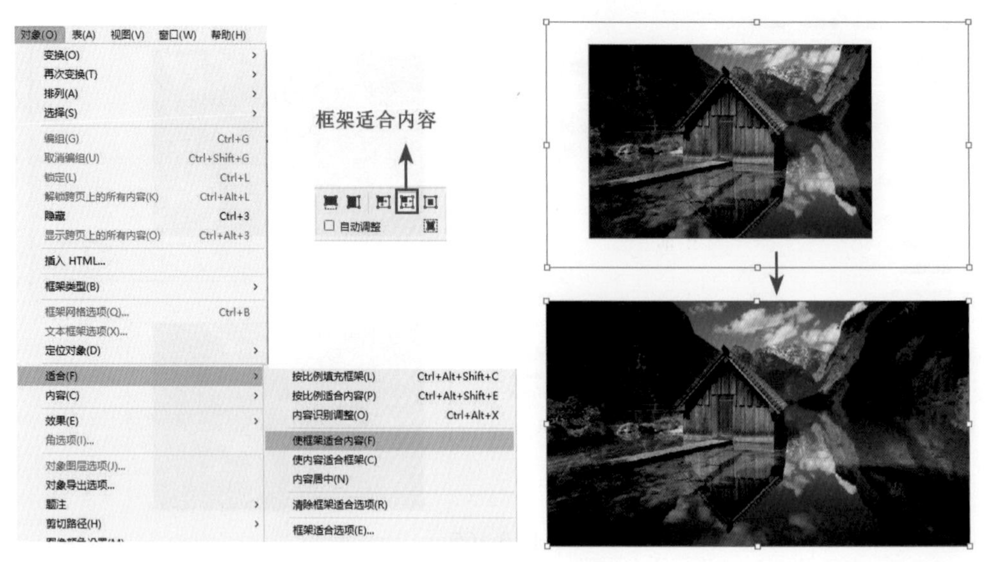

图 3-107

4. 使内容适合框架

将图像置入框架后，选中框架，执行“对象 / 适合 / 内容适合框架”命令，或单击控制面板中的“内容适合框架”，此时框架内容会自动调整大小以适合框架，如果内容和框架比例不同，则内容将自动按当前框架比例进行缩放，如图 3-108 所示。

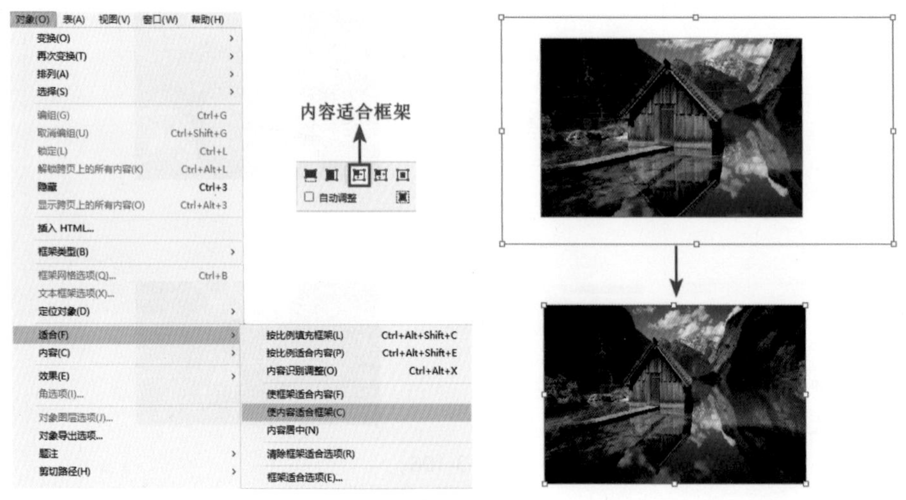

图 3-108

5. 内容居中

将图像置入框架后，选中图像框架，执行“对象 / 适合 / 内容居中”命令，或单击控制面板中的“内容居中”，此时框架和内容的比例及其大小不会改变，框架内容将自动位于框架中心，如图 3-109 所示。

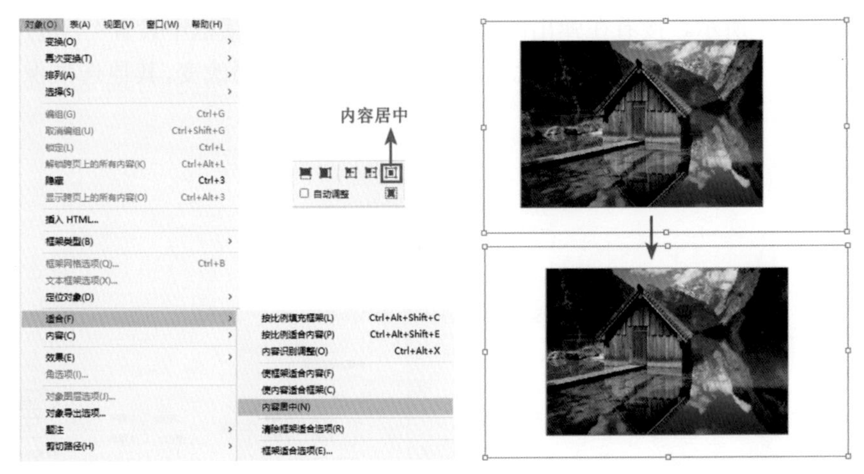

图 3-109

6. 内容识别调整

将图像置入框架后，选中框架，执行“对象 / 适合 / 内容识别调整”命令，或单击控制面板中的“内容识别调整”，此命令可根据图像内容和框架大小，自动在框架内调整图像，如图 3-110 所示。“内容识别调整”命令可移除应用于图像的多种变换，例如“缩放”“旋转”“翻转”“切变”，但是不会移除应用于框架的变换。

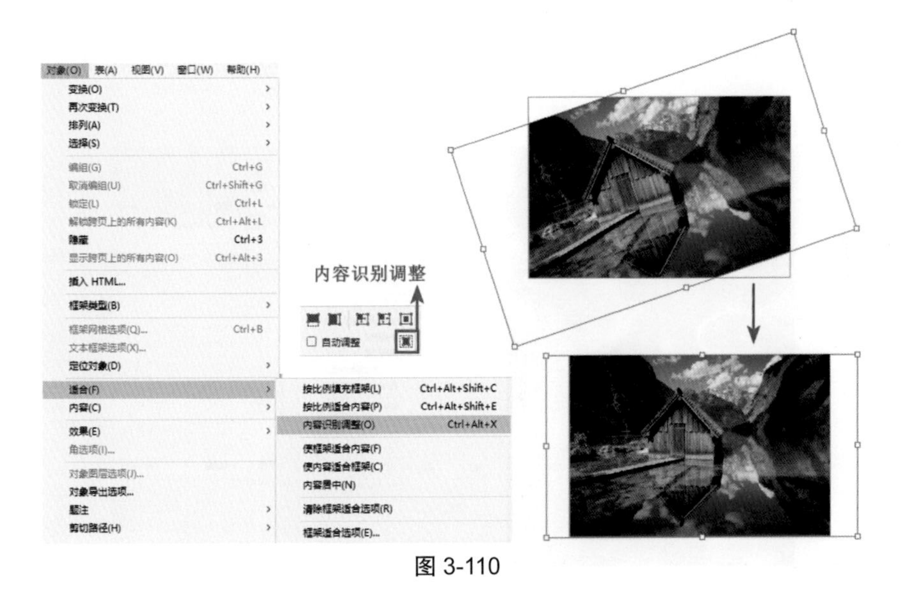

图 3-110

3.13 综合案例实战——餐厅菜单封面

（1）执行“文件 / 新建 / 文档”命令，在“新建文档”对话框中设置文件名称为“餐厅菜单封面”，文档大小选择 A4 尺寸，方向为纵向，页面为 1，出血值设置为 3 毫米，单击“边距和分栏”，如图 3-111 所示。接着在弹出的“新建边距和分栏”对话框中设置“上边距”为 0 毫米，单击“将所有设置设为相同”，此时其他 3 个选项也一同改变，其他选项保持默认设置，如图 3-112 所示。

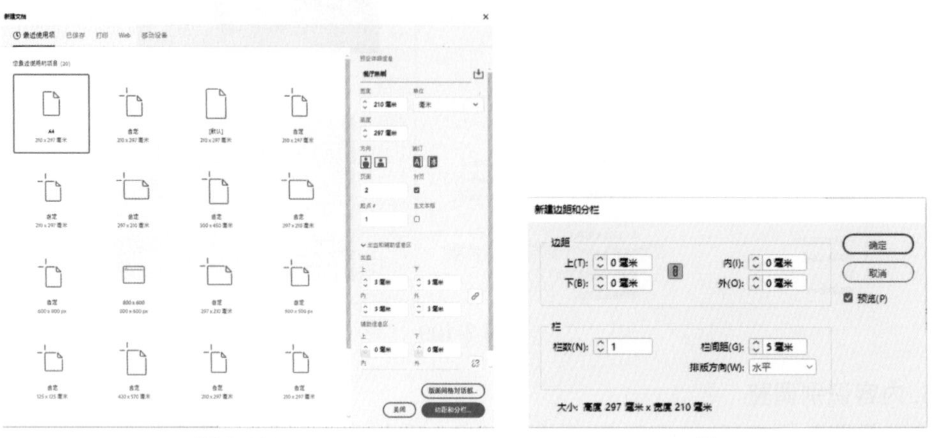

图 3-111　　　　　　　　　　　　　　图 3-112

（2）执行“文件 / 置入”命令，将素材“3.13.1.jpg”置入到页面中，使用“自由变换工具”，按住鼠标左键拖曳，将图片位置及大小调整好，使其填满整个页面。此时图像素材为外部链接文件状态，保持图像的选中，在“链接”面板中选择该图像单击鼠标右键，选择“嵌入链接”命令，将图像嵌入到文档中；再到“图层”面板将其选中并锁定，效果如图 3-113 所示。

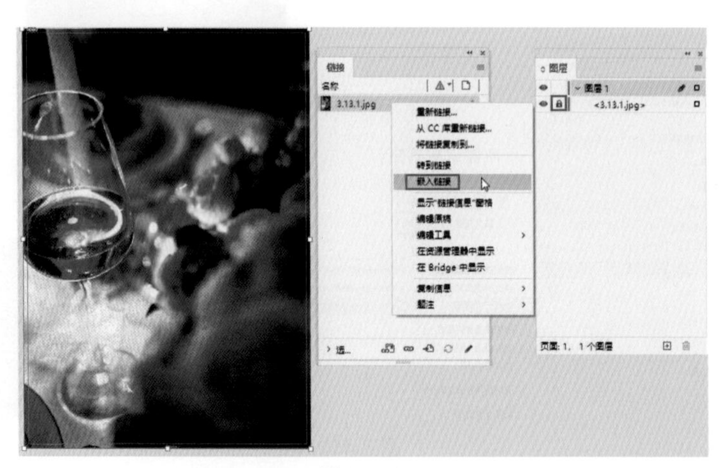

图 3-113

（3）单击工具箱中的“矩形框架工具”，按住 Shift 键的同时，按住鼠标左键进行拖曳，绘制出一个正方形，在控制栏设置其大小为 86 毫米，将描边大小设置为 10 点，描边颜色为“#e4d9b4”，效果如图 3-114 所示。

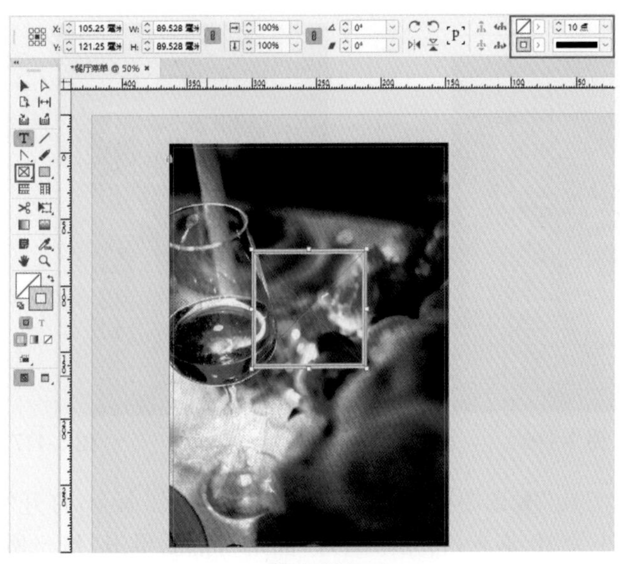

图 3-114

（4）保持框架的选中，双击工具箱中的“旋转工具”，在弹出的“旋转”对话框中设置“角度”为“45°”，然后单击“确定”，如图 3-115 所示。

图 3-115

（5）保持框架的选中状态，执行“文件 / 置入”命令，在弹出的“置入”窗口中选择素材“3.13.2.jpg”打开。将图片置入后单击鼠标右键，执行“显示性能 / 高品质显示”命令。然后在控制栏中单击“选择内容”，修改“旋转角度”为“0°”，并使用“选择工具”配合 Shift 键调整图像的大小和位置，如图 3-116 所示。

（6）此时图像素材为外部链接文件状态，保持图像的选中，在“链接”面板中选择该图像后单击鼠标右键，选择“嵌入链接”命令，将图像嵌入到文档中，如图 3-117 所示。

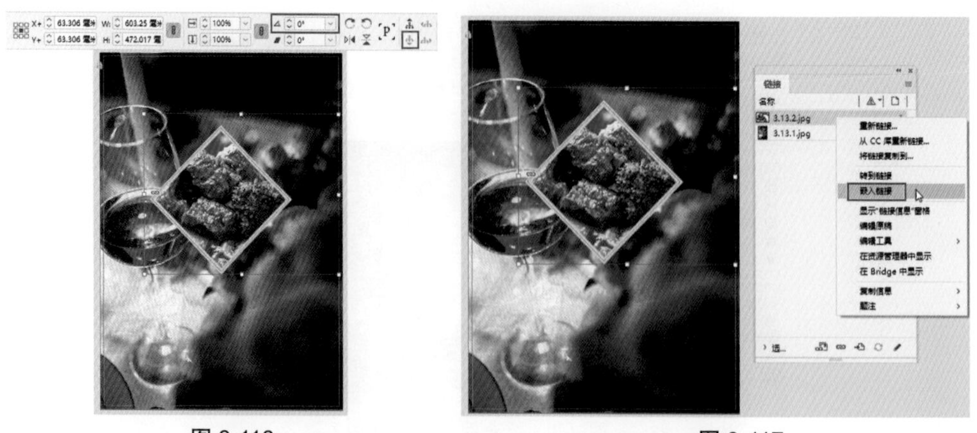

图 3-116　　　　图 3-117

（7）使用“选择工具”▶选中框架，执行“对象 / 角选项”命令，打开“角选项”对话框后，设置左上角转角大小为 10 毫米，转角形状为“圆角”，然后单击“统一所有设置”🔗，将其余 3 个角也设置为相同参数，最后单击“确认”，如图 3-118 所示。

（8）保持框架的选中，按住 Alt 键移动复制两个副本对象到合适的位置，并将这两个对象同时选中，单击“垂直居中对齐”，如图 3-119 所示。

（9）框选 3 个矩形框架，执行“水平居中分布”，如图 3-120 所示。

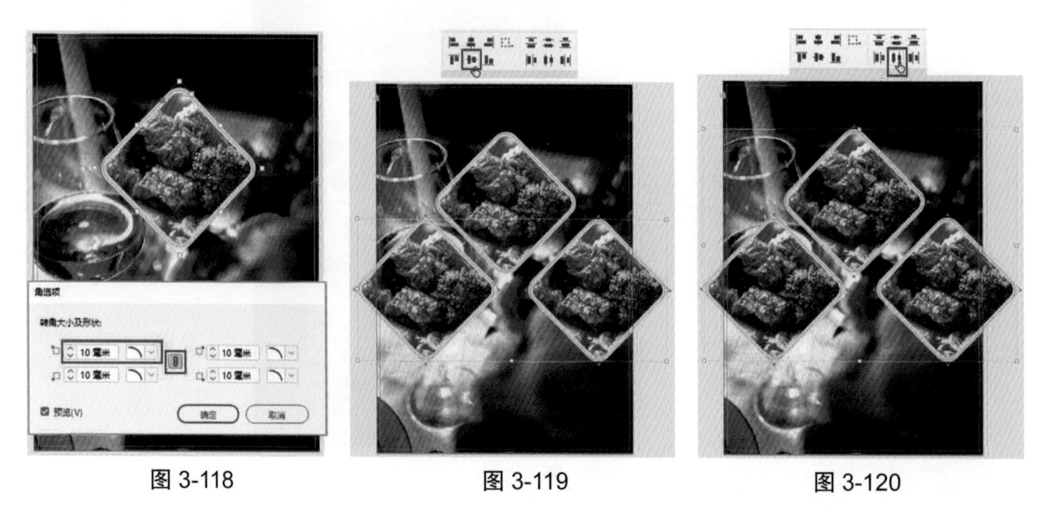

图 3-118　　　　图 3-119　　　　图 3-120

（10）保持 3 个矩形框架的选中状态，执行“对象 / 效果 / 投影”命令，打开“效果”对话框，修改投影“大小”为 3 毫米，单击“确认”，如图 3-121 所示。

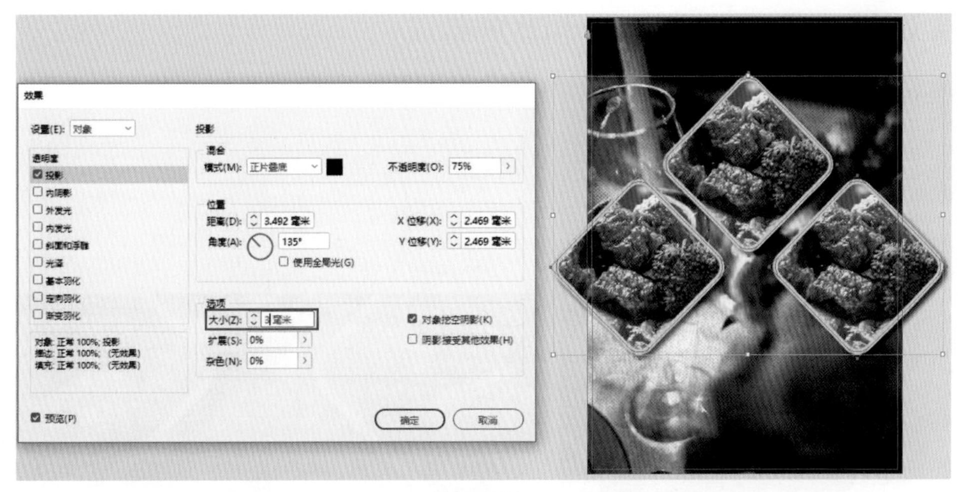

图 3-121

（11）选中顶部框架对象，按住 Alt 键移动复制一个副本对象到它的下方，并将这两个对象同时选中，单击控制栏中的“对齐选区”，在下拉菜单中选择“对齐关键对象”，指定顶部矩形框架为边框加粗的关键对象，然后单击“水平居中对齐”，如图 3-122 所示。

（12）选中底部框架对象，在控制栏中按下“约束缩放百分比”，并修改“X 缩放百分比”为 90%，如图 3-123 所示。

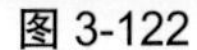

图 3-122　　图 3-123

（13）保持底部框架对象的选中，使用“选择工具”双击进入内容部分，按 Delete 键将图像删除，并修改填色为“#e35d42”，描边颜色为“#b81c22”，如图 3-124 所示。

（14）使用“文字工具”在底部矩形框架上按住鼠标左键拖曳出一个文本框，输入文字，然后执行“窗口 / 文字和表 / 字符”命令，打开“字符”面板，设置字体样式、大小、行距等，最后设置文字填色为“白色”，效果如图 3-125 所示。

图 3-124

图 3-125

（15）单击工具箱中的“矩形工具”，按住 Shift 键的同时，按住鼠标左键进行拖曳，在底部框架上方绘制一个正方形，在控制栏中设置“旋转角度”为 45°，将其填色设置为“白色”，将描边设置为“无”，如图 3-126 所示。

（16）选中该对象，按住 Alt 键移动复制一个副本对象到它的右侧，并将这两个对象同时选中，单击控制栏中的“垂直居中对齐”，效果如图 3-127 所示。

图 3-126

图 3-127

（17）选中左侧框架对象，在控制栏中单击“选择内容”，激活图像内容的选中，然后在“链接”面板中单击鼠标右键，执行“重新链接”命令，如图 3-128 所示。

（18）打开“重新链接”对话框后选择素材“3.13.3.jpg”，单击“打开”，如图 3-129 所示。

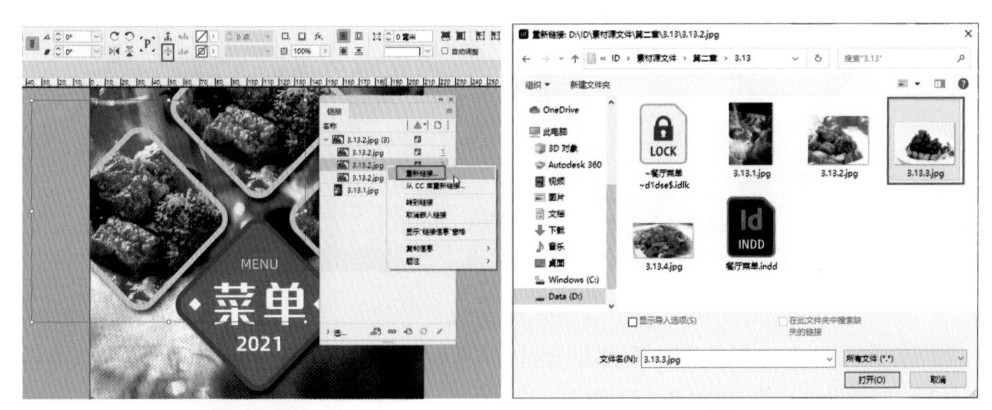

图 3-128　　　　图 3-129

（19）选中右侧框架对象，按照上述方式，通过“重新链接”命令打开素材“3.13.4.jpg”，并在“链接”面板中将“3.13.3.jpg”和“3.13.4.jpg”选中，单击鼠标右键，执行“嵌入链接”命令，效果如图 3-130 所示。

图 3-130

（20）单击“文字工具”按住鼠标左键，在文档底部拖曳出一个文本框，输入文字，然后在“字符”面板中设置字体样式、大小、行距等，最后设置文字填色为“白色”，效果如图 3-131 所示。

（21）单击“直线工具”，按住 Shift 键在英文和中文之间绘制一条直线，设置直线“填色”为“无”，描边颜色为“白色”，粗细为“4 点”，样式为“虚线”，如图 3-132 所示。

图 3-131

图 3-132

（22）使用“钢笔工具”在顶部框架上方绘制一个带有弧度的矩形，设置“填色”为“#6f8f42”，描边为“无”，如图 3-133 所示。

（23）选中绘制好的图形，执行“对象 / 效果 / 投影”命令，打开“效果”对话框，修改投影“大小”为 3 毫米，单击“确认”，为图形添加投影，效果如图 3-134 所示。

图 3-133

图 3-134

（24）使用“钢笔工具”在绿色图形上方绘制一条路径，填色与描边都设置为“无”，如图 3-135 所示。

（25）使用“路径文字工具”，单击刚刚绘制好的路径，输入文字。选中所有文字并在控制栏设置文字对齐方式为“居中对齐”，填色为“白色”，描边为“无”；在“字符”面板设置字体样式、大小等参数，效果如图 3-136 所示。

图 3-135

图 3-136

（26）最终效果如图 3-137 所示。

图 3-137

根据本章所授知识，结合“任务习题”文件夹中提供的相关素材，制作文档大小为 A4 尺寸的餐厅菜单内页，效果如图 3-138 所示。

图 3-138

第 4 章　文本的创建及编辑

- 掌握创建和编辑文本框架文字的方法。
- 掌握创建和编辑段落文本的方法。
- 掌握创建和编辑路径文字的方法。
- 掌握创建和编辑框架网格文字的方法。
- 掌握使用“字符”和“段落”面板设置文本与段落的方法。
- 掌握制表符、脚注与项目符号的应用。
- 掌握串接文本的创建与编辑方法。
- 掌握手动和自动排文的技巧。

在设计活动中，促进设计传统与中国主题、设计创造与自主创新的发展。坚定文化自信。从认知上说，中国当代设计的发展动力源自于人们对美好幸福生活的期盼和追求。在联结历史、现在与未来的通道上，贯通古今，融会中外，不断推动文明互鉴与文化交流，以深厚的文化底蕴，学习、借鉴最终超越西方现代设计，从而实现中国本土设计文化的自觉。

InDesign 作为一款优秀的排版软件，最强大的功能之一就是文字处理。利用它提供的多种文字处理工具，可快捷地在作品中创建和编辑文本与段落，还可以将文本沿不同的路径

排列，或者将文字转换为路径进行特殊处理等，从而使版面效果更加丰富多变。本章主要学习如何精确、灵活地对文档中的文本进行设置，如段落文字、路径文字和框架网格文字的创建与编辑，以及制表符、脚注、项目符号和其他字符的应用等。

4.1 文本框架文字的创建及编辑

在 InDesign 中可精确、灵活地对页面中的文本进行创建及设置，如创建文本框架文字、设置字符样式和段落样式等。

4.1.1 创建文本框架文字

文本框架是放置文本的容器。输入文本前，需要先创建文本框架，然后才能输入或置入文本以进行相应的排版操作。

1. 直接输入文本

选择“文字工具”T或“直排文字工具”↓T，将鼠标指针移至页面区域中，按下鼠标左键并拖出一个矩形区域，释放鼠标后，在所绘矩形区域的左上角将显示闪烁的光标，使用键盘输入文字，即可创建纯文本框架文字。按 Esc 键或选择工具箱中的其他工具可结束文字输入，如图 4-1 所示。

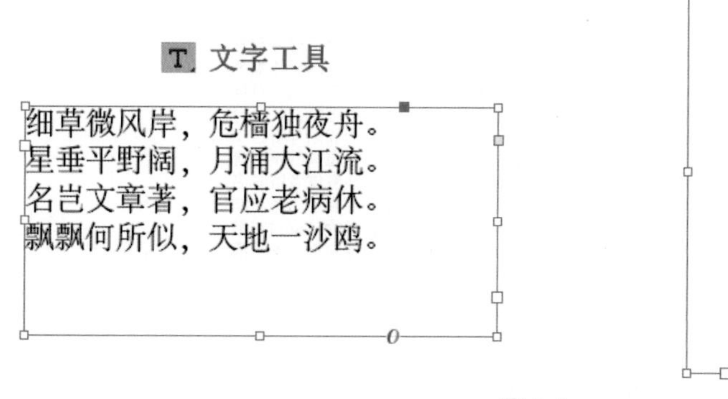

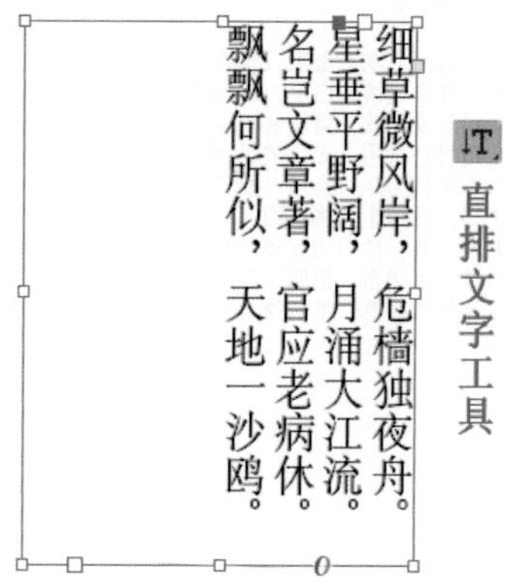

图 4-1

2. 使用外部文本

在 InDesign 中，可将其他程序中的文本置入文档中使用，例如 Word 文本或 TXT 格式纯文本等。在页面中创建一个文本框架并选中，执行“文件 / 置入”命令或使用快捷键 Ctrl+D，打开“置入”对话框，在该对话框中选择素材“将进酒 .doc”，勾选“替换所选项目”，单击“打开”，可将外部文件中的文本置入选择的文本框架中，如图 4-2 所示。

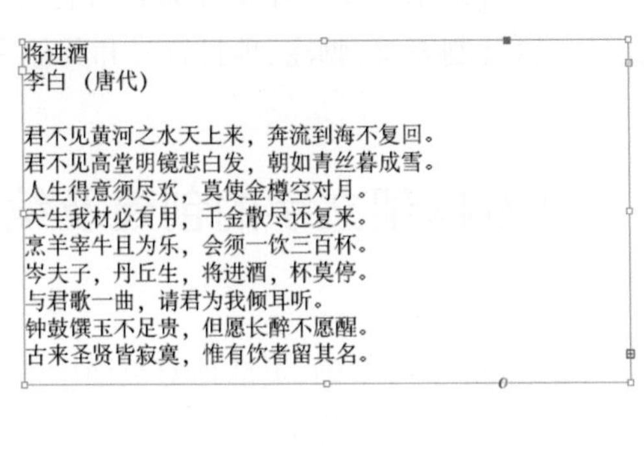

图 4-2

值得注意的是，在 InDesign 中创建文字的方法比较特殊，需要使用文字工具拖出一个文本框架，在文本框架中才可以创建文字，并且创建的文字都只会显示在文本框架中，若直接在绘图区中单击则不能创建文字。

当输入文本的字数过多或文本字号过大时，可能会出现文本显示不完整或显示不规范的情况，也就是通常所说的“文字溢流”情况。这时只需要将文本框的范围调整得更大一些，即可正确显示，如图 4-3 所示。

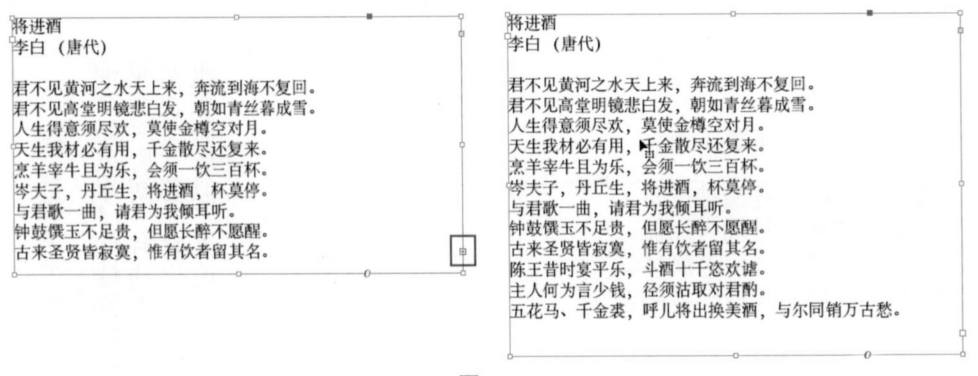

图 4-3

如果在未选定任何文本框架的情况下执行“置入”命令，则光标将变为“载入文本图标”（此时，单击工具箱中的任意工具可取消置入文本操作）。在页面中的适当位置单击，文本将被置入到当前页面区域中，如图 4-4 所示。

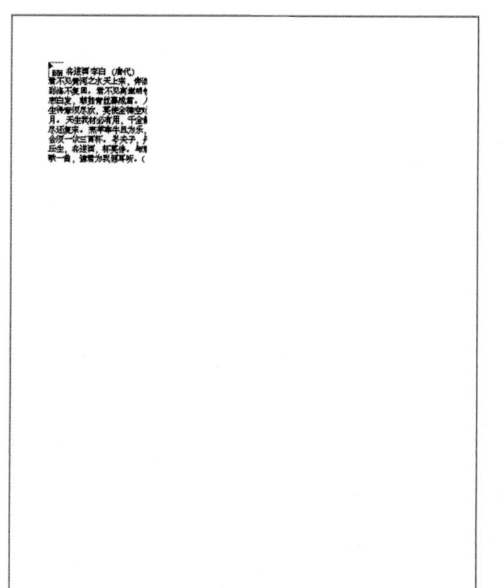

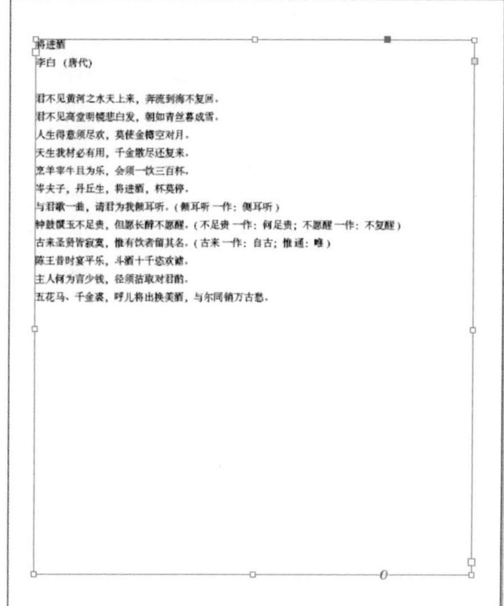

图 4-4

4.1.2　更改文本方向

使用“文字工具”在页面中键入文本后，如若要改变文本方向，可以通过执行“文字 / 排列方向”命令快速更改文字的排列方向。

打开素材“4.1.2.indd”，如图 4-5 所示，首先使用“选择工具”选中文本对象，然后执行“文字 / 排列方向 / 垂直”命令，即可将原来水平排列的文字更改为垂直排列效果。

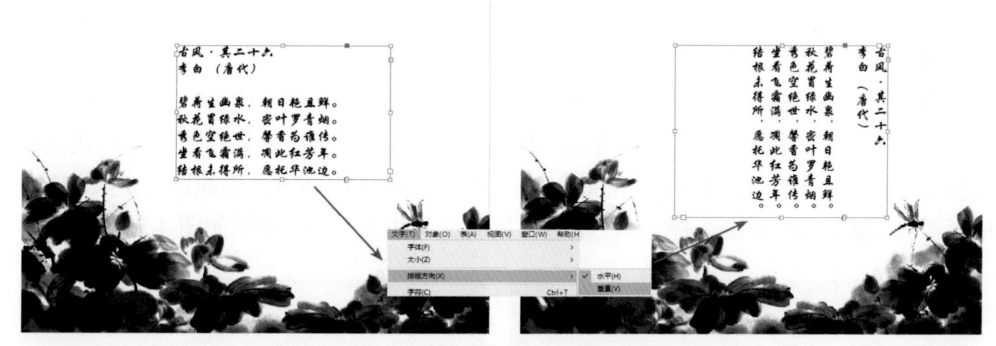

图 4-5

4.1.3　设置文本框架中文字的常规属性

在 InDesign 中，可以更改文本框架的属性，如框架的栏数、内边距（文本边缘和框架边线之间的距离）或框架文本的垂直对齐方式等参数。

选中文本框架，执行“对象 / 文本框架选项”命令，即可打开“文本框架选项”对话框。默认情况下“文本框架选项”对话框展示的是“常规”选项，如图 4-6 所示。

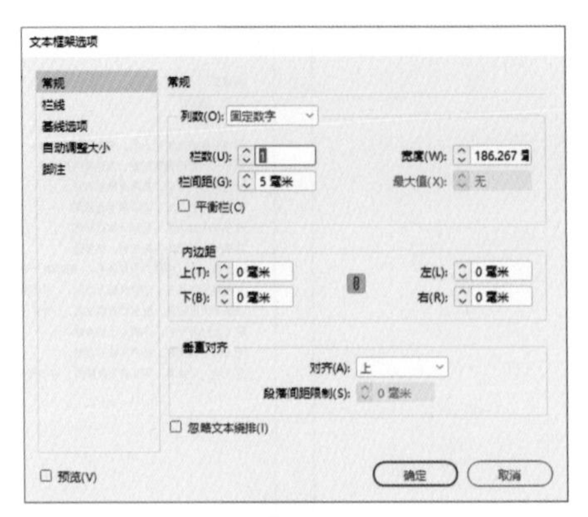

图 4-6

- 列数：在该选项下拉列表中包括“固定数字”“固定宽度”“弹性宽度”3 种方式。
- 栏数：在该编辑框中输入数值可以指定文本框架的栏数。
- 栏间距：在该编辑框中输入数值可以指定文本框架每栏之间的间距。
- 宽度：在该编辑框中输入数值可以更改文本框架的宽度。
- 最大值：设置“列数”为“弹性宽度”时，可以在这里设定栏的最大宽度。
- 平衡栏：选中该复选框可以将多栏文本框架底部的文本均匀分布。
- 内边距：在该选项组中，可以在“上”“左”“下”“右”编辑框中输入数值设置内边距的大小。单击“统一所有设置”，可以为所有边设置相同间距。
- 对齐：在该下拉列表中可以选择相应的对齐方式。
- 段落间距限制：该选项是指最多可加宽到的指定值。如果文本仍未填满框架，则会调整行间的间距，直到填满框架为止。
- 忽略文本绕排：选中该复选框，文本将不会绕排在图像周围。如果出现无法绕排的文本框架，则需要检查是否选中了该复选框。

InDesign 还为文本框架提供了可编辑性，用户可利用“钢笔工具”添加和删除文本框架上的锚点，还可以利用“直接选择工具”调整锚点位置来改变文本框架的形状，以满足不同的设计需求。打开素材“4.1.3.indd”，选择文本框架对象，使用“添加锚点工具”和“删除锚点工具”以及“直接选择工具”可以调整文本框架锚点，效果如图 4-7 所示。

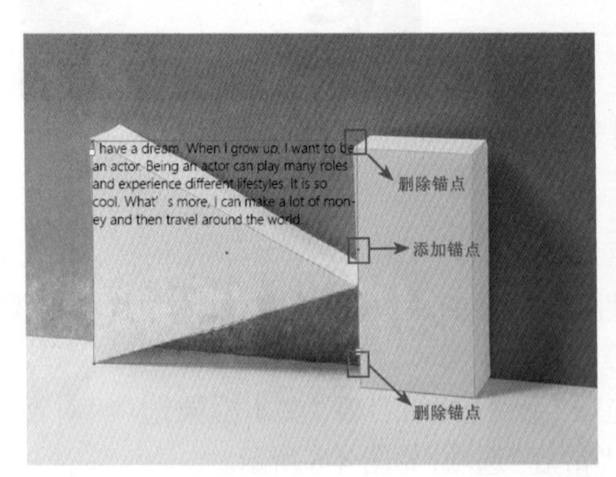

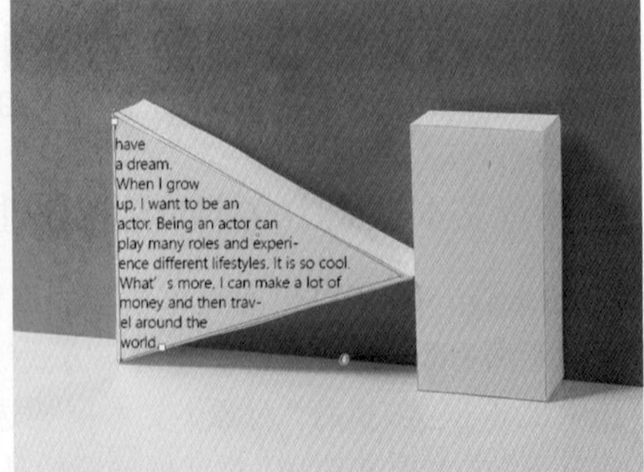

图 4-7

4.1.4 “字符”面板

执行“窗口 / 文字和表 / 字符”命令或使用快捷键Ctrl+T，可以打开“字符”面板，该面板专门用来定义页面中字符的属性，如图 4-8 所示。

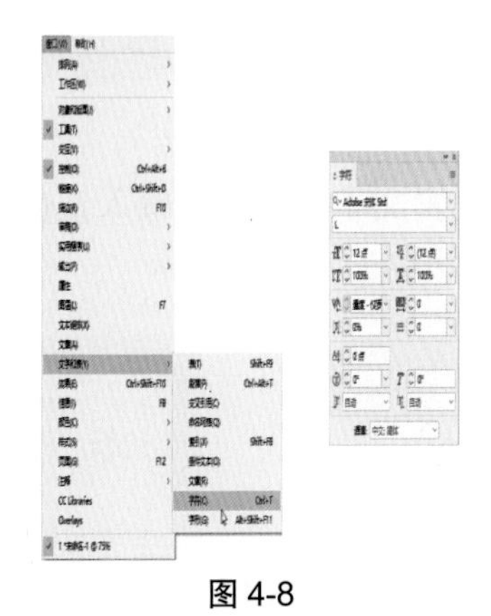

图 4-8

- 字体大小按钮：在该下拉列表中可以选择字号，也可以输入自定义数字。
- 行距按钮：文字中相邻行的垂直间距称为行距。行距是一行文本的基线到上一行文本基线的距离。
- 垂直缩放按钮：用于设置文字的垂直缩放百分比。
- 水平缩放按钮：用于设置文字的水平缩放百分比。
- 字偶间距按钮：用于设置两个字符之间的字距微调。在设置时先要将光标插入到需要进行字距微调的两个字符之间，然后在文本框中输入所需的字距微调数值。输入正值时，两个字符间的字距会扩大；输入负值时，字距会缩小。
- 字符间距按钮：设置两个字符间的间距，输入正值，字距扩大；输入负值，字距缩小。
- 网格指定格数按钮：使用“网格指定格数”选项可以直接为选中的文本设置占据的网格单元数。例如，如果输入 5 个字，将网格指定格数改为 9 步，那么字符就会平均分布在这 9 个单元格中，如图 4-9 所示。

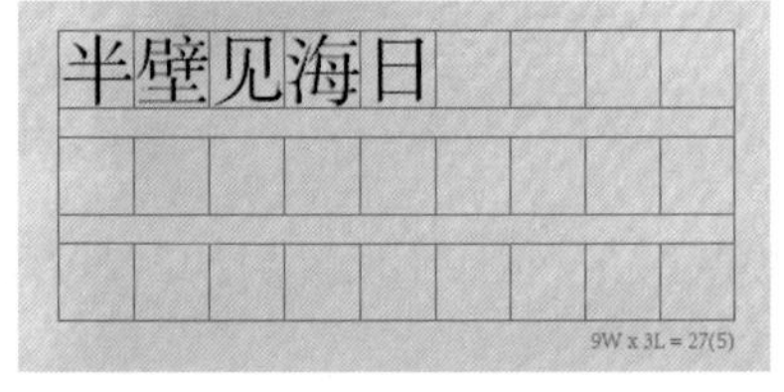

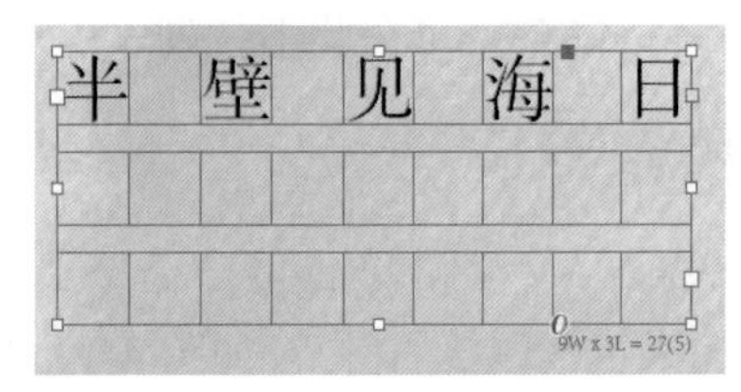

图 4-9

- 基线偏移按钮：用来设置文字与文字基线之间的距离。输入正值时，文字上移；输入负值时，文字下移，如图 4-10 所示。

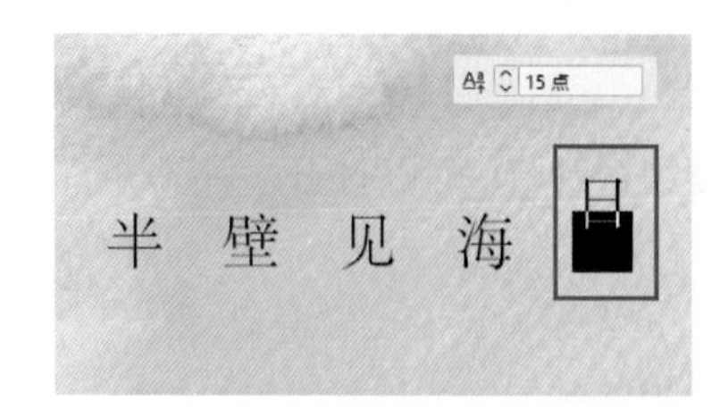

图 4-10

● 字符旋转按钮：用来设置文本的旋转。输入正值时，文字会向左旋转；输入负值时，文字会向右旋转，如图 4-11 所示。

图 4-11

● 倾斜（伪斜体）按钮 *T*：用来设置文字的倾斜角度。某些文字想要设置倾斜角度时，可以选择该部分文字，然后输入倾斜角度的数值。若想要设置整个文本的倾斜，可以选择文本框，然后设置倾斜角度。输入正值时，文字会向右倾斜，输入负值时，文字会向左倾斜，如图 4-12 所示。

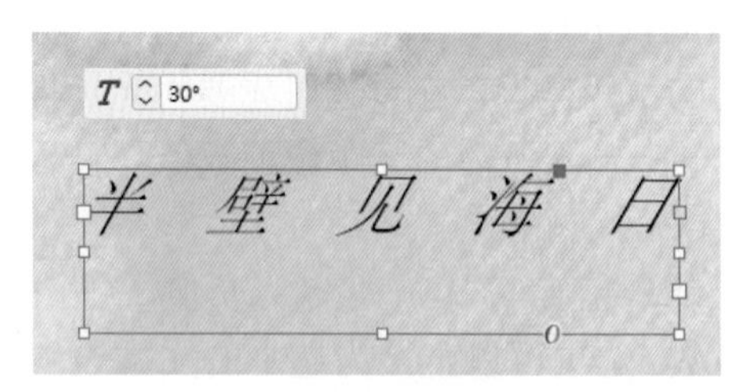

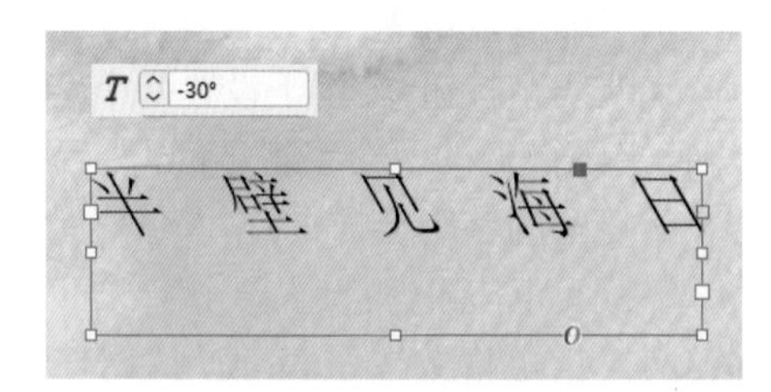

图 4-12

● 字符前间距按钮 / 字符后间距按钮：以当前文本为基础，在字符前或后插入空白。
● 语言按钮：可在此下拉列表中选择一种语言类别。

4.1.5 “段落”面板

执行“窗口 / 文字和表 / 段落”命令或使用快捷键 Ctrl+Alt+T，可以打开“段落”面板，该面板主要用来更改段落的格式，如图 4-13 所示。

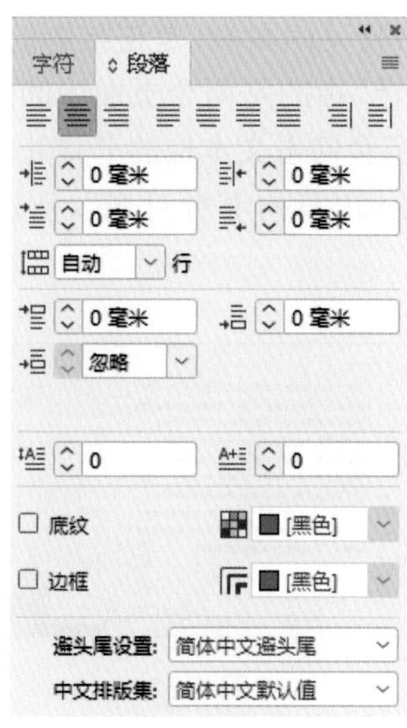

图 4-13

打开素材“4.1.5（1）.indd”，尝试以下对齐操作。

- 左对齐文本按钮：文字左对齐，段落右端参差不齐，如图 4-14 所示。
- 居中对齐文本按钮：文字居中对齐，段落两端参差不齐，如图 4-15 所示。
- 右对齐文本按钮：文字右对齐，段落左端参差不齐，如图 4-16 所示。

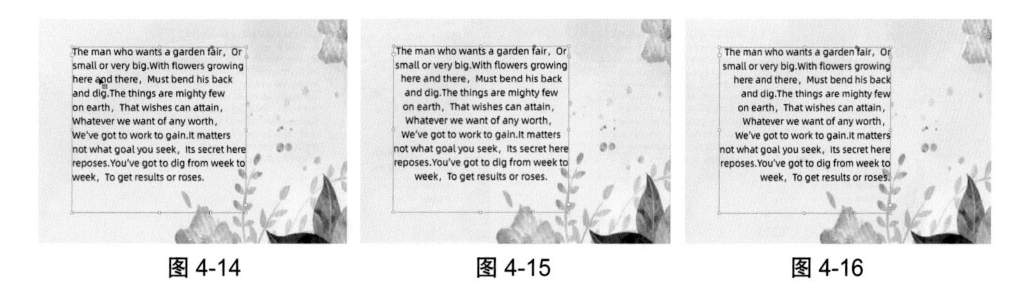

图 4-14　　图 4-15　　图 4-16

- 双齐末行齐左按钮：最后一行左对齐，其他行左右两端强制对齐，如图 4-17 所示。
- 双齐末行居中按钮：最后一行居中对齐，其他行左右两端强制对齐，如图 4-18 所示。
- 双齐末行齐右按钮：最后一行右对齐，其他行左右两端强制对齐，如图 4-19 所示。

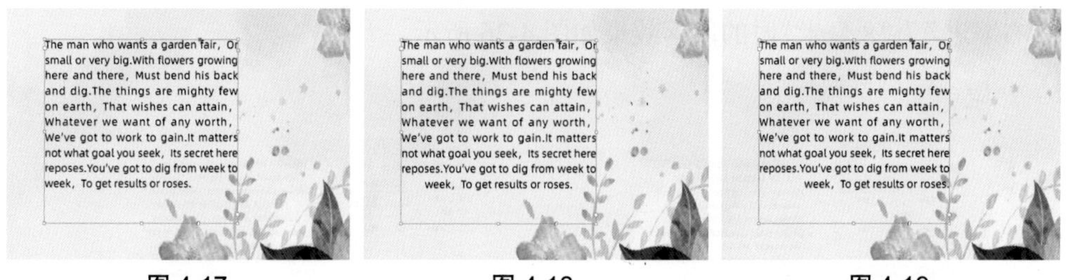

图 4-17　　图 4-18　　图 4-19

- 全部强制对齐按钮：在字符间添加额外的间距，使文本左右两端强制对齐，如 4-20 所示。

● 朝向书脊对齐按钮：书脊又叫封脊，是连接书的封面和封底的，通俗来讲就是装订线的位置。在 InDesign 中“书脊”指的是两个页面中间的空白位置，即两对页的交界处。使用“朝向书脊对齐”，所选的文字会向着文本框的书脊处对齐，如图 4-21 所示。

● 背向书脊对齐按钮：使用“背向书脊对齐”，所选的文字会沿着书脊的反方向对齐，如图 4-22 所示。

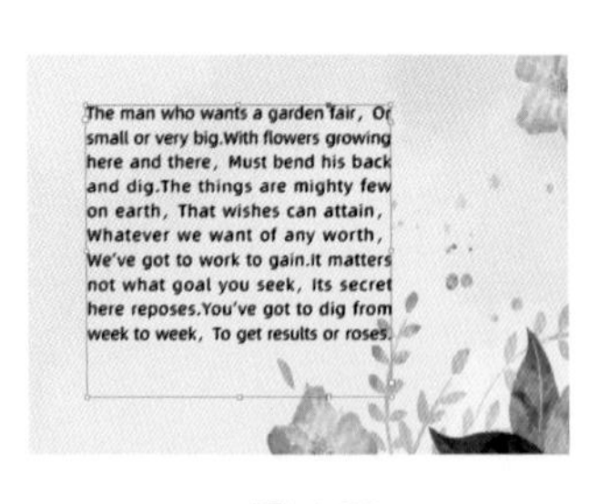

图 4-20

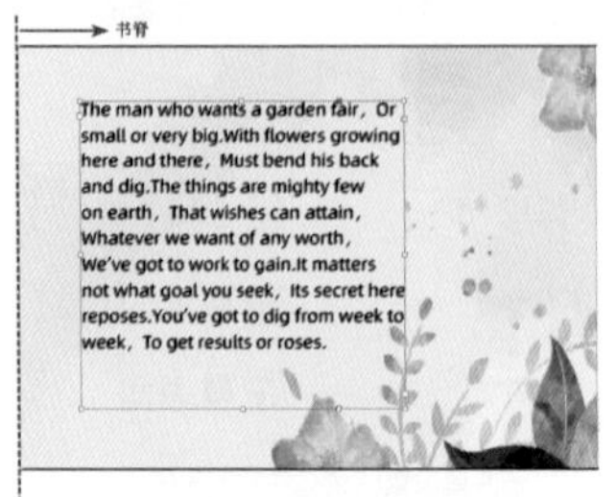

图 4-21

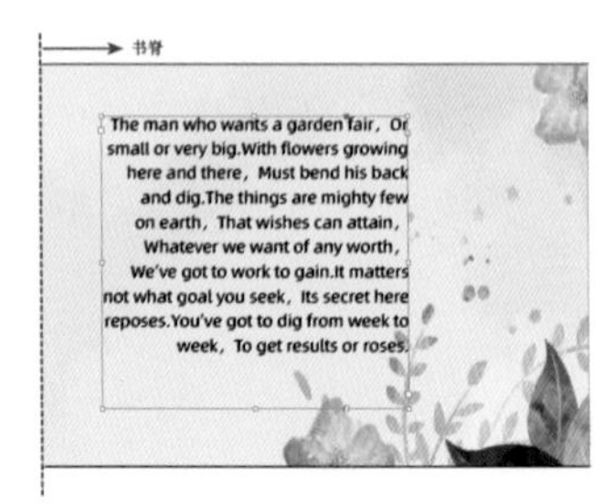

图 4-22

● 左缩进按钮：用于设置段落文本向右（横排文字）或向下（直排文字）的缩进量，设置“左缩进”为“8 毫米”时的段落效果如图 4-23 所示。

● 右缩进按钮：用于设置段落文本向左（横排文字）或向上（直排文字）的缩进量，设置“右缩进”为“8 毫米”时的段落效果如图 4-24 所示。

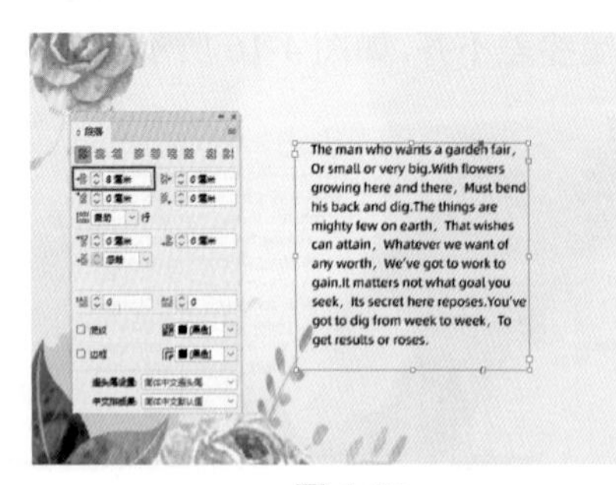

图 4-23

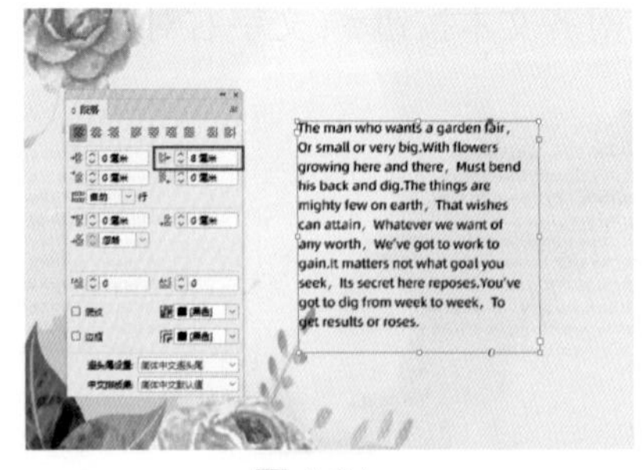

图 4-24

● 首行左缩进按钮：用于设置段落文本中每个段落的第 1 行向右（横排文字）或第 1 列文字向下（直排文字）的缩进量，设置段落“左对齐”以及“首行左缩进”为“8 毫米”时的段落效果如图 4-25 所示。

● 末行右缩进按钮：用于在段落末行的右边添加悬挂缩进，设置段落“右对齐”以及“末行右缩进”为“8 毫米”时的段落效果如图 4-26 所示。

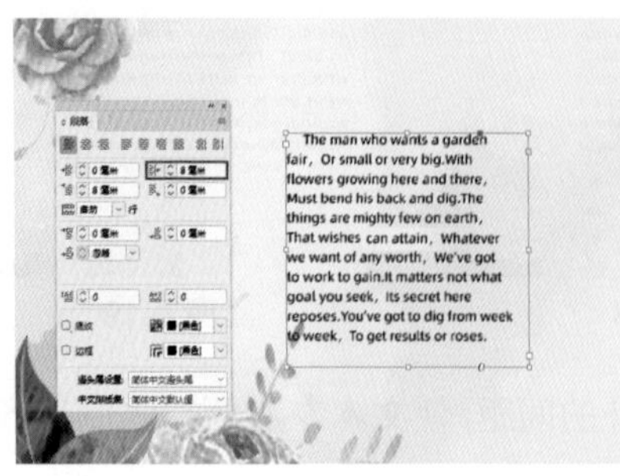

图 4-25

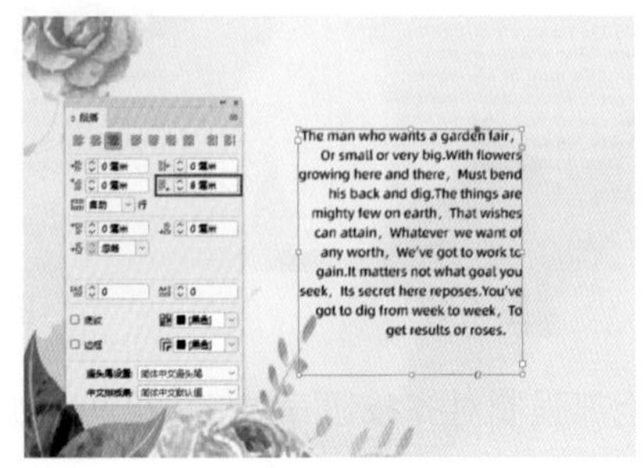

图 4-26

打开素材“4.1.5（2）.indd”，尝试以下段落设置。

● 强制行数按钮：可以通过增大某一行文字与上下文字之间的行间距来突出显示这一行文字，常用于标题文、引导语等，如图 4-27 所示。

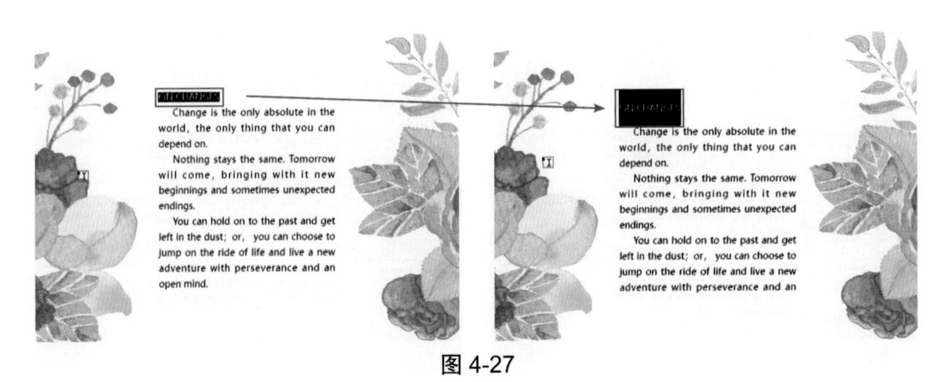

图 4-27

● 段前间距按钮：用于设置所选段落与上一段文字之间的纵向距离，数值越大，距离越远，如图 4-28 所示。

● 段后间距按钮：用于设置所选段落与下一段文字之间的纵向距离，数值越大，距离越远，如图 4-29 所示。

图 4-28　　图 4-29

● 首字下沉行数按钮：用于指示首字下沉的行数。例如将“首字下沉行数”设置为 3，那么第一个字母的大小会被增大到 3 行文字的尺寸，如图 4-30 所示。

● 首字下沉一个或多个字符按钮：当设置了“首字下沉行数”后，可以设置下沉的字数，例如将“首行下沉一个或多个字符”设置为 3，则段首的 3 个字符都会产生下沉效果，如图 4-31 所示。

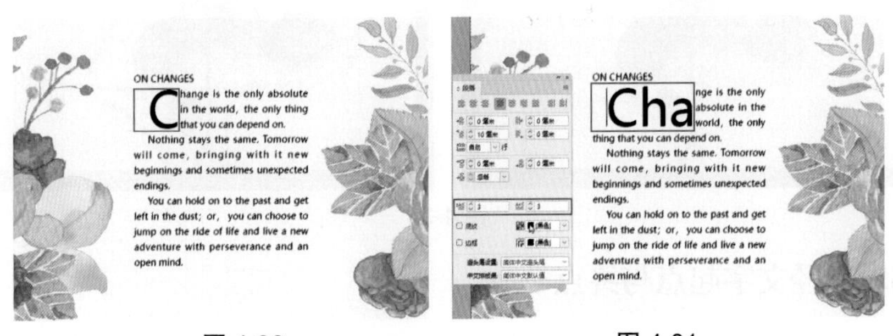

图 4-30　　图 4-31

● 底纹：用于给文字添加底色，勾选“底纹”选项后，在右边的下拉列表中选择底纹颜色，效果如图 4-32 所示。

● 边框：用于给文字添加边框，勾选“边框”选项后，在右边的下拉列表中选择边框颜色，效果如图 4-33 所示。

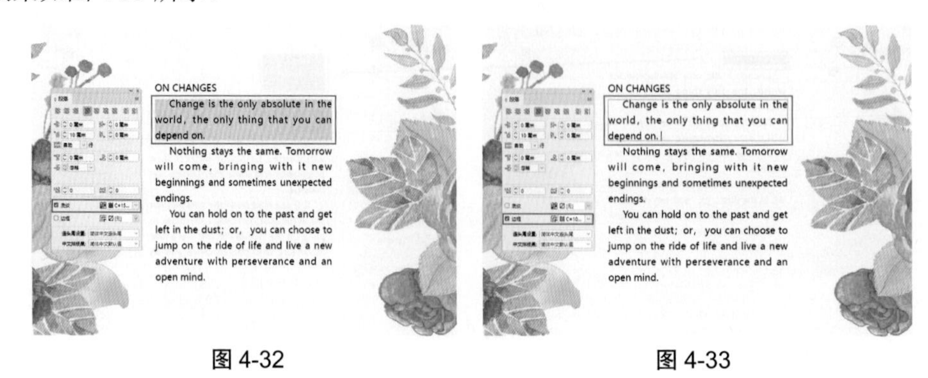

图 4-32　　　　图 4-33

4.2 路径文字

在 InDesign 中可以应用“路径文字工具”和“垂直路径文字工具”沿着绘制的路径边缘输入文字，即可创建路径文字效果。

4.2.1 创建路径文字

打开素材“4.2.1.indd”，选择工具箱中的“钢笔工具”，在绘图区域中绘制一条路径，该路径可以是开放路径，也可以是封闭路径，然后单击工具箱中的“路径文字工具”或“垂直路径文字工具”，将鼠标置于路径上呈形状时，单击并输入文字，按下 Esc 键可结束文字输入，如图 4-34 所示。

图 4-34

4.2.2 编辑路径文字起点与终点

使用“选择工具”选中路径文字，将鼠标指针移至路径文字起点处，当光标变成时，按住鼠标左键沿路径拖动图标，可以改变文字在路径上的起点。将鼠标指针移至路径文字终点处，当光标变成时，可通过拖动该图标以改变路径文字的终点。将鼠标指针放在路径文字中间标记处，当光标变成时，拖曳鼠标到路径另一边可翻转路径文字，如图 4-35 所示。

图 4-35

4.2.3　设置路径文字属性

打开素材“4.2.3.indd”，选中路径文字，执行“文字 / 路径文字 / 选项”命令或按住 Alt 键的同时使用“选择工具”双击路径文字，可打开“路径文字选项”对话框，如图 4-36 所示，在此对话框中可设置路径文字效果和对齐方式等属性。

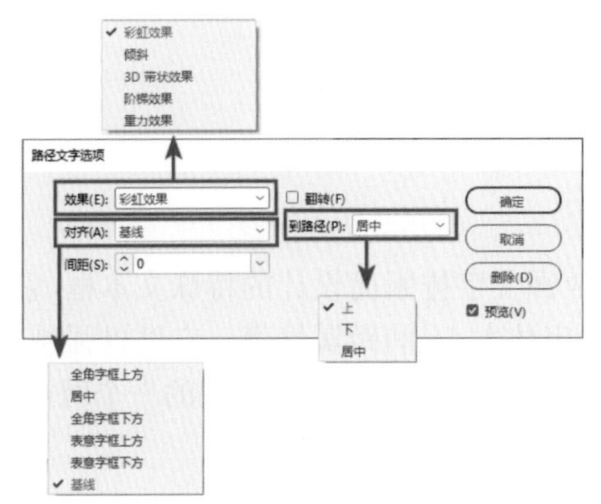

图 4-36

● 效果：对路径文字应用效果，分别为“彩虹效果”“倾斜”“3D 带状效果”“阶梯效果”“重力效果”，效果如图 4-37 所示。

图 4-37

- 翻转：选中该复选框可以翻转路径文字。
- 对齐：用于指定文字与路径的对齐方式。
- 到路径：用于指定文字对于路径描边的对齐位置。
- 间距：用于控制路径上位于曲线或锐角上的字符的间距大小。

4.2.4 删除路径文字

打开素材“4.2.4.indd”，如若要删除路径文字，首先选中一个或多个路径文字对象，然后执行“文字 / 路径文字 / 删除路径文字”命令，即可将文字删除，效果对比如图 4-38 所示。

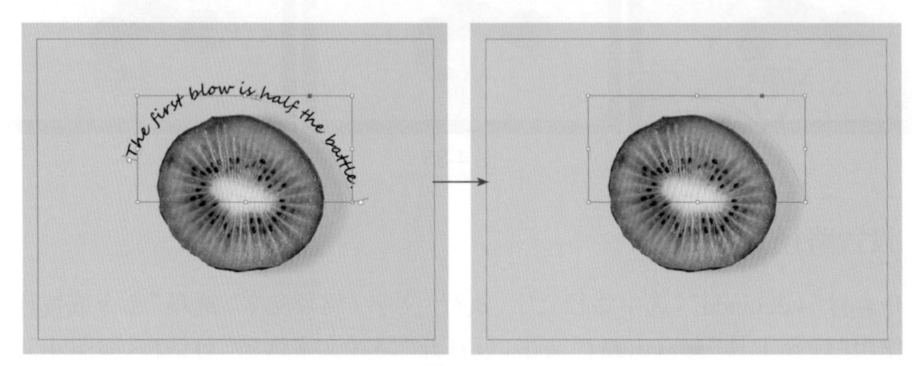

图 4-38

4.3 框架网格文字

框架网格是专门针对亚洲文字排版而设计的特殊文本框，它使用一些亚洲文字排版的特有参数来控制文本，比如字体大小、间距属性等。它可以强制忽略文字原本设置的字体、行距和字距等字符属性，而将每个文字以框架网格中的一个网格作为占位单位来设定位置，使用它可使文字的排版严谨有序。

4.3.1 水平网格工具

打开素材“4.3.indd”，单击工具箱中的“水平网格工具”按钮，在绘图区域按住鼠标左键并拖曳，即可创建框架网格。然后选择“文字工具”，单击框架网格，网格内将显示闪烁的文本光标，键入文字即可创建框架网格文字。按 Esc 键或选择工具箱中的其他工具可结束文字输入，如图 4-39 所示。若想创建方形框架网格，按住 Shift 键的同时拖曳即可。

图 4-39

4.3.2　垂直网格工具

单击工具箱中的“垂直网格工具”按钮▦，在绘图区域按住鼠标左键并拖曳，即可创建框架网格。然后选择“直排文字工具”↓T，单击框架网格，网格内将显示闪烁的文本光标，键入文字即可创建框架网格文字。按 Esc 键或选择工具箱中的其他工具可结束文字输入，如图 4-40 所示。若想创建方形框架网格，按住 Shift 键的同时拖曳即可。

图 4-40

4.3.3　编辑框架网格

选中框架网格，执行“对象 / 框架网格选项”命令或按住 Alt 键的同时，使用“选择工具”▶双击框架网格，即可打开“框架网格”对话框进行相关设置，如图 4-41 所示。

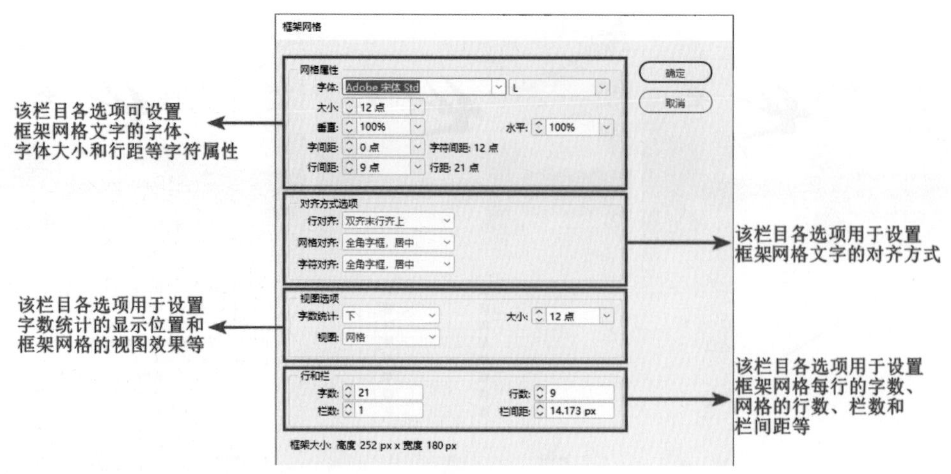

图 4-41

4.3.4 文本框架与框架网格的转换

在 InDesign 中，文本框架与框架网格可以相互转换。选中文本框架对象，执行“对象 / 框架类型 / 框架网格”命令，可将文本框架转换为框架网格，如图 4-42 所示。选中框架网格对象，执行“对象 / 框架类型 / 文本框架”命令，可将框架网格转换为文本框架。

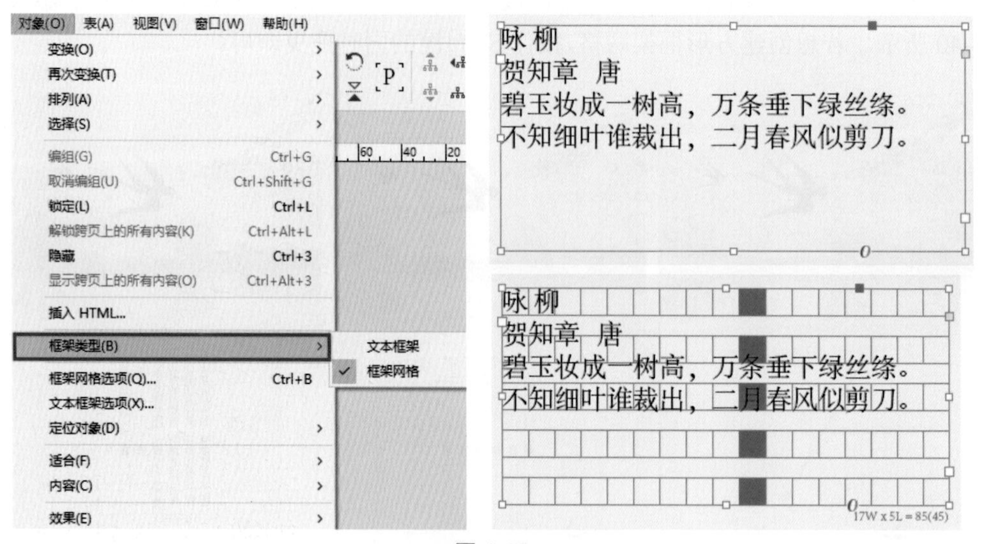

图 4-42

需要注意的是，将带有字符属性的文本框架转换为框架网格后，必须先设置好框架网格的属性，然后执行“编辑 / 应用网格格式”命令，才能将设置的框架网格格式应用于原文本框架对象，如图 4-43 所示。

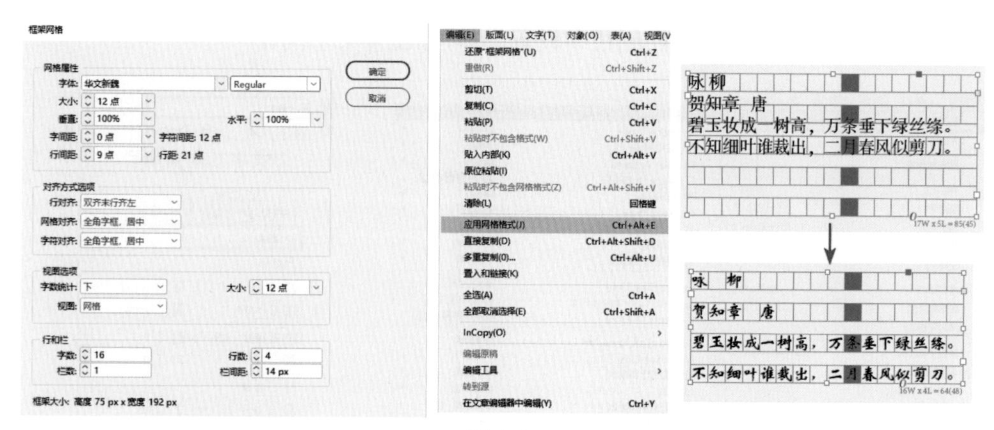

图 4-43

4.3.5 框架网格字数统计

框架网格字数统计显示在网格的底部。此处显示的是字符数、行数、单元格总数和实际字符数的值。如图 4-44 所示，在此处的框架中，每行字符数的值为 22，行数值为 7，单元格的总数为 154，已置入 84 个字符于框架网格中。

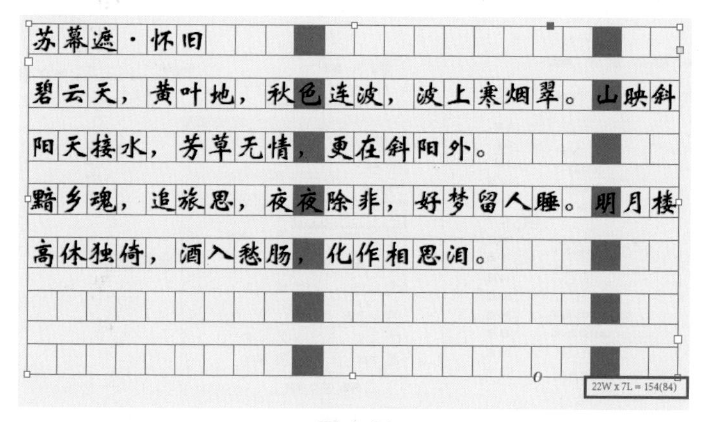

图 4-44

4.4 文字的编辑

在 InDesign 中可以更加精细地对页面中的文本进行处理，如调整文字字体、调整文字大小、更改文本排列方向和更改文本大小写等，通过这些设置可以更便捷地创建出规整而丰富的版面。

4.4.1 调整文字字体

选择文本对象后，执行“文字 / 字体”命令，在子菜单中即可选择字体。除此之外，也可在“字符”面板或“文字工具”的控制栏中设置字体，如图 4-45 所示。

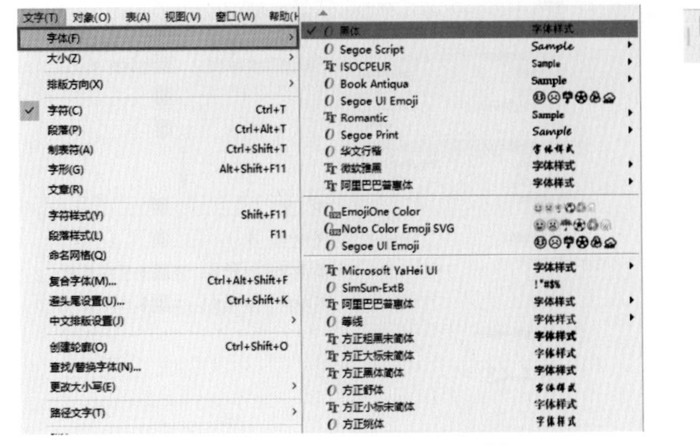

图 4-45

4.4.2 调整文字大小

选择文本对象后，执行“文字 / 大小”命令，在子菜单中即可选择字号。除此之外，也可在“字符”面板或“文字工具”的控制栏中设置文字字号，如图 4-46 所示。

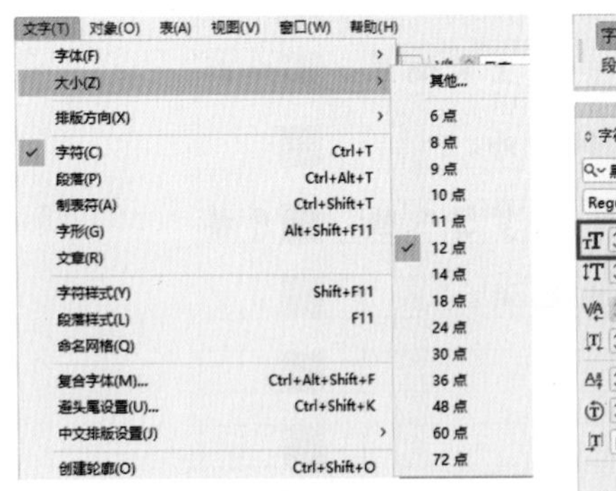

图 4-46

4.4.3 更改文本大小写

如果文本中有英文，可以选择“更改大小写”命令切换英文字母大小写。打开素材“4.4.3.indd”，首先选择需要调整的文本对象或文本框架，执行“文字 / 更改大小写”命令，在子菜单中选择相应选项，即可改变文本的大小写，如图 4-47 所示。

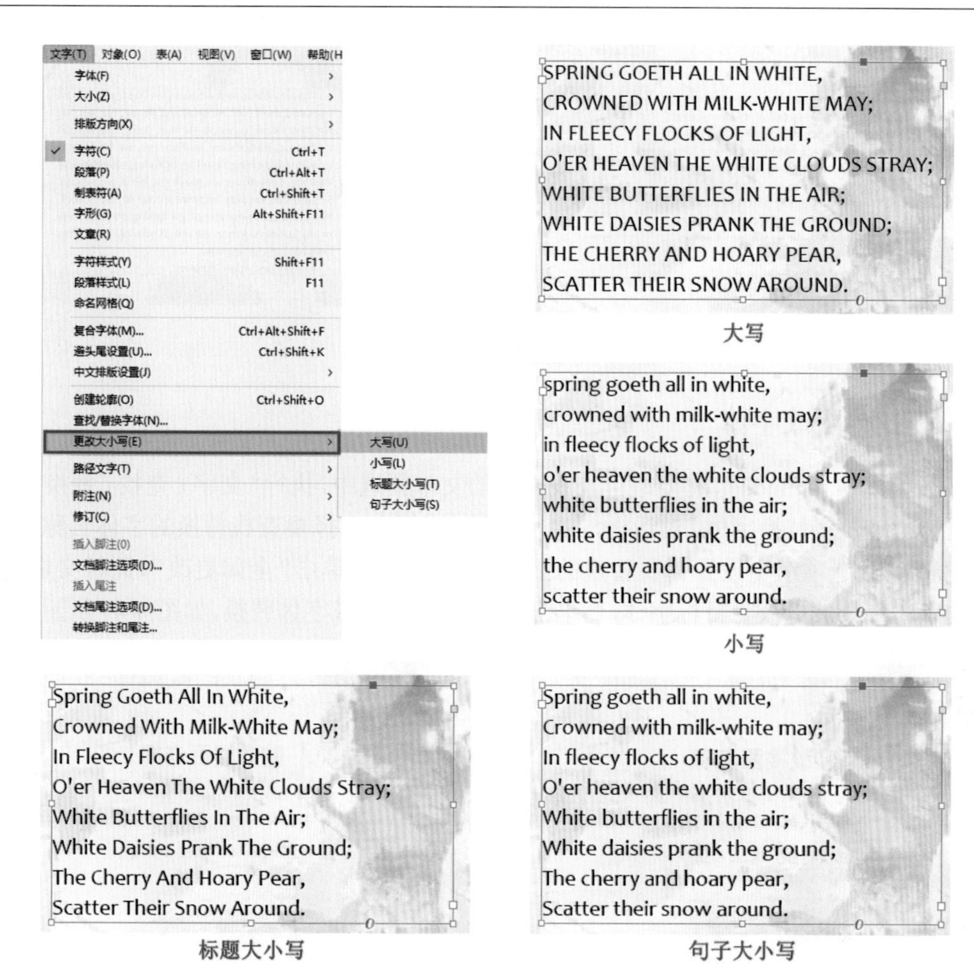

图 4-47

4.4.4　查找与更改文本内容

InDesign 的查找和替换功能很强大，除了可以查找和替换普通文本和文本格式外，还可以查找和替换特殊字符、字形、对象，以及进行全角和半角的转换等。首先需要选择文本对象或在文本中插入光标，执行“编辑 / 查找 / 更改”命令，其次在弹出的“查找 / 更改”对话框中选择“文本”选项卡，然后在“查找内容”下拉列表中输入需要查找的对象，接下来在“更改为”下拉列表中输入更改后的对象。单击“全部更改”按钮，可以快速地将文档中的全部查找内容进行更改，最后单击“完成”即可完成操作。

打开素材“4.4.4.indd”，选择文本框架，执行“编辑 / 查找 / 更改”命令或使用快捷键 Ctrl+F，打开“查找 / 更改”对话框，在“查找内容”编辑框中输入要查找的内容，如“she”，在“更改为”编辑框中输入“he”，然后单击右侧的“全部更改”，此时系统会弹出提示对话框，单击该对话框中的“确定”返回到“查找 / 更改”对话框，同时文档中的全部相关内容也进行了更改，最后单击“完成”，关闭对话框即可完成替换文本对象的操作，如图 4-48 所示。

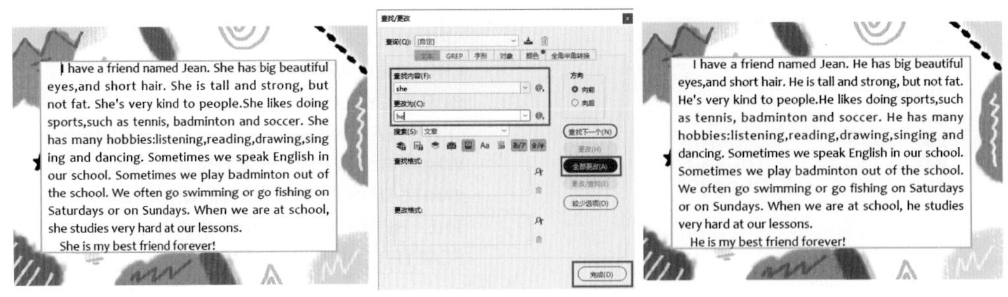

图 4-48

4.4.5 查找与更改字体

打开素材“4.4.5.indd”，将要进行查找操作的文本框选中，执行“文字 / 查找 / 替换字体”命令，打开“查找 / 替换字体”对话框，在“字体信息”框中选择要查找替换的字体名称，接下来在“替换为”选项组中设置需要替换的字体及字体样式，单击“全部更改”，此时文档中被选中的字体都会被更改为目标字体，再单击“完成”即可完成字体替换，如图 4-49 所示。

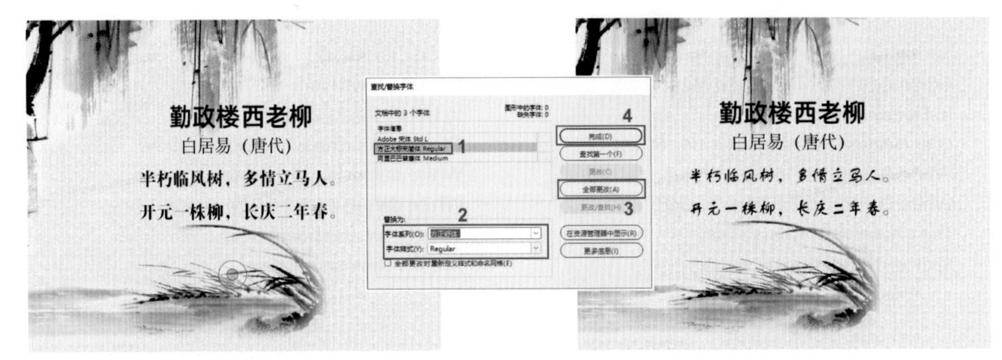

图 4-49

● 文档中的字体：可以在列表中选择一个或多个字体名称。

● 字体系列：在该下拉列表框中可以更改字体类型。

● 字体样式：在该下拉列表框中可以更改字体样式类型。

● 全部更改时重新定义样式和命名网格：该复选框可以控制是否在全部更改时重新定义样式和命名网格。

● 完成：单击此按钮即可完成查找。

● 查找第一个：查找列表中选定字体的版面的第一个实例。如果在置入的图形中使用选定字体，或在列表中选择了多个字体，则“查找第一个”按钮不可用。

● 更改：单击此按钮可更改选定字体的某个实例。如果选择了多个字体，则该按钮不可用。

● 全部更改：更改列表中选定字体的所有实例。如果要重新定义包含搜索到的字体的所有段落样式、字符样式或命名网格，需要选中“全部更改时重新定义样式和命名网格”复选框。

● 更改 / 查找：更改该实例中的字体，然后查找下一实例。

● 更多信息：用于查看关于选定字体的详细信息。要隐藏详细信息，单击“较少信息”按钮。如果在列表中选择了多个字体，则信息区域为空白。

4.4.6 将文字转换为路径

选中需要转换的文字或文本框架对象，执行“文字 / 创建轮廓”命令或使用快捷键Ctrl+Shift+O，即可将文字对象转换为路径图形。利用路径编辑工具可对文字转化的路径图形进行任意编辑，从而制作出特殊的文字效果，如图 4-50 所示。需要注意的是，文字对象转换为路径图形后，就不能再更改字体、字体大小、行距和字符间距等文字属性了。

图 4-50

4.4.7 拼写检查

使用“拼写检查”命令可以针对外文的拼写错误进行检查和纠正。在使用该命令之前需要选中文本，并在“字符”面板上的“语言”菜单中为该文本指定语言，然后选择“编辑 / 拼写检查 / 拼写检查”命令，弹出“拼写检查”对话框，如图 4-51 所示。

图 4-51

● 开始：单击“开始”进行拼写检查，如果文档中包含错误单词，那么可以从“建议校正为”单词列表中选择一个单词，或在顶部的文本框中输入正确的单词，然后单击“更改”按钮，这样只更改出现拼写错误的单词。

● 跳过 / 全部忽略:单击“跳过”或“全部忽略”继续进行拼写检查,而不更改特定的单词。

● 全部更改:单击“全部更改”更改文档中所有出现拼写错误的单词。

● 添加:单击“添加”,指示 InDesign 将可接受但未识别出的单词存储到“用户词典”中,以便在以后的操作中不再将其判断为拼写错误。

打开素材“4.4.7.indd”,首先选择文本框架对象,在“字符”面板中指定“语言”为“英语”,选择“编辑 / 拼写检查 / 拼写检查”命令,接着在弹出的“拼写检查”对话框中单击“开始”,可以看到第一栏中列出的软件自动检查出的需要更改的单词是“tha”,在第二栏中可以输入更改为的单词,或者在“建议校正为”列表中选择单词“the”,然后单击“全部更改”,如图 4-52 所示。

图 4-52

4.4.8 显示隐含的字符

打开素材“4.4.8.indd”,若要在设置文字格式和编辑文字时显示隐含的字符,执行“文字 / 显示隐含的字符”命令或使用快捷键Ctrl+Alt+I,即可显示隐含的字符,如图 4-53 所示。

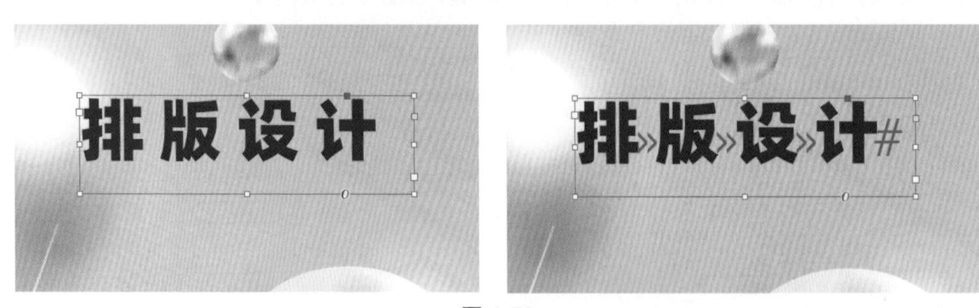

图 4-53

4.4.9 避头尾设置

在文本排版中,有一些标点符号是不能位于行首或行尾的。因此, InDesign 提供了“避头尾设置”功能,以便用户指定不能出现在行首或行尾的字符。执行“文字 / 避头尾规则设置”命令,弹出“避头尾规则集”对话框,在该对话框中可以进行相关字符的设置,如图 4-54 所示。

图 4-54

- 避头尾设置：在该选项设置避头尾的类型。
- 字符：在该选项中输入需要避免在头尾出现的字符。
- 添加：若要在某个栏中添加字符，先选中该栏目的空白字符格，然后在编辑框中输入字符并单击“添加”按钮。
- 新建：单击该按钮可以创建新的避头尾集。
- 存储 / 确定：单击“存储”或“确定”按钮可以存储设置。
- 取消：如果不想存储设置，单击“取消”按钮即可。
- 删除集：若要删除栏中的字符，选择该字符并单击该按钮。

4.5　制表符的应用

制表符是可以将文本定位在文本框架中特定水平位置的一组符号。使用制表符，可以针对整个段落设置首行缩进、文本对齐、小数位对齐及特殊字符对齐等。

首先选中文本对象，执行“文字 / 制表符”命令或使用快捷键Ctrl+Shift+T，弹出“制表符”对话框，如图 4-55 所示。此时“制表符”面板将显示在当前文本框架上方，且标尺宽度也将匹配当前文本框架。

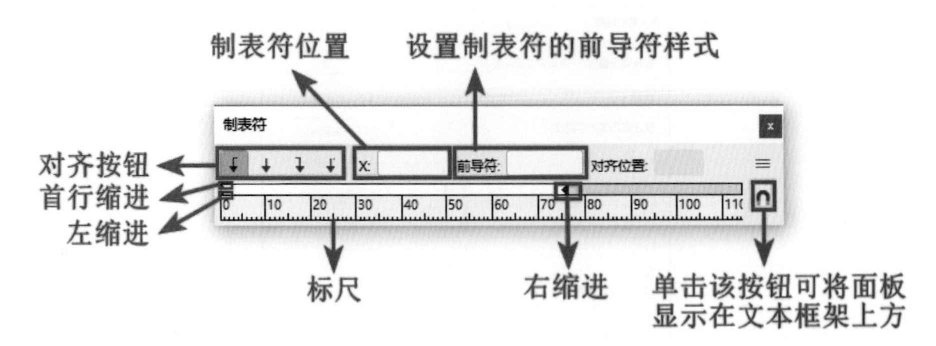

图 4-55

4.5.1 设置缩进

打开素材“4.5.1.indd”，选中文本框架，打开“制表符”面板，向右拖动“首行缩进”可设置文本首行缩进效果，如图 4-56 所示。

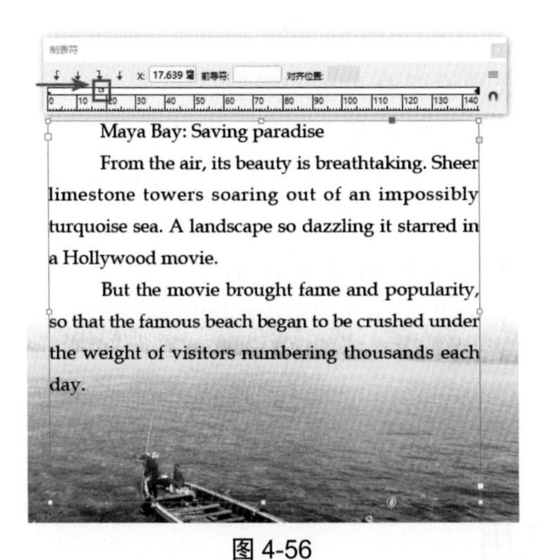

图 4-56

如果想要设置文本左缩进，拖动“左缩进”至适当位置后释放鼠标即可，如图 4-57 所示。

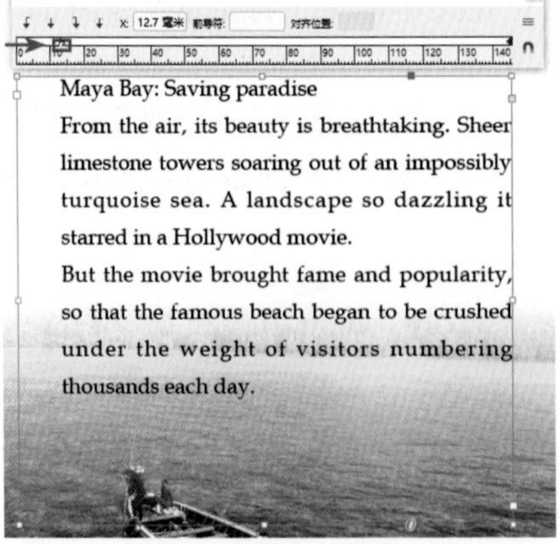

图 4-57

使用悬挂缩进时，将缩进段落中除第一行以外的所有行左缩进。如果想要设置悬挂左缩进，需要先按住 Shift 键，再拖动“左缩进”符号至适当位置后释放鼠标即可，如图 4-58 所示。选中缩进符号后，可在“制表符位置”编辑框中输入数值并按 Enter 键，可以精确地定位标志符的位置。

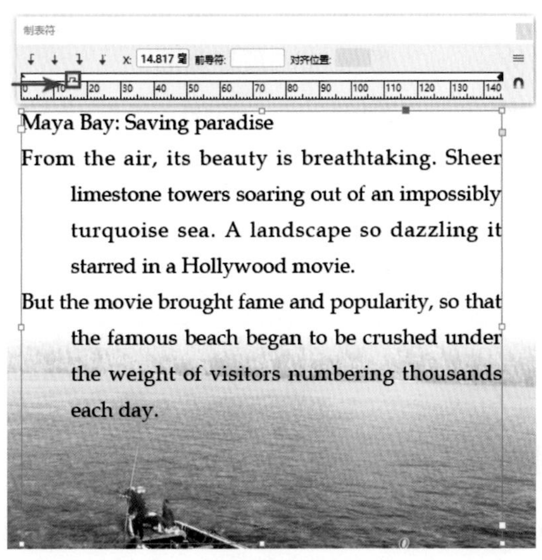

图 4-58

4.5.2　设置文本对齐

打开素材“4.5.2.indd”，首先选中文本框架，打开“制表符”面板，单击“制表符”面板中的“将面板放在文本框架上方”，将面板显示在该文本框架上方。接着单击“左对齐制表符”，然后在标尺上方单击，可添加一个左对齐制表符，在“制表符位置”编辑框中输入数值“5 毫米”，按回车键精确地定位制表符位置。采用同样方法，在 80 毫米处添加左对齐制表符。单击“居中对齐制表符”按钮，分别在 50 毫米和 120 毫米处添加居中对齐制表符，如图 4-59 所示。

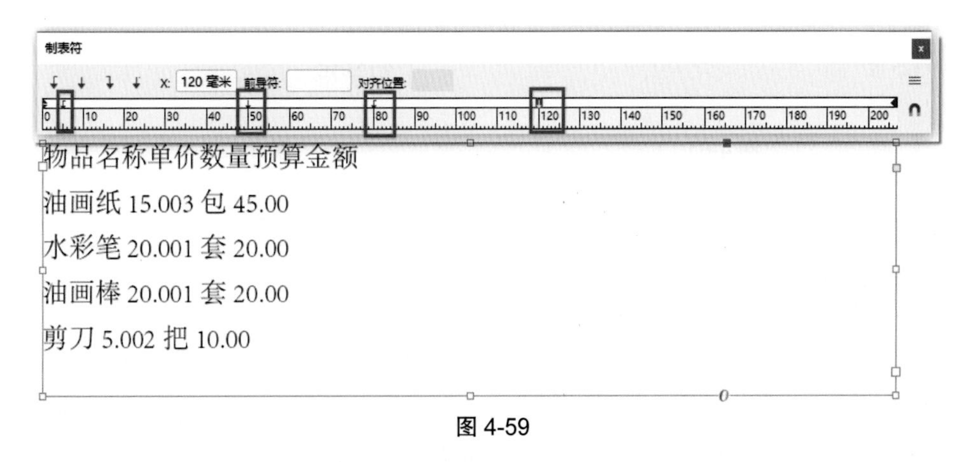

图 4-59

选择“文字工具”，在需要设置对齐的文本前插入文本光标，按 Tab 键，将文本分开，此时文本将按照“制表符”面板中设置的对齐制表符执行相应的对齐操作，效果如图4-60所示。

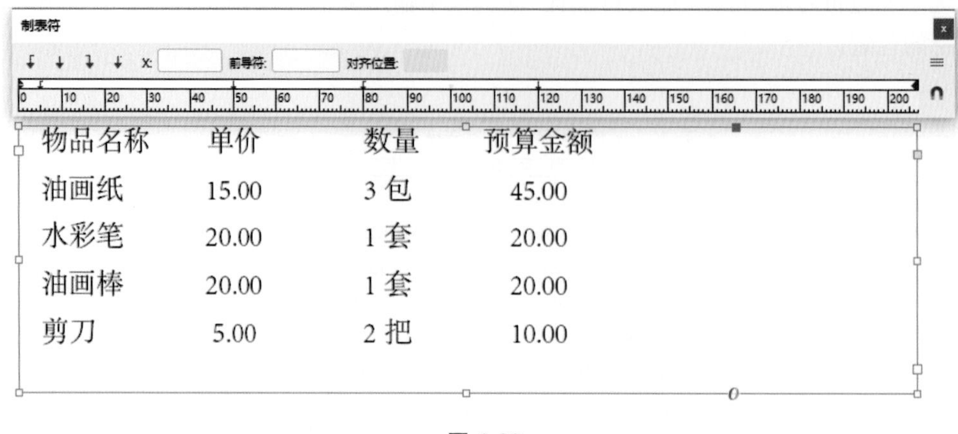

物品名称	单价	数量	预算金额
油画纸	15.00	3包	45.00
水彩笔	20.00	1套	20.00
油画棒	20.00	1套	20.00
剪刀	5.00	2把	10.00

图4-60

4.5.3 设置小数位对齐

打开素材“4.5.3.indd”，首先选中文本框架，打开“制表符”面板，单击“制表符”面板中的“将面板放在文本框架上方”，将面板显示在该文本框架上方。其次单击“居中对齐制表符”按钮，在“制表符位置”编辑框中输入数值“50px”，按Enter键精确地定位制表符位置。然后选择“文字工具”在需要设置对齐的文本前插入文本光标，按Tab键进行居中对齐，如图4-61所示。最后单击“对齐小数位(或其他指定字符)制表符”，此时文本会根据设置的制表符进行相应的对齐操作，如图4-62所示。

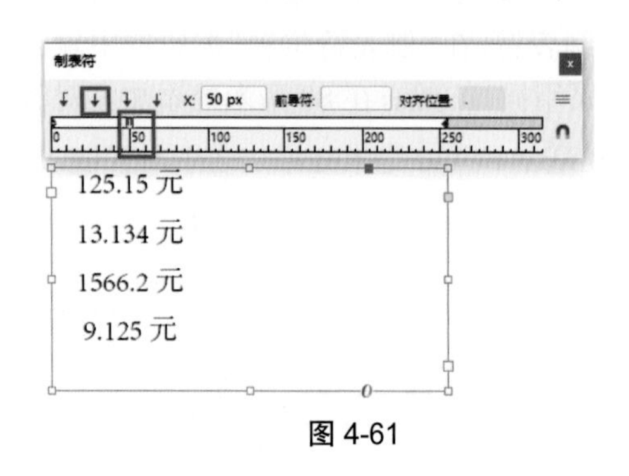

图4-61

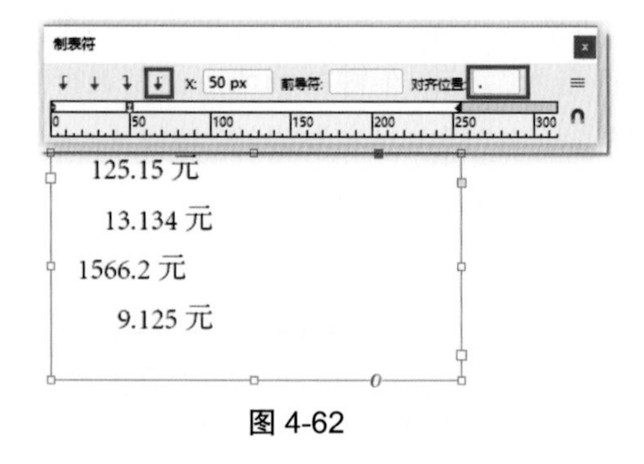

图4-62

4.6 脚注的应用

在排版过程中，有时需要对文档中的某些词语进行注解，此时就用到了脚注。脚注由两部分组成：显示在文本中的脚注编号和在栏底部的脚注文本。脚注会自动编号，并且脚注的编号样式、外观和位置等可进行编辑。

4.6.1　创建脚注

打开素材“4.6.indd”，在文本中插入光标，执行“文字 / 插入脚注”命令，此时插入位置出现脚注编号，文本框下方呈文本输入状态，使用键盘输入脚注文本，即可创建脚注，如图 4-63 所示。

图 4-63

4.6.2　编辑脚注

执行“文字 / 文档脚注选项”命令，打开“脚注选项”对话框，在该对话框“编号与格式”选项面板中可设置脚注引用编号和脚注文本的编号样式，如图 4-64 所示。设置完毕单击“确定”即可更改脚注编号样式，如图 4-65 所示。

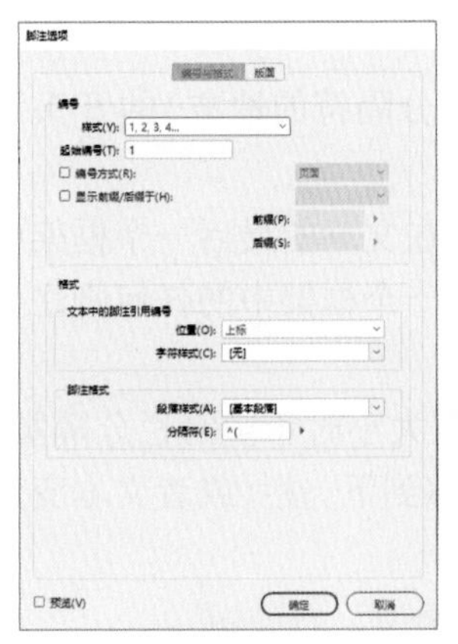

图 4-64

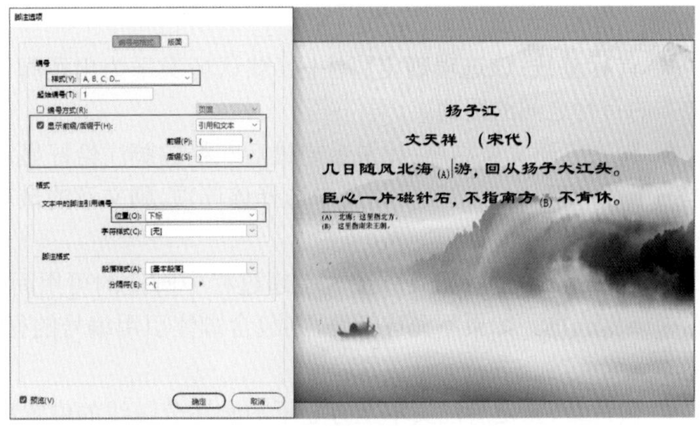

图 4-65

- 样式：选择脚注引用编号的编号样式。
- 起始编号：指定文章中起始脚注的号码。

● 编号方式：如果要在文档中对脚注重新编号，则选中该复选框并选择“页面”“跨页”或“节”以确定重新编号的位置。

● 显示前缀 / 后缀于：选中该复选框可显示脚注引用、脚注文本或两者中的前缀或后缀。前缀出现在编号之前，如“（1”，而后缀出现在编号之后，如“1）”。

● 位置：该选项确定脚注引用编号的位置，默认情况下为“上标”。

● 字符样式：可选项选择字符样式来设置脚注引用编号的格式。

● 段落样式：为文档中的所有脚注选择一个段落样式来设置脚注文本的格式。

● 分隔符：分隔符确定脚注编号和脚注文本开头之间的空白。

在弹出的“脚注选项”对话框中选择“版面”选项卡，如图 4-66 所示。在该选项卡可以设置页面脚注部分外观的选项，如图 4-67 所示。

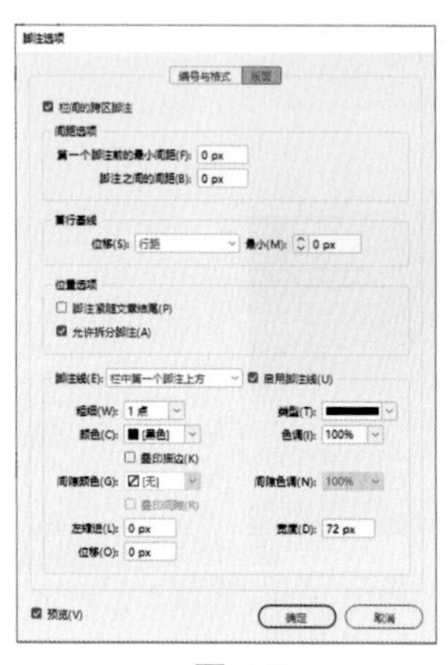

图 4-66

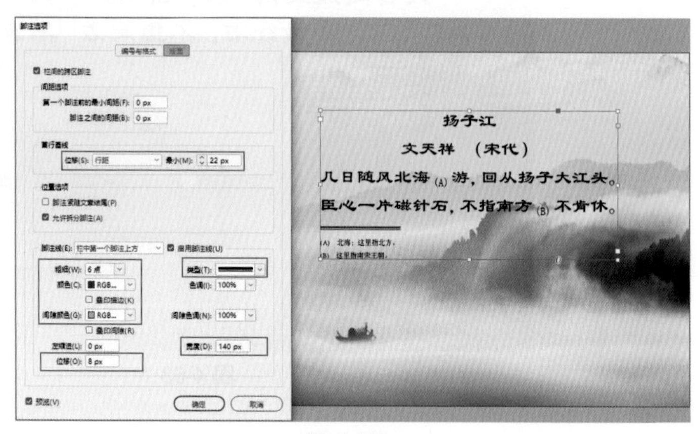

图 4-67

● 第一个脚注前的最小间距：该选项确定栏底部和首行脚注之间的最小间距大小，注意此项不能使用负值。

● 脚注之间的间距：该选项确定栏中某一脚注的最后一个段落与下一脚注的第一个段落之间的距离。注意此项不能使用负值，仅当脚注包含多个段落时，才可应用脚注段落中的“段前距 / 段后距”值。

● 首行基线：该选项确定脚注区（默认情况下为出现脚注分隔符的地方）的开头和脚注文本的首行之间的距离。

● 脚注紧随文章结尾：如果希望最后一栏的脚注恰好显示在文章的最后一个框架中的文本的下面，则选中该选项。如果未选择该选项，则文章的最后一个框架中的任何脚注显示在栏的底部。

● 允许拆分脚注：如果脚注大小超过栏中脚注的可用间距大小时希望跨栏分隔脚注，则选中该复选框。如果不允许拆分，则包含脚注引用编号的行移到下一栏，或者文本变为溢流文本。

● 脚注线：指定脚注文本上方显示的脚注分隔线的位置和外观。

4.7　项目符号的应用

添加项目符号就是在每个段落的起始处添加符号、数字编号、字母等，使文档结构更加有条理。打开素材“4.7.indd”，首先选中文字对象，单击“文字工具”T，在控制面板中单击“段落格式控制”段，切换到段落控制面板，再单击“项目符号列表”，可为文本添加项目符号，如图 4-68 所示。

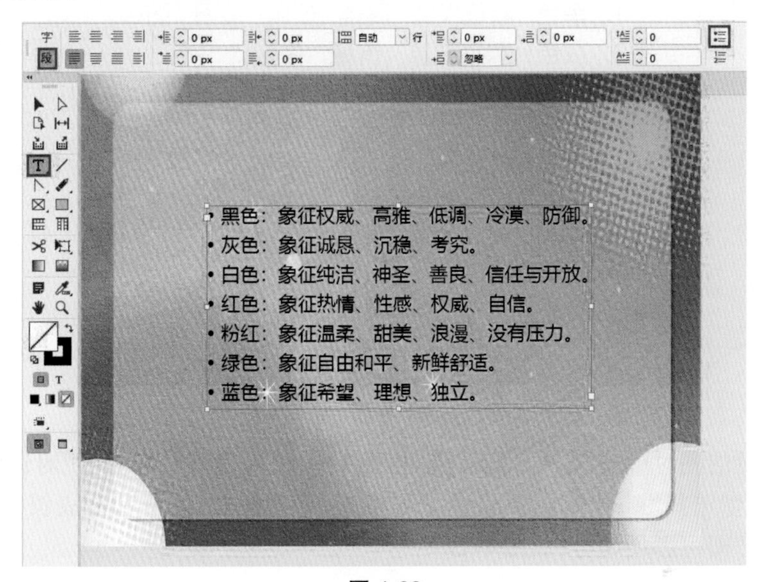

图 4-68

按住 Alt 键的同时单击“项目符号列表”，可以打开“项目符号和编号”对话框，在“项目符号字符”列表中选择所需的项目符号，并在对话框中设置项目符号对齐方式、缩进和制表符位置等相关参数，单击“确定”按钮，即可添加项目符号，如图 4-69 所示。单击“添加”可打开“添加项目符号”对话框，在该对话框中可以选择其他类型符号添加到“项目符号字符”列表中。

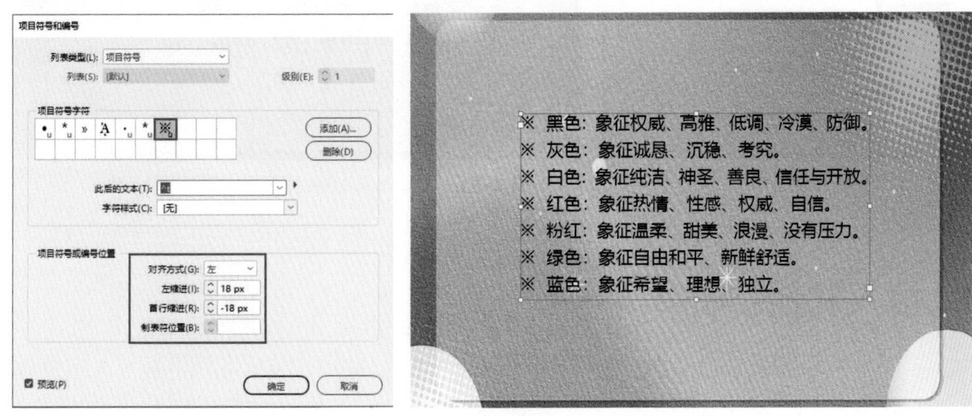

图 4-69

选中文字对象，在段落控制面板单击“编号列表”，可为文本添加编号，如图 4-70 所示。

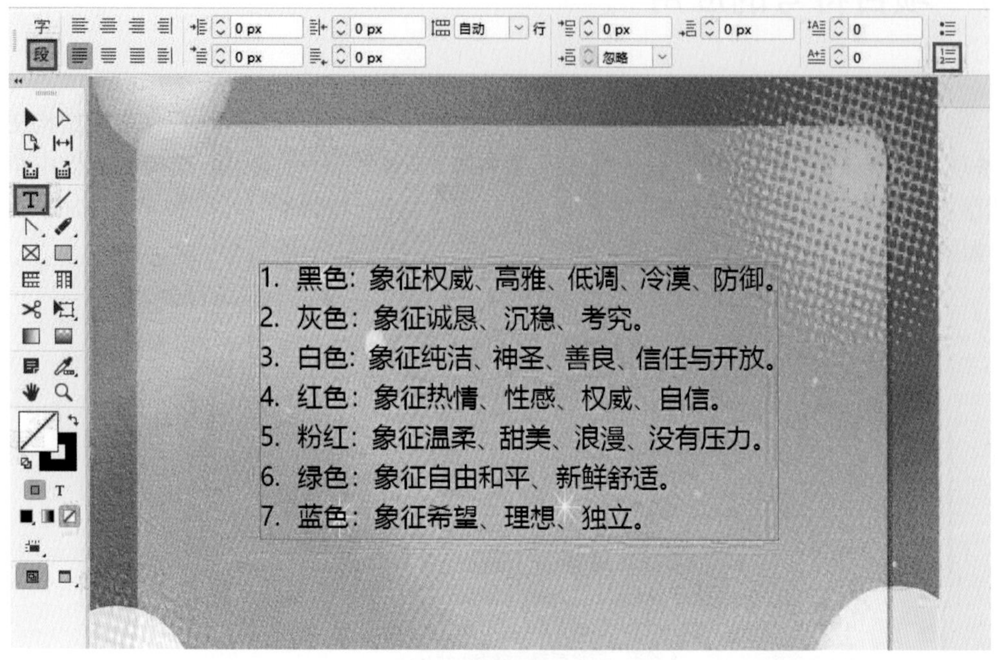

图 4-70

按住Alt键的同时单击“编号列表”，也可以打开“项目符号和编号”对话框，在该对话框中的列表类型选择“编号”，然后设置编号格式、字符样式、缩进和制表符位置等相关参数，单击“确定”即可添加编号，如图 4-71 所示。

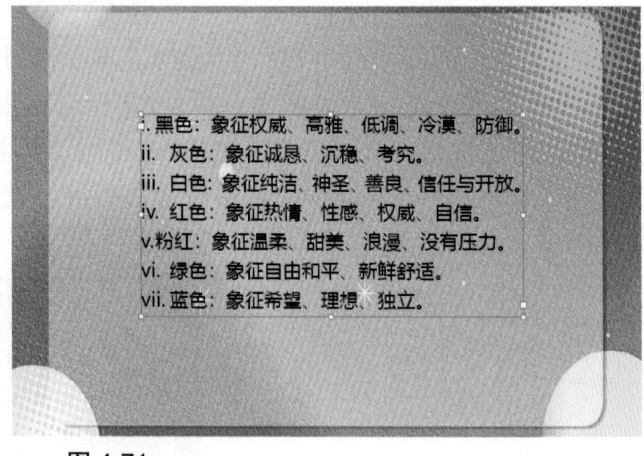

图 4-71

4.8　插入其他字符

用户可以在 InDesign 的编辑过程中插入特殊字符，例如项目符号、版权符号、注册商标符号和省略号等。打开素材“4.8.indd”，使用“文字工具”T，在希望插入字符的地方放置插入光标，然后执行“文字 / 插入特殊字符”命令，即可在菜单中选择任意类别的符号选项，如图 4-72 所示。

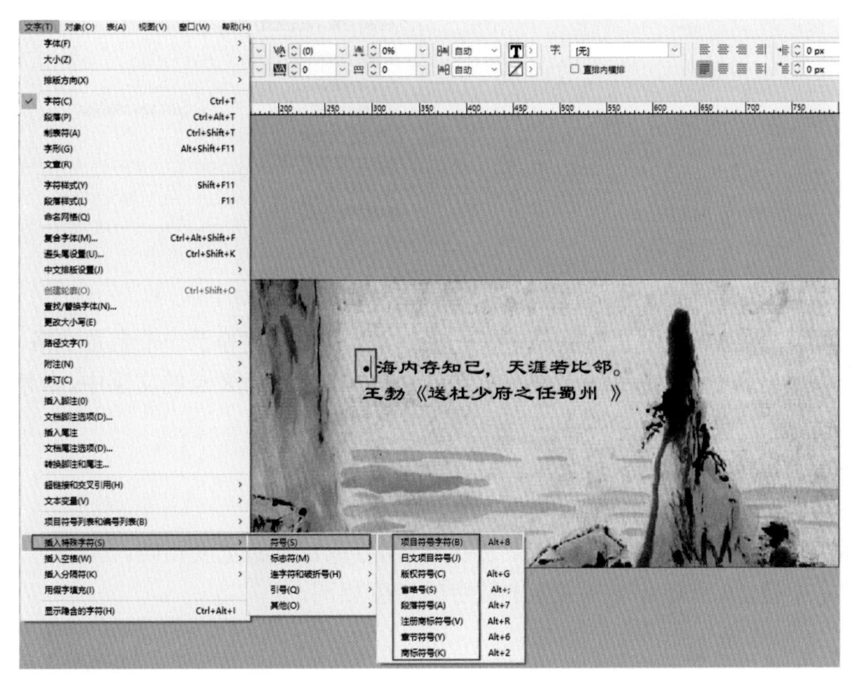

图 4-72

4.9　插入空格

在使用 InDesign 编辑文档时，经常会需要插入空格字符。打开素材“4.9.indd”，使用“文字工具”T，在希望插入空格的地方插入光标，接着执行“文字 / 插入空格 / 表意字空格”命令，即可在文本中插入空格。执行“文字 / 显示隐藏字符”命令，可查看插入的空格字符，如图 4-73 所示。

图 4-73

在“插入空格”命令的子菜单中有多种插入空格字符的类型可供用户选择，如图 4-74 所示。

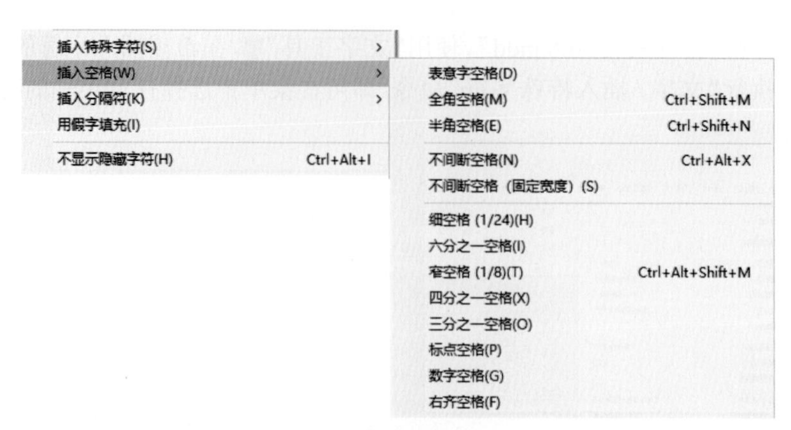

图 4-74

● 表意字空格：表意字空格就是中文空格，该空格的宽度等于一个全角空格。

● 全角空格：该空格宽度等于文字大小。例如，在大小为 8 点的文字中，全角空格的宽度为 8 点。

● 半角空格：该空格宽度为全角空格的一半。

● 不间断空格：该空格宽度与按下空格键的宽度相等。

● 标点空格：该空格宽度与字体中感叹号、句号或冒号的宽度相同。

● 数字空格：该空格宽度与字体中数字的宽度相同。

4.10 插入分隔符

在文本中插入特殊分隔符，可对栏、框架和页面进行分隔。使用“文字工具”T在需要出现分隔的地方插入光标，然后执行“文字 / 插入分隔符”命令，在子菜单中选择一个分隔符选项，如图 4-75 所示。

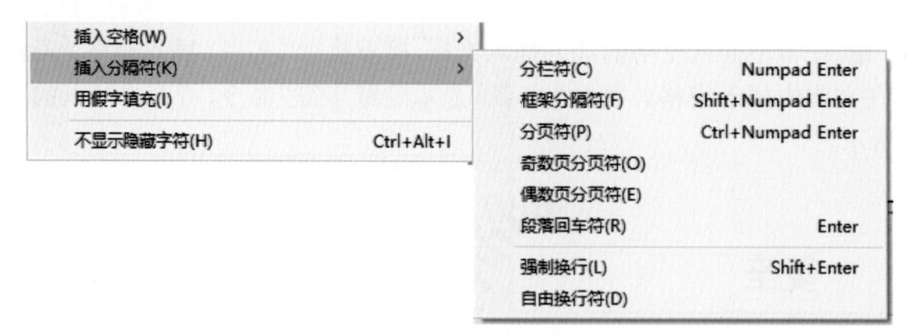

图 4-75

● 分栏符：该命令可将文本排列到当前文本框架内的下一栏。如果当前框架只包含一栏，则文本可转到下一个串接文本框架。

● 框架分隔符：该命令可将文本排列到下一个串接文本框架中，而不考虑当前文本框架的栏设置。

- 分页符：该命令可将文本排列到下一页面。
- 奇数页分页符：该命令可将文本排列到下一奇数页面。
- 偶数页分页符：该命令可将文本排列到下一偶数页面。
- 段落回车符：该命令可在文本光标所在位置分段。

打开素材“4.10.indd”，使用“文字工具”T，在希望插入分隔符的地方插入光标，接着执行“文字 / 插入分隔符 / 段落回车符”命令，即可将文本进行分段，使段落更加清晰、有条理，如图 4-76 所示。

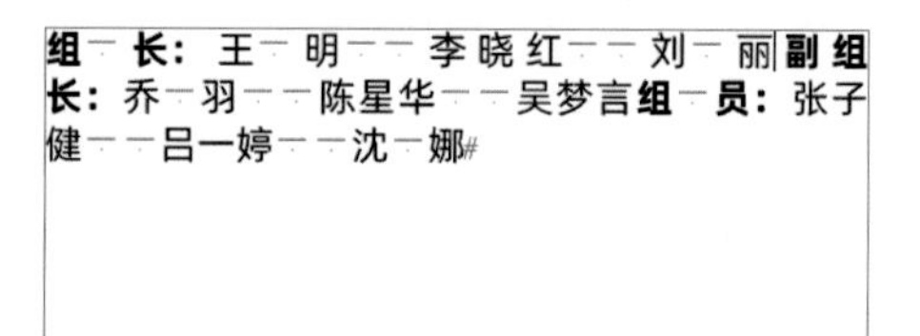

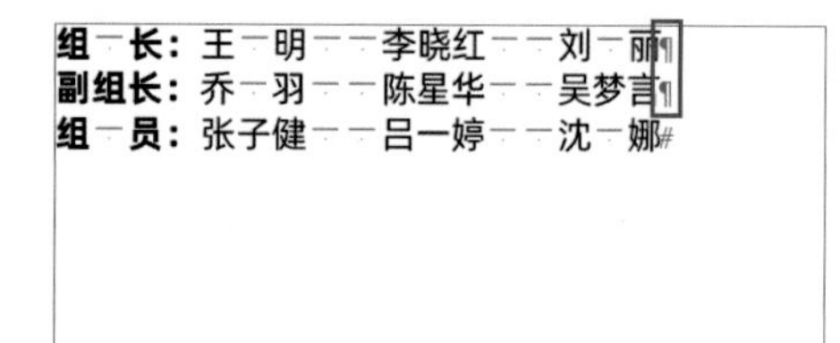

图 4-76

4.11　串接文本

在 InDesign 中，文本可独立于某个框架，也可在多个框架之间连续排文。要在多个框架之间连续排文，必须先将框架连接起来。连接的框架可以位于同一页或跨页，也可位于文档的其他页面中。在框架之间连接文本的过程称为串接文本。

4.11.1　创建串接文本

每个文本框架都包含一个入口和一个出口，这些端口用来与其他文本框架进行连接，如图 4-77 所示。

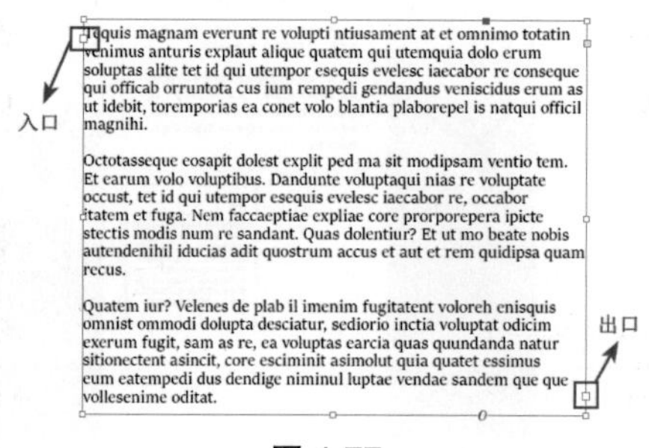

图 4-77

空的入口和出口分别表示文章的开头和结尾，带箭头的端口表示该框架连接到另一个框架，如图 4-78 所示。

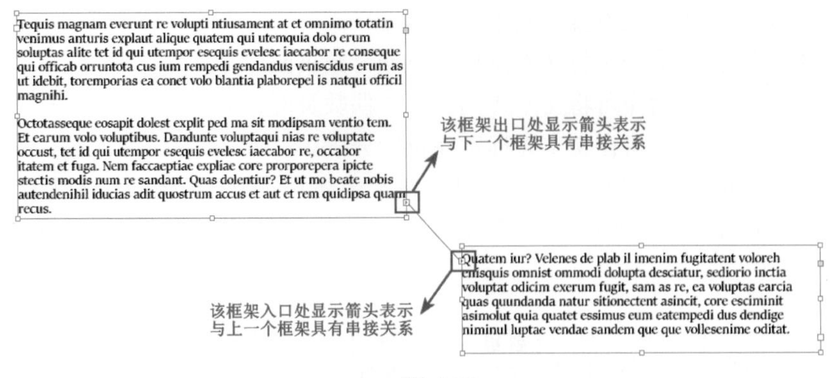

图 4-78

出口有红色“+”号表示该文本由于没有足够的空间放置，所以其中有一部分未能显示，这些剩余的不可见文本称作溢流文本，如图 4-79 所示。

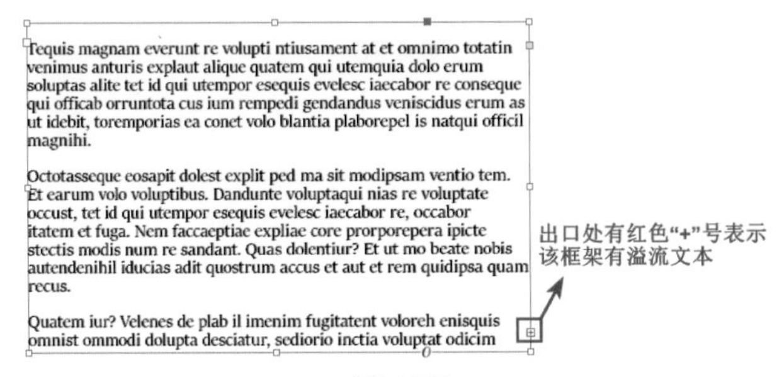

图 4-79

1. 创建串接文本

打开素材“4.11.1.indd”，使用“选择工具”▶选中文本框架，然后单击出口，按住鼠标左键拖动创建一个新的文本框架，此时多余的文本就被显示在了新的框架中，如图 4-80 所示。

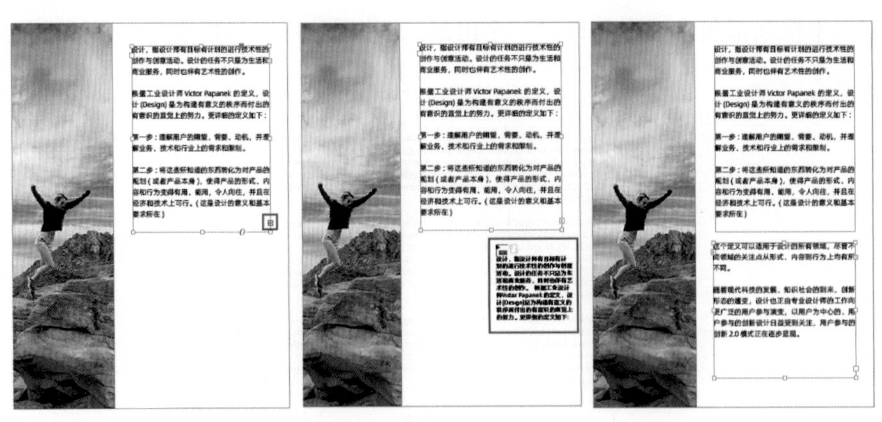

图 4-80

2. 与已有文本框架串接

如果文档中已经包含文本框架，也可将当前文本框架与已有框架进行串接。使用“选择工具”▶选中一个文本框架，单击入口或出口，将载入文本图标移至要串接的文本框架上，当光标转换为串接图标时单击鼠标，即可将两个文本框架串接在一起，创建串接文本，如图 4-81 所示。

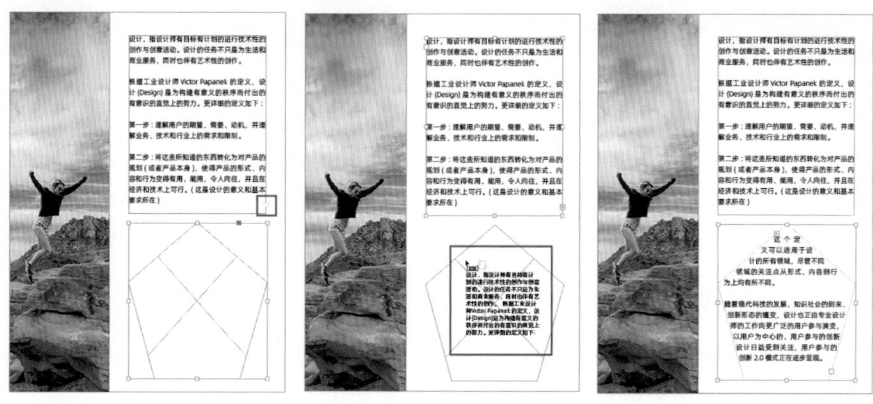

图 4-81

4.11.2 剪切 / 删除串接文本

在 InDesign 中，可以在串接文本中剪切文本框架，然后将其粘贴到其他位置。剪切的框架将使用文本副本的形式，不会从原文中移去任何文本。打开素材“4.11.2.indd”，使用“选择工具”选择一个或多个文本框架，如图 4-82 所示。执行“编辑 / 剪切”命令，选择的框架从文本中消失，该框架内的文本内容都会自动移入到下一个框架中，如图 4-83 所示，第三个文本框架出现了溢流文本。

图 4-82　　图 4-83

执行“编辑 / 粘贴”命令，剪切的框架将以副本的形式再次被粘贴到文档中，形成一个独立的框架，如图 4-84 所示。当剪切的对象是最后一个框架时，其中的文本内容将移入上一个框架，成为溢流文本，如图 4-85 所示。

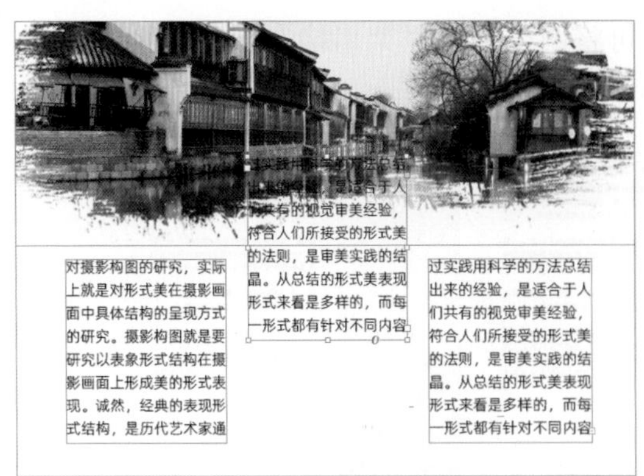

图 4-84

图 4-85

需要从串接文本中删除框架时，使用“选择工具”将其选中，直接按Delete键即可完成删除操作。删除串接文本框架时其中的文字内容并不会被一同删除。

4.12 手动 / 自动排文

在置入文本或创建串接文本过程中，当光标呈载入文本图标“”时，可以使用手动、半自动或自动排文方式将文本排入到文本框架或页面中。

4.12.1 手动排文

手动排文为默认的排文方式，在该方式下若排入的文本超出文本框架范围时，当文本到达框架末尾将停止排文（如果是串接框架，将在串接框架的最后一个框架停止排文），并产生溢流文本。

打开素材“4.12.indd”，执行“文件 / 置入”命令，选择素材“4.12.doc”，在“置入”窗口中取消选择“应用网格框架”复选项，单击“确定”，如图 4-86 所示。将鼠标移动到文档中，当光标转换为载入文本图标时单击鼠标，将文本置入到页面中，此时文本框架显示为溢流文本，需要使用串接文本的方法将溢流文本排入到其他框架中，如图 4-87 所示。

图 4-86

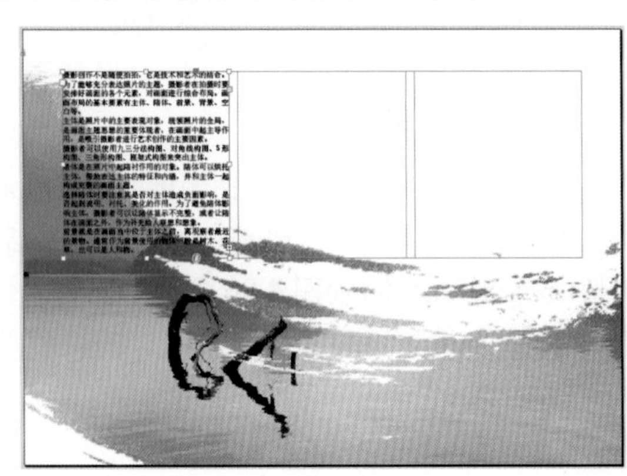

图 4-87

4.12.2　半自动排文

半自动排文方式与手动排文类似，区别在于当置入文本时，如果文本在某个框架中尚未完全显示，系统会自动显示载入文本图标，此时可根据需要将剩余文本置入到其他页面或框架中。

在素材“4.12.indd”中置入素材“4.12.doc”后，将鼠标移动到文本框架上，当光标转换为载入文本图标时按住Alt键，此时图标转换为半自动排文图标，如图 4-88 所示。在绘图区域多次单击鼠标左键，直至文本排满即可，如图 4-89 所示。

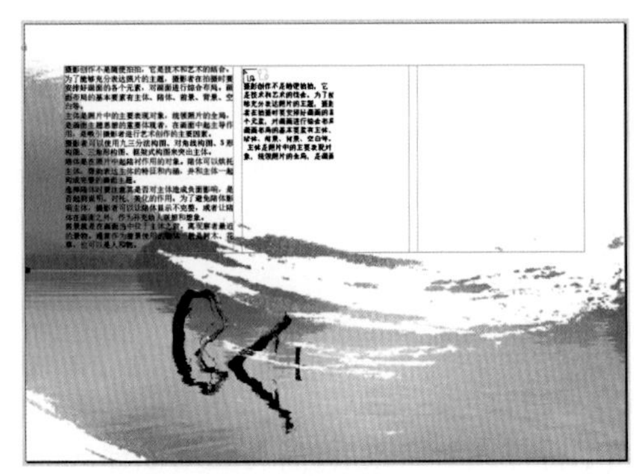

图 4-88

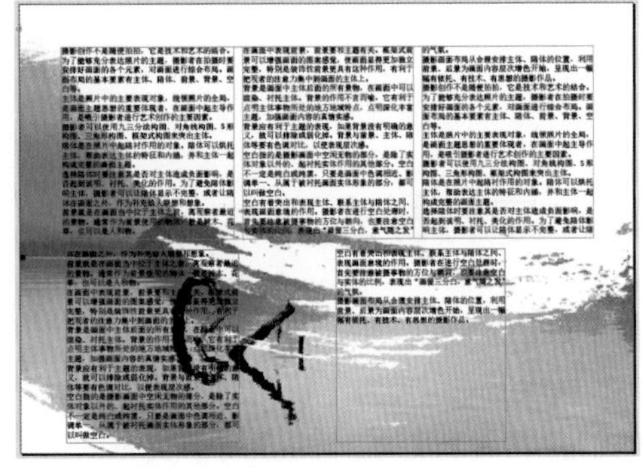

图 4-89

4.12.3　自动排文

置入文本后，在页面中按住Shift键，此时载入文本图标转换为自动排文图标。单击鼠标左键，文本即可按页面顺序自动排列在页面版心或分栏中，并且会根据文本内容的多少自动添加新的页面和框架，直到所有文本都排列到文档中，如图 4-90 和图 4-91 所示。

图 4-90

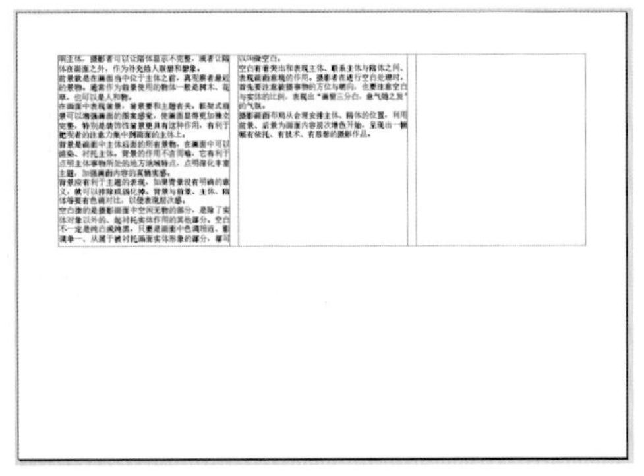

图 4-91

在页面中同时按住Shift和Alt键，载入文本图标转换为固定页面自动排文图标，单击鼠标左键，将进行固定页面自动排文，所有文本都会排列到文档中，根据需要添加框架，但不会添加新的页面，任何剩余的文本都将成为溢流文本，如图 4-92 所示。

图 4-92

4.13 字符样式

在 InDesign 中，为了快速改变文本对象的外观属性，可以通过“字符样式”面板设置字符样式，并将设置好的样式应用于文本对象。当字符样式被修改后，所有应用该样式的文本都会根据修改自动更新其格式。另外，字符样式的创建只针对当前文档，与其他文档字符样式的设置不会产生冲突。

4.13.1 创建字符样式

执行“窗口 / 样式 / 字符样式”命令或使用快捷键 Shift+F11，即可打开“字符样式”面板，如图 4-93 所示。选择“字符样式”面板菜单中的“新建字符样式”，可打开“新建字符样式”对话框，如图 4-94 所示。

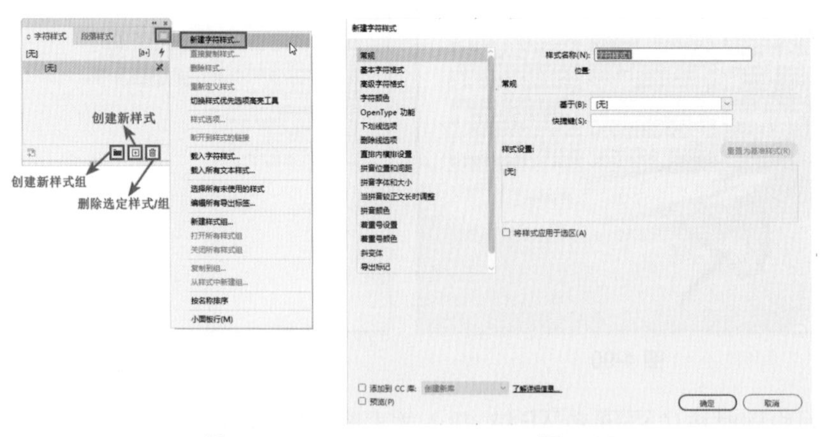

图 4-93 图 4-94

可以在“新建字符样式”对话框的左侧列表中选择要设置的字符样式类型，在右侧选项面板进行具体设置。默认打开的是“常规”选项。

- 样式名称：该项用来设置字符样式的名称。

● 基于：新建字符样式可基于已有的字符样式创建。如果要创建一个新样式，最好保留默认设置“[无]”。

● 快捷键：在该编辑框中单击，按住 Shift 键或 Ctrl 键的同时，按下小键盘中的数字键，即可设置该样式的快捷键。

● 样式设置：该区域显示已设置的字符属性，单击右侧的“重置为基准样式”，可以清除设置的字符属性。

在左侧列表中，单击“基本字符格式”，参照设置字符属性的方法，可以设置字符样式的属性；单击“字符颜色”，在色板列表中可以选择字符样式的颜色。按照具体需求可以选择左侧列表的其他选项进行设置，完成字符样式的设置后，单击“确认”按钮，创建的样式显示在“字符样式”面板中，如图 4-95 所示。

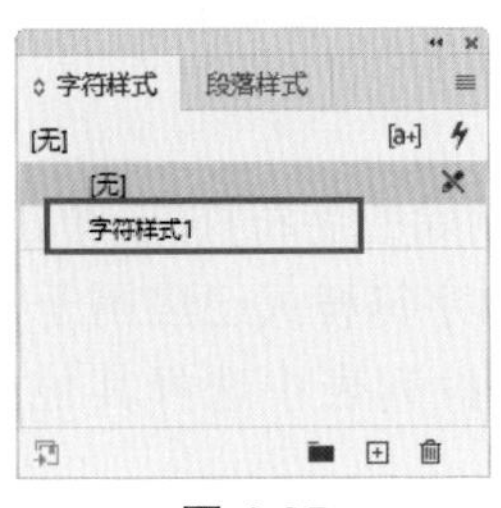

图 4-95

4.13.2　应用字符样式

打开素材“4.13.indd”，选中文本，单击“字符样式”面板中创建好的字符样式（或使用样式的快捷键），即可对文本应用字符样式，效果如图 4-96 所示。

347 所大陆高校上榜！最新 ESI？排名出炉！
9 月 9 日晚，科睿唯安公布了 ESI 从 2011 年 1 月 1 日到 2021 年 6 月 30 日的统计数据。ESI 每 2 个月公布一次，均为上一次数据的基础上增加 2 个月的数据，但是每年 5 月份会去除掉最旧一年的数据。

347 所大陆高校上榜！最新 ESI？排名出炉！
9 月 9 日晚，科睿唯安公布了 ESI 从 2011 年 1 月 1 日到 2021 年 6 月 30 日的统计数据。ESI 每 2 个月公布一次，均为上一次数据的基础上增加 2 个月的数据，但是每年 5 月份会去除掉最旧一年的数据。

图 4-96

选中应用字符样式的文本，单击“字符样式”面板中的“[无]”，可以清除所选文本应用的字符样式，并恢复为初始状态。

4.13.3　编辑字符样式

1. 更新字符样式

双击“字符样式”面板中已创建的字符样式，可打开“字符样式选项”对话框，在对话框左侧选择要更新的字符样式选项，然后在右侧选项区域进行相应的编辑，单击“确定”，可更新字符样式。此时，页面中应用了该字符样式的文本会自动更新。

2. 复制字符样式

选中“字符样式”面板中需要复制的字符样式，选择面板菜单中的“直接复制样式”，可弹出“直接复制字符样式”对话框，单击该对话框中的“确定”，即可直接复制字符样式，如图 4-97 所示。

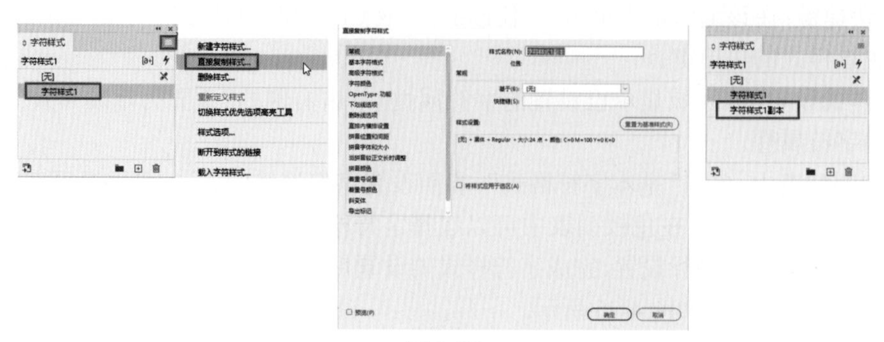

图 4-97

3. 删除字符样式

在“字符样式”面板中选择要删除的字符样式，单击面板底部的“删除选定样式 / 组”，即可删除字符样式。如果要删除的字符样式已应用于当前文档中，系统会弹出“删除字符样式”对话框，可在“并替换为”下拉列表中选择其他样式替换要删除的样式，如图 4-98 所示。

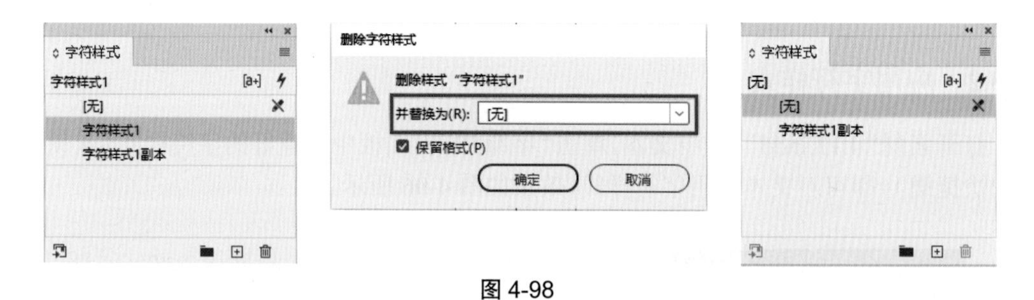

图 4-98

4.14 段落样式

在 InDesign 中，可以通过“段落样式”面板设置段落样式，并将设置好的样式应用于文本对象。和字符样式一样，善用段落样式也可以加快工作效率。

4.14.1 创建段落样式

执行“窗口 / 样式 / 段落样式”命令或使用快捷键 F11，即可打开“段落样式”面板，选择“段落样式”面板菜单中的“新建段落样式”，可打开“新建段落样式”对话框，如图 4-99 所示。

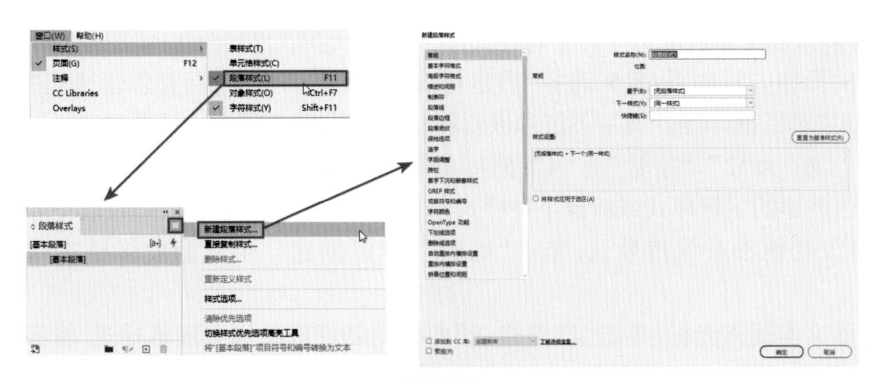

图 4-99

参照“字符样式”的设置方法，在“新建段落样式”对话框的左侧列表中选择要设置的段落样式类型，在右侧选项面板进行具体设置，完成段落样式的设置后，单击“确认”，创建的样式将显示在“段落样式”面板中，如图 4-100 所示。

图 4-100

4.14.2　应用段落样式

打开素材“4.14.indd”，将光标插入文本段落中或选中段落中的某些文本，单击“段落样式”面板中创建好的段落样式（或使用样式的快捷键），此时光标所在的整个段落将会应用该段落样式，如图 4-101 所示。

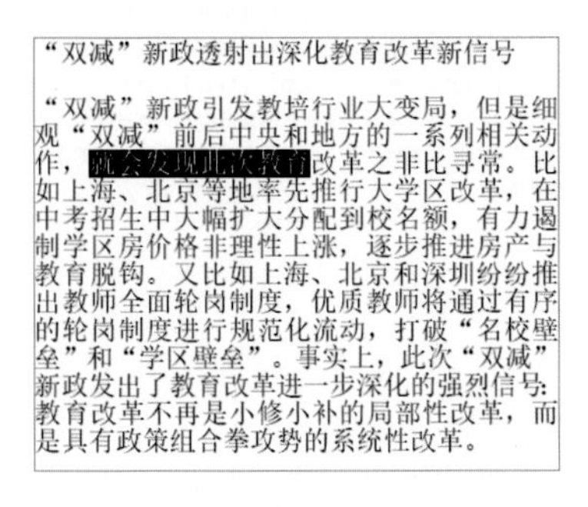
“双减”新政透射出深化教育改革新信号

“双减”新政引发教培行业大变局，但是细观“双减”前后中央和地方的一系列相关动作，就会发现此次教育改革之非比寻常。比如上海、北京等地率先推行大学区改革，在中考招生中大幅扩大分配到校名额，有力遏制学区房价格非理性上涨，逐步推进房产与教育脱钩。又比如上海、北京和深圳纷纷推出教师全面轮岗制度，优质教师将通过有序的轮岗制度进行规范化流动，打破“名校壁垒”和“学区壁垒”。事实上，此次“双减”新政发出了教育改革进一步深化的强烈信号：教育改革不再是小修小补的局部性改革，而是具有政策组合拳攻势的系统性改革。

“双减”新政透射出深化教育改革新信号

“双减”新政引发教培行业大变局，但是细观“双减”前后中央和地方的一系列相关动作，就会发现此次教育改革之非比寻常。比如上海、北京等地率先推行大学区改革，在中考招生中大幅扩大分配到校名额，有力遏制学区房价格非理性上涨，逐步推进房产与教育脱钩。又比如上海、北京和深圳纷纷推出教师全面轮岗制度，优质教师将通过有序的轮岗制度进行规范化流动，打破“名校壁垒”和“学区壁垒”。事实上，此次“双减”新政发出了教育改革进一步深化的强烈信号：教育改革不再是小修小补的局部性改革，而是具有政策组合拳攻势的系统性改革。

图 4-101

4.14.3　应用嵌套段落样式

在 InDesign 中，可以将一个或多个字符样式嵌套进段落样式。这种样式称为嵌套段落样式，适用于一个段落中包含多种字符样式的情况。例如，对段落的前两个字符应用一种字符样式，对剩余的文本应用另一种字符样式。

具体的操作方法如下：首先选择“段落样式”面板菜单中的“新建段落样式”，打开“新建段落样式”对话框，单击“首字下沉和嵌套样式”，在右侧选项卡中设置首字下沉的相关参数，例如“行数”为“2”，“字数”为“4”；然后单击“新建嵌套样式”，在激活的设置项下拉列表中选择已创建的字符样式或新建字符样式，单击右侧编辑框将其激活，在其中修改嵌套字符数为“4”，其他参数保持默认，单击“确定”，即可创建一个嵌套段落样式，如图 4-102 所示。

在段落文本插入光标，单击“段落样式”面板中创建好的嵌套段落样式，将其应用到段落文本中，效果如图 4-103 所示。

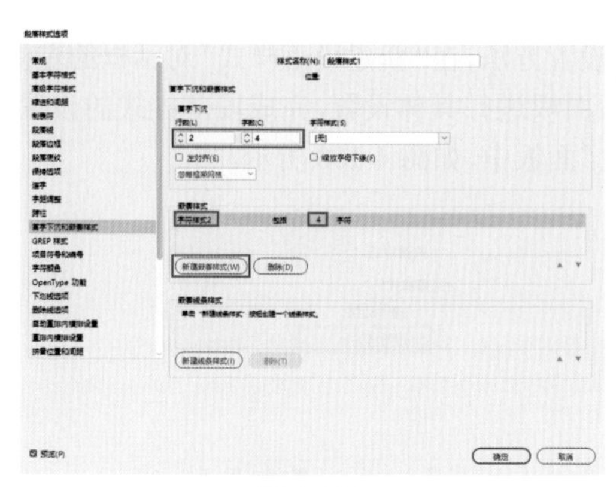

图 4-102

"双减"新政透射出深化教育改革新信号

"双减"新政引发教培行业大变局，但是细观"双减"前后中央和地方的一系列相关动作，就会发现此次教育改革之非比寻常。比如上海、北京等地率先推行大学区改革，在中考招生中大幅扩大分配到校名额，有力遏制学区房价格非理性上涨，逐步推进房产与教育脱钩。又比如上海、北京和深圳纷纷推出教师全面轮岗制度，优质教师将通过有序的轮岗制度进行规范化流动，打破"名校壁垒"和"学区壁垒"。事实上，此次"双减"新政发出了教育改革进一步深化的强烈信号：教育改革不再是小修小补的局部性改革，而是具有政策组合拳攻势的系统性改革。

"双减"新政透射出深化教育改革新信号

"双减"新政引发教培行业大变局，但是细观"双减"前后中央和地方的一系列相关动作，就会发现此次教育改革之非比寻常。比如上海、北京等地率先推行大学区改革，在中考招生中大幅扩大分配到校名额，有力遏制学区房价格非理性上涨，逐步推进房产与教育脱钩。又比如上海、北京和深圳纷纷推出教师全面轮岗制度，优质教师将通过有序的轮岗制度进行规范化流动，打破"名校壁垒"和"学区壁垒"。事实上，此次"双减"新政发出了教育改革进一步深化的强烈信号：教育改革不再是小修小补的局部性改革，而是具有政策组合拳攻势的系统性改革。

图 4-103

4.14.4 更新段落样式

双击“段落样式”面板中的段落样式，可打开“段落样式选项”对话框，在对话框左侧列表中选择要更新的段落样式选项，然后在右侧选项区域对段落样式进行编辑，单击“确定”，可更新段落样式。此时，页面中应用了该段落样式的文本会自动更新。

4.14.5 复制段落样式

选中“段落样式”面板中的样式，选择面板菜单中的“直接复制样式”，弹出“直接复制段落样式”对话框，单击该对话框中的“确定”，可直接复制段落样式。

4.14.6　删除段落样式

在“段落样式”面板中选择要删除的段落样式，单击面板底部的“删除选定样式 / 组”🗑，即可删除段落样式。如果要删除的段落样式已应用于当前文档中，系统会弹出“删除字符样式”对话框，可在“并替换为”下拉列表中选择其他样式替换要删除的样式，如图 4-104 所示。

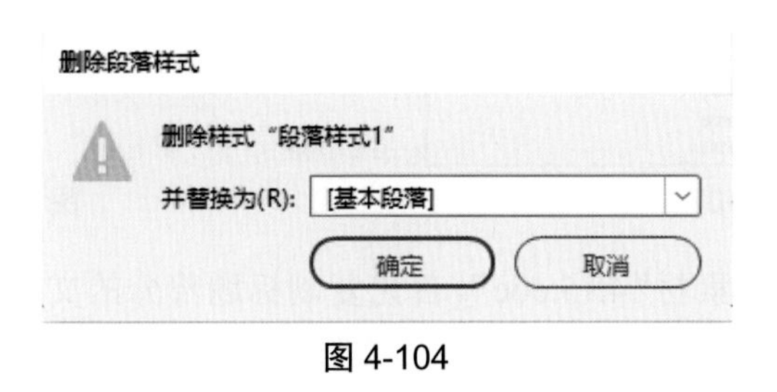

图 4-104

4.15　综合案例实战——书籍内页设计

（1）执行“文件 / 新建 / 文档”命令，在“新建文档”对话框中设置文件名称为“书籍内页”，文档大小选择 A4 尺寸，方向为纵向，页面为 2，出血值设置为 3 毫米，单击“边距和分栏”，如图 4-105 所示。接着弹出“新建边距和分栏”对话框，直接单击“确认”，如图 4-106 所示。

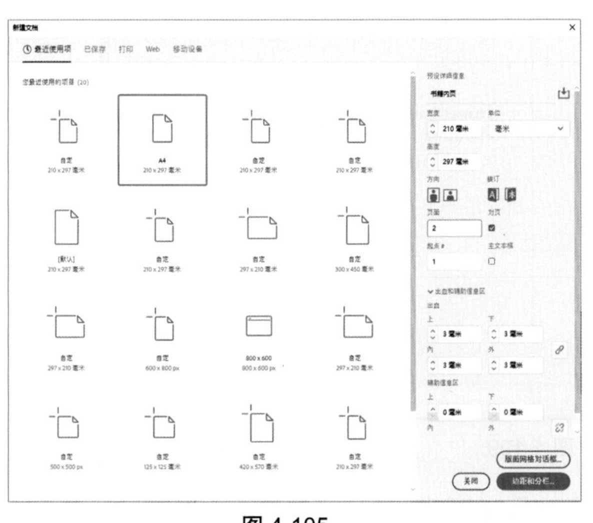

图 4-105

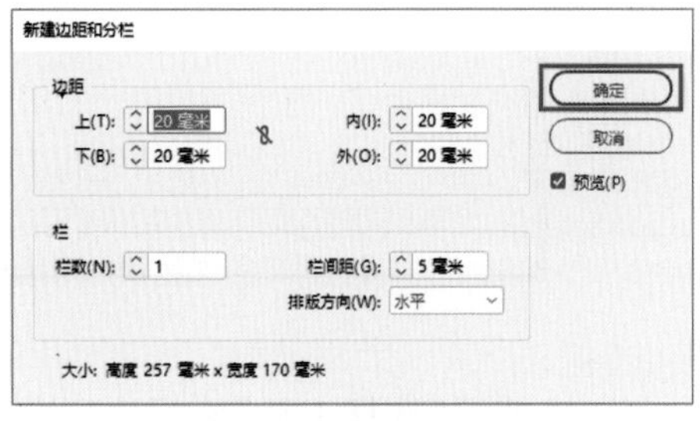

图 4-106

（2）执行“窗口 / 页面”命令或使用快捷键 F12，打开“页面”面板。单击“页面”面板菜单按钮，取消勾选“允许文档页面随机排布”，如图 4-107 所示。在第 2 页上按住鼠标左键进行拖曳，将其移到第 1 页左侧，松开鼠标，效果如图 4-108 所示。

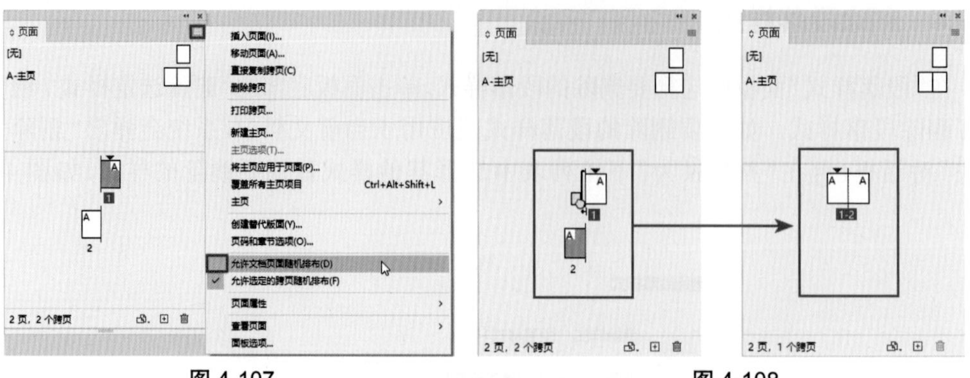

图 4-107　　　　图 4-108

（3）在 Word 中打开素材“4.15.doc”，首先复制标题部分的文字，然后在 InDesign 中选择“文字工具”T，在页面 1 上方按住鼠标左键拖曳绘制出一个文本框，执行“编辑 / 粘贴”命令，将标题粘贴到框架中，在控制栏中设置字体样式、字体大小、字体颜色，设置段落对齐方式为“双齐末行齐左”。使用同样的方法输入其他副标题文字和“Key word（关键词）”段落，如图 4-109 所示。

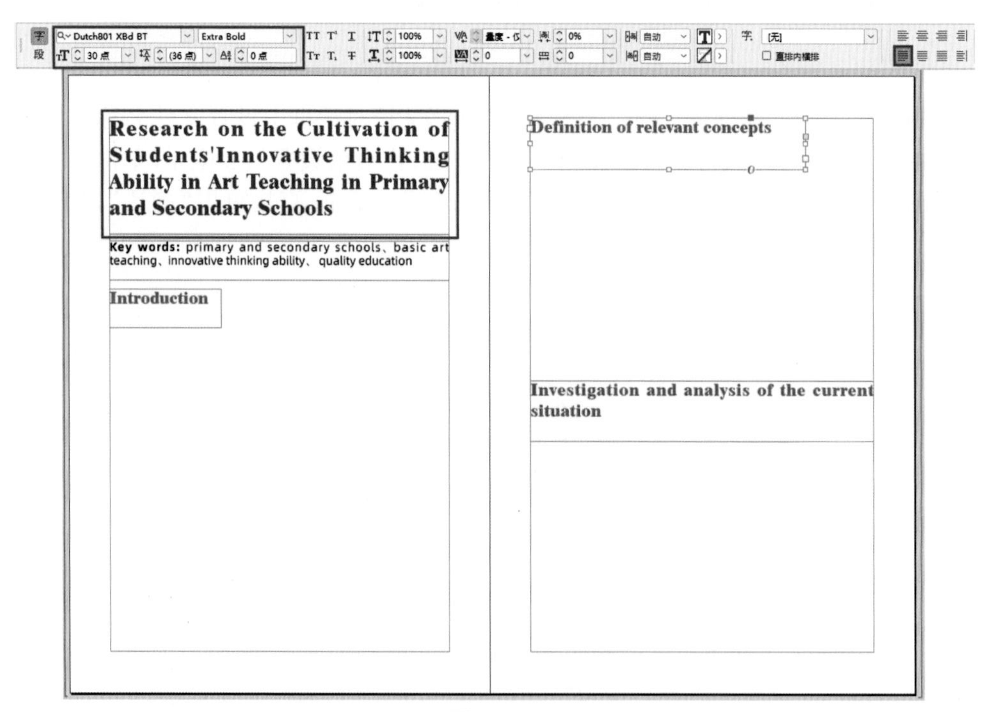

图 4-109

（4）使用“选择工具”框选所有文字对象，在控制栏单击“框架适合内容”，效果如图 4-110 所示。

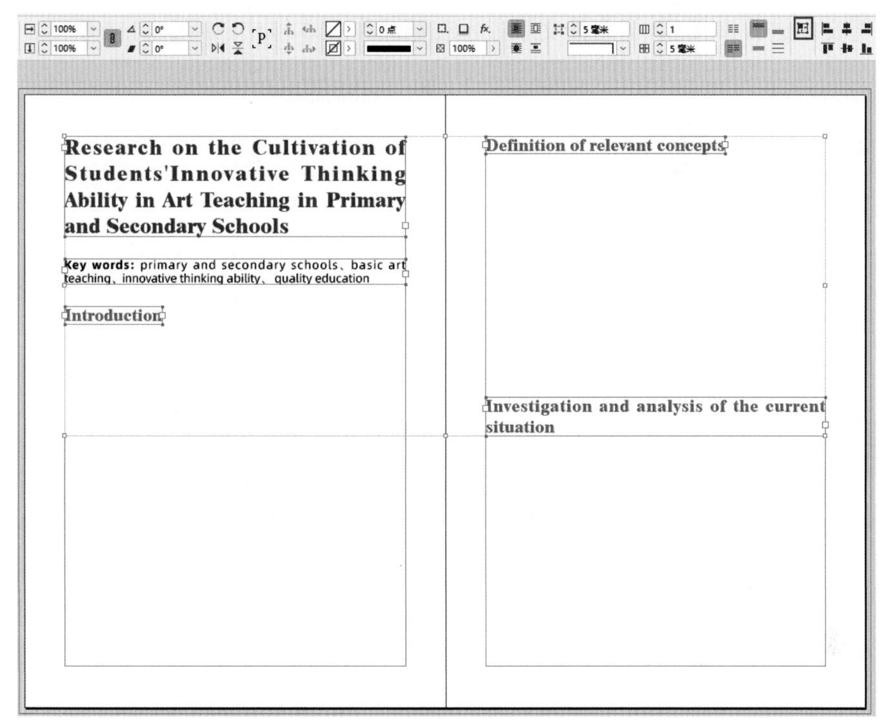

图 4-110

（5）接着进行正文部分的制作，首先在素材“4.15.doc”中复制第一段正文，然后在 InDesign 中选择“文字工具”按钮，在画面中按住鼠标左键拖曳出两个文本框，如图 4-111 所示。

（6）使用“文字工具”按钮单击第一个文本框，插入光标后，执行“编辑 / 粘贴”命令，将正文粘贴到框架中，如图 4-112 所示。

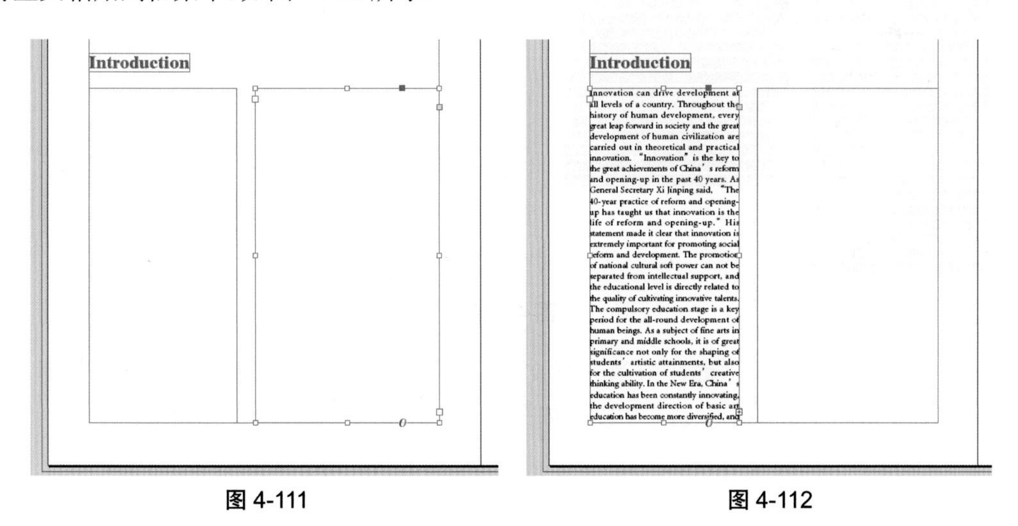

图 4-111　　图 4-112

（7）由于第一个文本框无法显示全部的文字内容，产生溢流文本，需使用“选择工具”单击文本框右下角的红色“+”，然后将鼠标移动到第二个文本框上，当光标变成载入文本图标“”时，单击鼠标左键，如图 4-113 所示。

（8）将文本进行串接后，多余的文字显示在第二个文本框中，如图 4-114 所示。

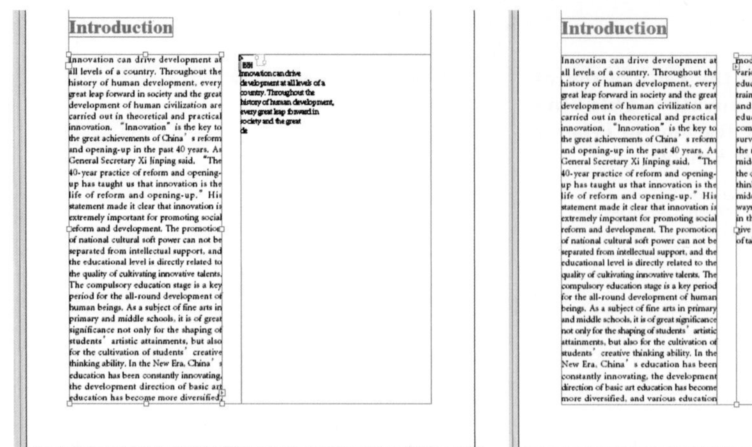

图 4-113　　　　图 4-114

（9）使用“文字工具”T选中所有正文文本，执行“窗口 / 文字和表 / 字符”命令，在“字符”面板中设置字体样式、大小、行距等相关参数；然后执行“窗口 / 文字和表 / 段落”命令，打开“段落”面板，设置段落对齐方式为“全部强制双齐”，如图 4-115 所示。

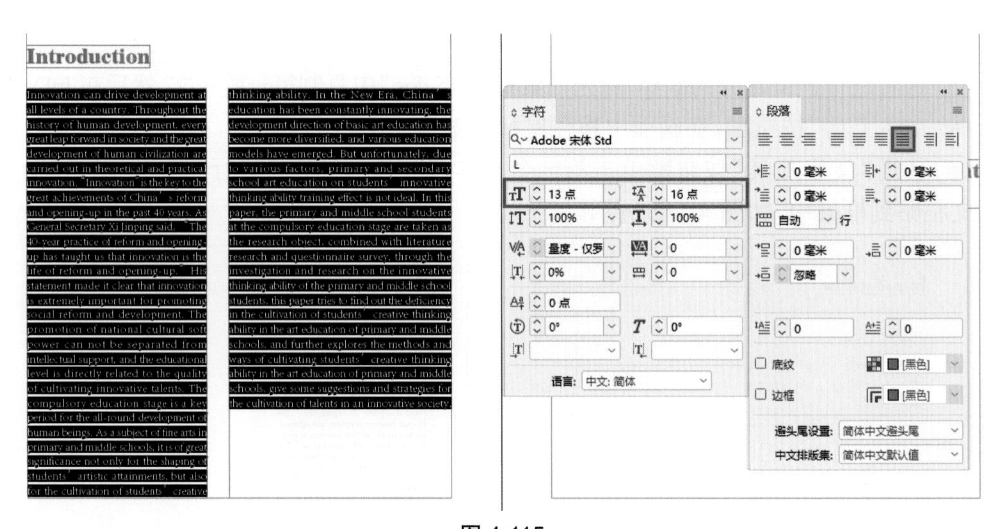

图 4-115

（10）使用“文字工具”T选中第一行文本，在“段落”面板中设置“首字下沉行数”为“3”，“首字下沉一个或多个字符”为“2”，如图 4-116 所示。

In novation can drive development at all levels of a country. Throughout the history of human development, every great leap forward in society and the great development of human civilization are carried out in theoretical and practical innovation. "Innovation" is the key to the great achievements of China's reform and opening-up in the past 40 years. As General Secretary Xi Jinping said, "The 40-year practice of reform and opening-up has taught us that innovation is the life of reform and opening-up." His statement made it clear that innovation is extremely important for promoting social reform and development. The promotion of national cultural soft power can not be separated from intellectual support, and the educational level is directly related to the quality of cultivating innovative talents. The compulsory education stage is a key period for the all-round development of human beings. As a subject of fine arts in primary and middle schools, it is of great significance not only for the shaping of students' artistic attainments, but also for the cultivation of students' creative thinking ability. In the New Era, China's education has been constantly innovating, the development direction of basic art education has become more diversified, and various education models have emerged. But unfortunately, due to various factors, primary and secondary school art education on students' innovative thinking ability training effect is not ideal. In this paper, the primary and middle school students at the compulsory education stage are taken as the research object, combined with literature research and questionnaire survey, through the investigation and research on the innovative thinking ability of the primary and middle school students, this paper tries to find out the deficiency in the cultivation of students' creative thinking ability in the art education of primary and middle schools, and further explores the methods and ways of cultivating students' creative thinking ability in the art education of primary and middle schools, give some suggestions and strategies for the cultivation of talents in an innovative society.

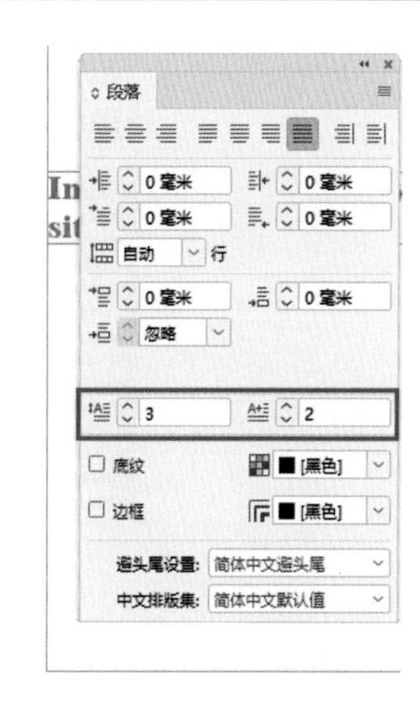

图 4-116

（11）接下来制作页面 2 的正文部分，首先在素材“4.15.doc”中复制第二段正文，然后在 InDesign 中选择“文字工具”T，在画面中按住鼠标左键拖曳出一个文本框，插入光标后，执行“编辑 / 粘贴”命令，将正文粘贴到框架中，并在“字符”面板中设置字体样式、大小、行距等相关参数，如图 4-117 所示。

Definition of relevant concepts

Both now and in the past, countries have referred to the concept of "Innovation" very often in their development. From the philosophical point of view, innovation is the high-level expression of human subjective initiative, human creativity and practice. Its essence is to break the conventional, is people in order to achieve a certain need to improve on the existing things or create. The word "Innovation" has a long history. But the more explicit theories of innovation were largely developed in the 20th century American economy. In short, innovation is the presentation of an idea that is different from the thinking or practices of ordinary people and existing modes of thinking, and that is based on current content and knowledge, using certain conditions, and out of its own idealized need, to be able to create and improve new things is for people to create some new elements or methods and conditions in order to bring satisfaction to the corresponding needs in the process of social development, and these creations can lead to very good results.

字符
Adobe 宋体 Std
L
13 点
16 点
100%
100%
量度 - 仅罗马字
0
0%
0
0 点
0°
0°
语言: 中文: 简体

图 4-117

（12）用同样的方法制作一个文本框并复制粘贴第三段正文，然后在“字符”面板设置相关选项，如图 4-118 所示。

Investigation and analysis of the current situation

In order to better explore and master the cultivation of creative thinking ability of students in primary and secondary school art education in our country and the existing problems, and then explore the causes of these problems and seek for solutions. In this paper, two primary and secondary schools in a city were chosen to distribute questionnaires to students. A total of 300 questionnaires were distributed and 280 valid questionnaires were collected, with an effective recovery rate of about 93% , the author also conducted a survey on 2 Primary School Art Teachers and 2 junior middle school art teachers in these four schools by means of interviews. The questionnaire design is based on the research needs. The author carefully analyzes the factors that influence the development of students' creative thinking ability, and based on this, has carried on the relevant investigation. The author thinks that the influence factors of art education on the development of students' innovative thinking ability can be divided into external factors and internal factors. External factors mainly include educational concept, teaching method, teaching organization form and teaching evaluation standard, while internal factors mainly focus on students' self-driving force and individual differences.

图 4-118

（13）单击工具箱中的“矩形框架工具”，在页面 2 的两段文本中间拖曳绘制出一个矩形框架，保持框架的选中状态，执行“文件 / 置入”命令，在弹出的“置入”窗口中选择素材“4.15.jpg”打开。将图片置入后单击鼠标右键，选择“显示性能 / 高品质显示”命令。然后在控制栏中单击“选择内容”，调整图像大小和位置，效果如图 4-119 所示。

（14）此时图像素材为外部链接文件状态，保持图像的选中，在“链接”面板中选择该图像单击鼠标右键，选择“嵌入链接”，将图像嵌入到文档中，如图 4-120 所示。

图 4-119

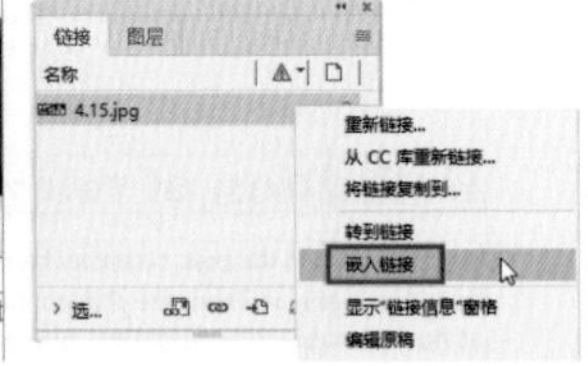

图 4-120

（15）单击工具箱中的“直线工具”，在页面 1 的“关键词”段落文本和副标题中间绘制一条直线，在控制栏设置直线描边颜色为“#0552ab”，填色为“无”，描边粗细为“5 点”，描边样式为“粗 - 粗”，如图 4-121 所示。

（16）单击工具箱中的“矩形工具”，在页面 1 的上方绘制两个矩形，分别设置“填色”为“#0552ab”和“#bdbdbd”，描边颜色设置为“无”，如图 4-122 所示。

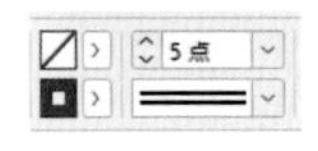

Key words: primary and secondary schools、basic art teaching、innovative thinking ability、quality education

Introduction

图 4-121

Research on the Cultivation of Students'Innovative Thinking Ability in Art Teaching in Primary and Secondary Schools

图 4-122

（17）框选绘制好的两个矩形，执行“编辑 / 复制”和“编辑 / 粘贴”命令，将复制的矩形组放置在页面 2 的上方，接着执行“对象 / 变换 / 水平翻转”命令，最后将 4 个矩形同时选中，单击控制栏中的“顶对齐”▮，如图 4-123 所示。

Research on the Cultivation of Students'Innovative Thinking Ability in Art Teaching in Primary and Secondary Schools

Key words: primary and secondary schools、basic art teaching、innovative thinking ability、quality education

Definition of relevant concepts

Both now and in the past, countries have referred to the concept of "Innovation" very often in their development. From the philosophical point of view, innovation is the high-level expression of human subjective initiative, human creativity and practice. Its essence is to break the conventional, is people in order to achieve a certain need to improve on the existing things or create. The word "Innovation" has a long history. But the more explicit theories of innovation were largely developed in the 20th century American economy. In short, innovation is the presentation of an idea that is different from the thinking or practices of ordinary people and existing modes of thinking, and that is based on current content and knowledge, using certain conditions, and out of its own idealized need, to be able to create and improve new things is for people to create some new elements or methods and conditions in order to bring satisfaction to the corresponding needs in the process of social development, and these creations can lead to very good results.

图 4-123

（18）最终效果如图 4-124 所示。

Research on the Cultivation of Students'Innovative Thinking Ability in Art Teaching in Primary and Secondary Schools

Key words: primary and secondary schools、basic art teaching、innovative thinking ability、quality education

Introduction

Definition of relevant concepts

Investigation and analysis of the current situation

图 4-124

根据本章所授知识，结合“任务习题”文件夹中提供的相关素材，制作文档大小为 A4 尺寸、页面数为 2 的书籍内页，效果如图 4-125 所示。

A
家居生活，也是一种享受
Home life is also a kind of enjoyment
室内装饰
Interior decoration

图 4-125

第 5 章　书籍排版

- 掌握图像处理的方法。
- 掌握表格的制作方法。
- 掌握创建与管理书籍文件的方法。
- 掌握页面的基本操作。
- 掌握设置主页的方法。
- 掌握设置页码的方法。
- 掌握创建与管理目录的方法。
- 掌握预检与输出的方法。

排版设计教学中始终贯彻“一切设计都应该为人，以人为目的，为人民服务，为人民服务是设计师的责任”的设计伦理与责任，并为艺术设计提供中国特色的切入点，在书籍设计课程中要逐步强化学生的社会责任感与使命感，以及对社会时事热点的关注和文化价值的传承。

InDesign 具有强大的图文排版功能，文字、图像、表格等元素组合在一起就构成了版面。书籍排版就是利用一定的技术使版面布局条理化。本章主要学习如何处理图像、创建表格、

设置页面属性、使用主页、设置页码，以及创建书籍文件和管理目录等内容，从而使书籍具有最佳的视觉效果。

5.1 图像的处理

图像元素是版面中不可缺少的一个部分，在排版设计中不仅能够起到信息传递的作用，更能够美化版面。

5.1.1 置入 Photoshop 图像

置入 Photoshop 文件时，可以利用 Photoshop 文件中的蒙版、路径或 Alpha 通道处理图像，也可以控制图层的显示情况。新建一个纵向的 A4 文档，在页面中创建一个和文档大小相同的框架，然后执行“文件 / 置入”命令。在弹出的“置入”对话框中选择素材文件“5.1.1 .psd”，单击“打开”，如图 5-1 所示。

在弹出的“图像导入选项”对话框中，可以选择需要置入的 Photoshop 文件的图像、颜色和图层，如图 5-2 所示。

选择“图层”选项卡，在这里可以设置图层的可视性并查看不同的图层，如果要置入的 Photoshop 文件中存储有路径、蒙版、Alpha 通道，那么还可以在列表中选择应用 Photoshop 路径或 Alpha 通道处理图像，如图 5-3 所示。

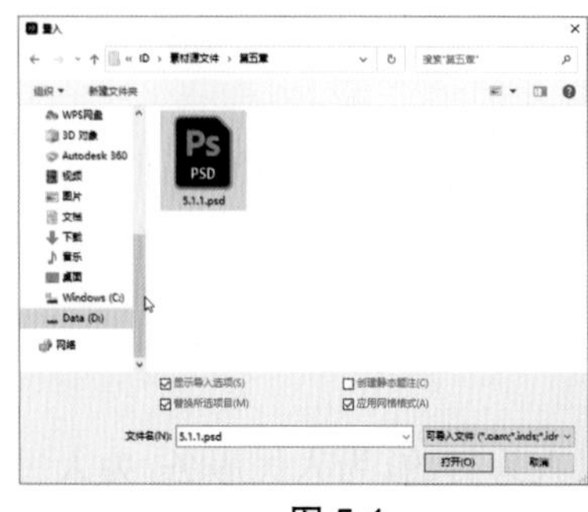

图 5-1

图 5-2

图 5-3

5.1.2 编辑置入图像

InDesign 本身不具备处理图像的功能，可以通过“编辑原稿”命令将置入的图像使用其他外部程序打开并进行编辑处理。

例如，新建高 45 厘米、宽 30 厘米的竖版文档，置入素材文件“5.1.2.psd”，然后执行“编辑 / 编辑原稿”命令，如图 5-4 所示，即可以通过打开 Photoshop 图像处理软件进行图像编辑处理，如图 5-5 所示；或者打开“链接”面板，在“链接”面板中选中图像，然后单击菜单按钮≡，选择“编辑原稿”命令，也可执行相同的操作，如图 5-6 所示。

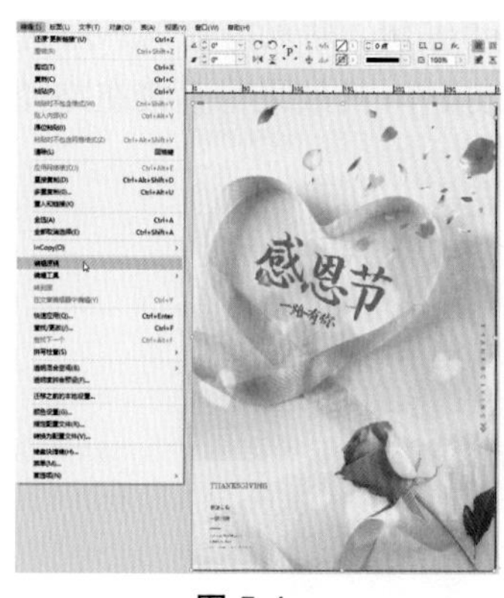

图 5-4

图 5-5

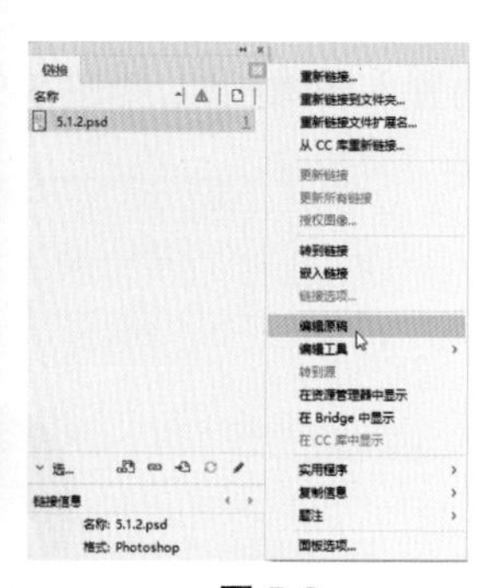

图 5-6

通过执行“编辑 / 编辑工具”命令，还可以选择其他本机安装过的图像处理软件进行相应的图像编辑处理。

5.1.3　图像裁切

在 InDesign 文档中置入图像后，利用系统提供的裁切命令或者通过创建图像的路径和图形的框架，可以有效地控制图像的可视范围。

1. 使用检测边缘进行图像裁切

使用“剪切路径”对话框中的“检测边缘”选项，可以隐藏图像中颜色最亮或最暗的区域，利用图像主体和背景的颜色差异设置图像的显示范围。打开素材“5.1.3.indd”，使用“选择工具”选中置入的图像，然后执行“对象 / 剪切路径 / 选项”命令。在弹出的“Clipping Path”（剪切路径）对话框中，选择“类型”下拉列表中的“检测边缘”选项，并通过调整阈值观察剪切效果，如图 5-7 所示。默认情况下，该命令会排除图像中最亮的色调；如若要排除最暗的色调，可勾选“反转”复选框，单击“确定”按钮，效果如图 5-8 所示。

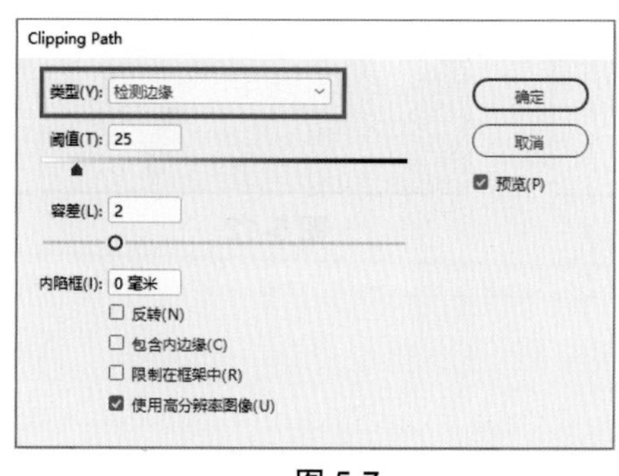

图 5-7

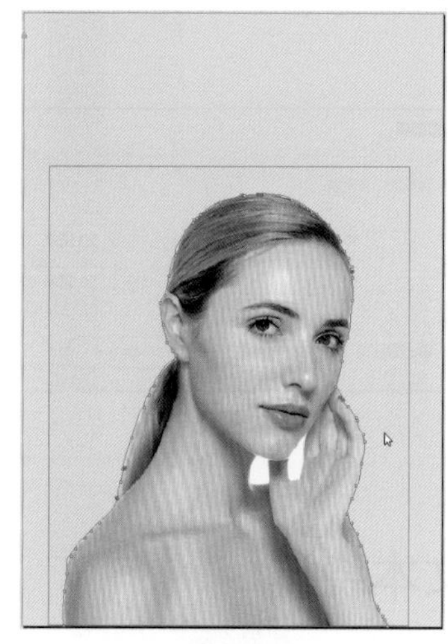

图 5-8

2. 将对象粘贴到框架内

在素材“5.1.3.indd”文档中创建一个框架（或路径），使用“选择工具”选中图像对象进行复制或剪切命令后，再选中多边形框架（或路径），执行“编辑 / 贴入内部”命令，可将图像粘贴到比其尺寸小的框架或路径内部，以实现图像的裁切操作，其效果与直接在路径或框架内置入图像相似，如图 5-9 和图 5-10 所示。

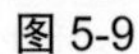
图 5-9

图 5-10

3. 利用转角效果裁切图像

选中图像框架，执行“对象 / 角选项”命令，在打开的“角选项”对话框中设置转角类型和大小，单击“确定”按钮，可得到相应的裁切效果，如图 5-11 和图 5-12 所示。

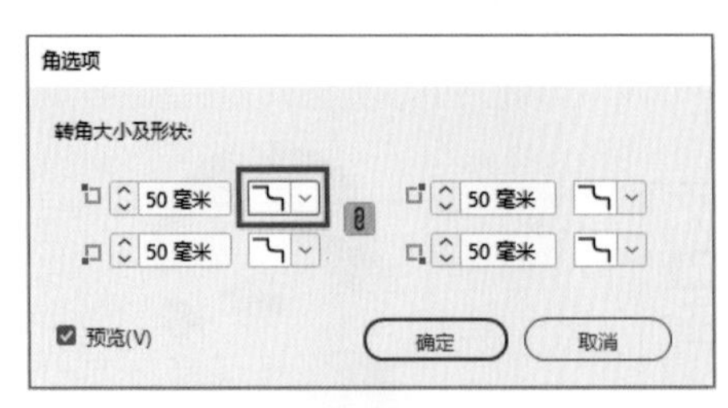

图 5-11

图 5-12

5.2 文本绕排

使用 InDesign 的文本绕排功能可以将文本绕排在文本框架、置入的图像和绘制的图形周围。

5.2.1　设置文本绕排

打开素材“5.2.indd”，执行“窗口 / 文本绕排”命令，打开“文本绕排”面板，然后选择要在其周围绕排文本的对象。在“文本绕排”面板第一行可以设置文本绕排的方式，如图 5-13 所示。

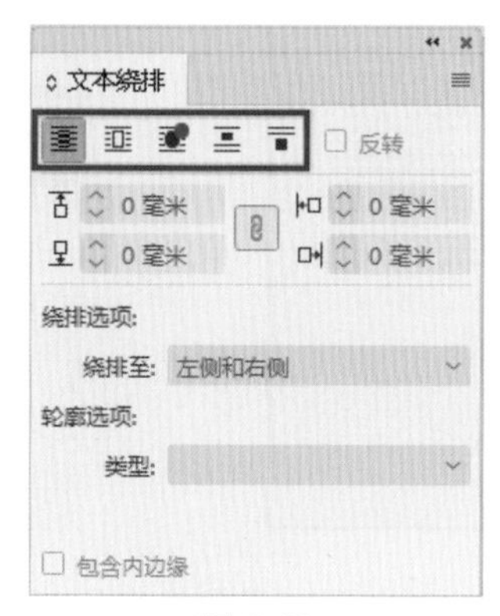

图 5-13

● 无文本绕排按钮：单击该按钮，将不会产生绕排效果，如图 5-14 所示。

● 沿定界框绕排按钮：选中图像对象，单击该按钮，并设置图像与绕排文本间的间隔距离，此时无论图像是什么形状，文本均沿图像定界框绕排，如图 5-15 所示。

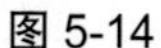

图 5-14　　图 5-15

● 沿对象形状绕排按钮：选中图像对象，单击该按钮，并设置图像与绕排文本间的间隔距离，此时文本将沿图像形状绕排，如图 5-16 所示。当为对象应用了“沿对象形状绕排”时，可在“文本绕排”面板中的“类型”下拉列表中选择合适的轮廓类型，如“定界框”“检测边缘”或“图形框架”等来设置绕排效果，如图 5-17 所示。

图 5-16

图 5-17

● 上下型绕排按钮：选中图像对象，单击该按钮，并设置图像与绕排文本间的间隔距离，此时文本自动分布于图像上方和下方，如图 5-18 所示。

● 下型绕排按钮：选中图像对象，单击该按钮，可使文本只排在图像上方，图像下方的其余文本会自动排列到当前页的下一页或下一栏，如图 5-19 所示。

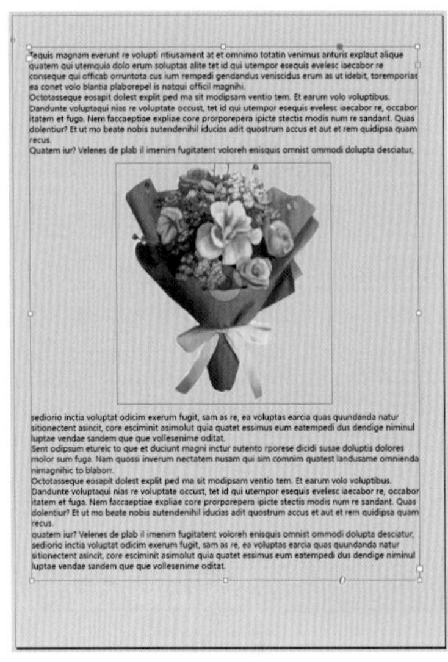

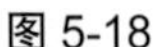

图 5-18

图 5-19

5.2.2 反转文本绕排

首先，使用“选择工具”或“直接选择工具”选中被文本绕排的对象，然后在“文本绕排”面板中设置对象的文本绕排方式（图 5-20 中选择的是“沿对象形状绕排”），若要反转文本绕排效果，可勾选“反转”复选框，如图 5-20 所示。勾选该复选框前后对比效果如图 5-21 所示。

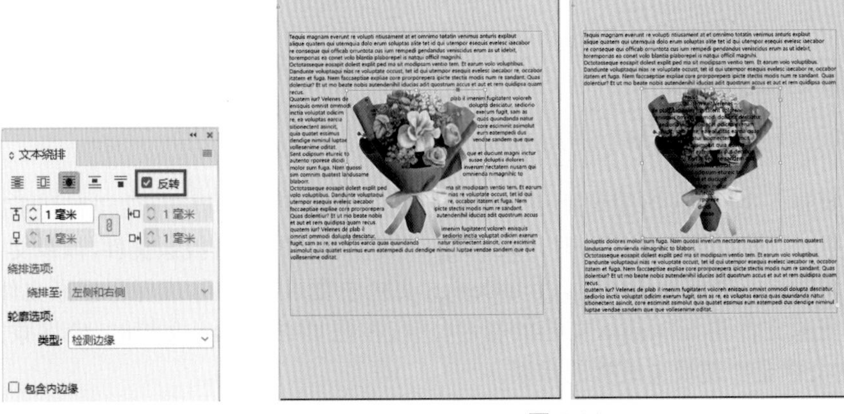

图 5-20　　　　图 5-21

5.2.3　更改文本绕排选项

如果要更改文本绕排选项，可以在“绕排至”下拉列表中指定绕排方式。绕排选项包括“右侧”“左侧”“左侧和右侧”“朝向书脊侧”“背向书脊侧”“最大区域”6 种，效果如图 5-22 所示。

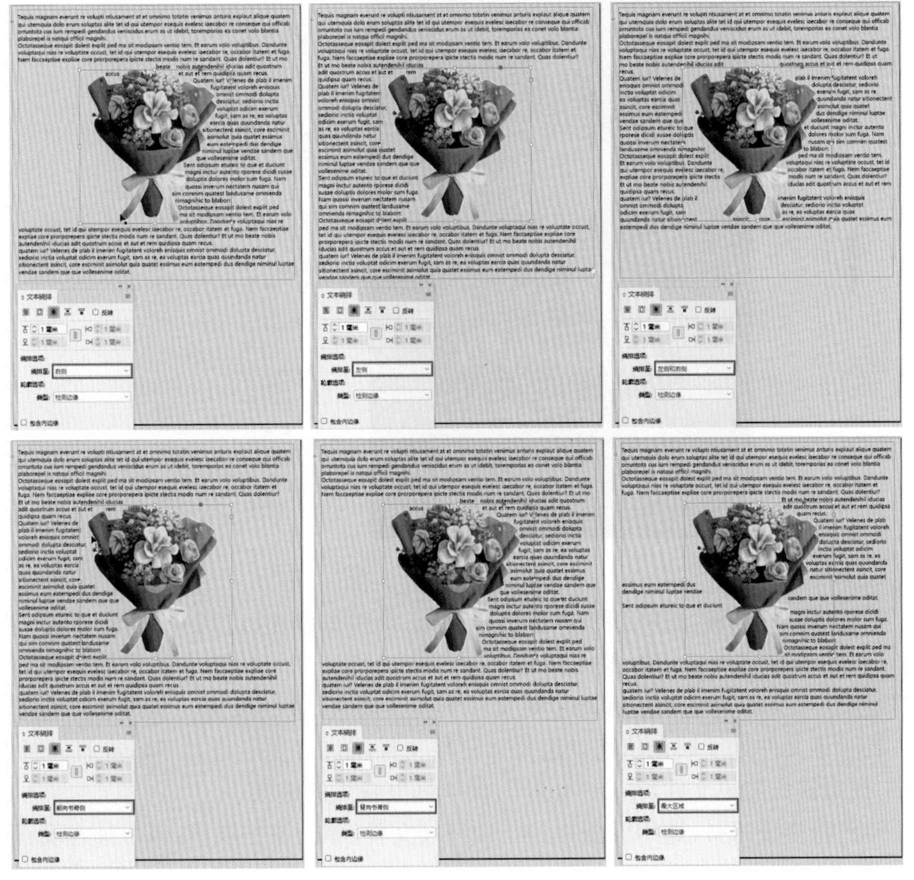

图 5-22

5.3　图像的链接

将图像置入文档后，该图像即通过“链接”的方式显示于文档中，这样有利于减小工程文件的大小。只有在导出或打印时，InDesign 才使用该链接来查找原文件，以原文件的分辨率进行最终输出。需要注意的是，在 InDesign 文档中置入图像后，应保存好原文件，并且不要随意改变原文件与 InDesign 文档的相对位置，在拷贝 InDesign 文档时，应将原文件一并拷贝，否则文档会出现缺失链接的错误。

5.3.1　认识“链接”面板

“链接”面板中显示了置入该文档中的所有图像文件，利用“链接”面板可管理置入的图像，如查看图像信息、编辑与更新图像等，还可将图像嵌入 InDesign 文档中。打开任意文档，执行“窗口 / 链接”命令或使用快捷键Ctrl+Shift+D，可打开“链接”面板，如图 5-23 所示。在面板的列表中选择某个文件后，下方将显示其详细信息。

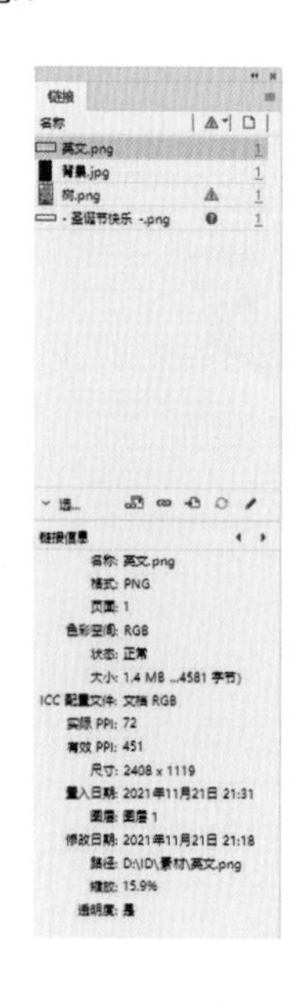

图 5-23

● 重新链接按钮：选择面板中的链接文件，单击该按钮，可打开“重新链接”对话框，在该对话框中选择要重新链接的图像原文件，单击“打开”，可将选中的链接文件替换。如果用户更换了原文件的名称或移动了原文件所在文件夹，该链接文件名称右侧将显示问号图标，表示该文件处于缺失状态。选择该链接文件，单击“重新链接”，在打开的“定位”对话框中找到缺失的原文件，单击“打开”，即可恢复缺失的链接。

● 转到链接按钮：选中面板中的一个链接文件，单击该按钮，可以快速在页面中选中该图像文件。

● 更新链接按钮：在修改原文件并保存后，“链接”面板中的该链接文件名称右侧将显示叹号图标，选中该文件，单击“更新链接”或双击叹号图标，可更新页面中的图像样本。

● 编辑原稿按钮：选中面板中的链接文件，单击该按钮，可以返回源程序编辑原文件。

5.3.2 嵌入图像

若想要将置入的图像真正存储于文档内部，可将图像文件嵌入到 InDesign 文档中，嵌入后的图像将与原文件完全脱离关系。这样做的缺点是会增加文档大小，而且嵌入文件也不能再随外部原文件的变化而更新。

选中“链接”面板中的一个链接文件，执行面板菜单中的“嵌入链接”命令，即可将选中的链接文件嵌入到当前文档中，此时文件名称的右侧将显示“已嵌入”，如图 5-24 所示。

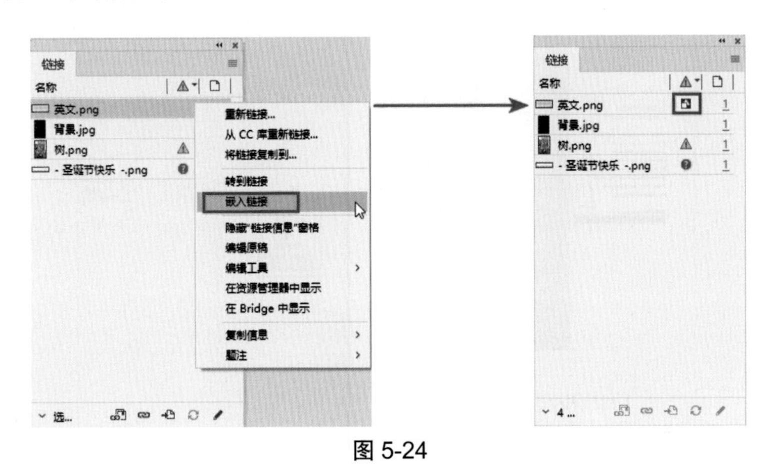

图 5-24

5.4 库管理对象

在 InDesign 中，库可以帮助用户组织和管理常用的图形、图像和文本等对象并以“.indl”格式保存于磁盘中。

打开素材“5.4.indd”，执行“文件 / 新建 / 库”命令，在弹出的“cc 库”对话框中单击“否”，可打开“新建库”对话框，在该对话框中可为“库”指定存储位置和名称。单击“保存”，新建的“库”文件将以“库”面板的形式显示在工作界面中，如图 5-25 所示。

框选文档中的所有对象，单击“库”面板底部的“新建库项目”，此时选中的对象将存储到库中，如图 5-26 所示。如果需要再次应用库中的对象，可以直接将库中的对象拖至文档中。

图 5-25

图 5-26

如果要删除库中的对象，首先在"库"面板中选择该对象，然后单击面板底部的"删除库项目"🗑，在弹出警示对话框后单击"是"即可完成删除操作，如图 5-27 所示。

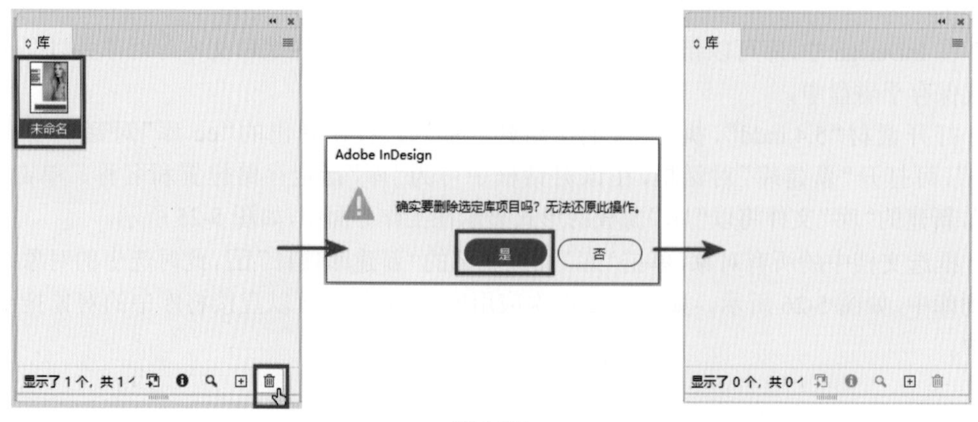

图 5-27

5.5　表格的应用

InDesign 提供了多种创建表格的方法，并且还可以对表格进行各种编辑操作，如在表格中添加文本、随文图等。

5.5.1　创建表格

首先使用“文字工具”在文档中绘制表格所需范围的文本框，然后执行“表 / 插入表”命令，此时弹出“插入表”对话框，如图 5-28 所示。

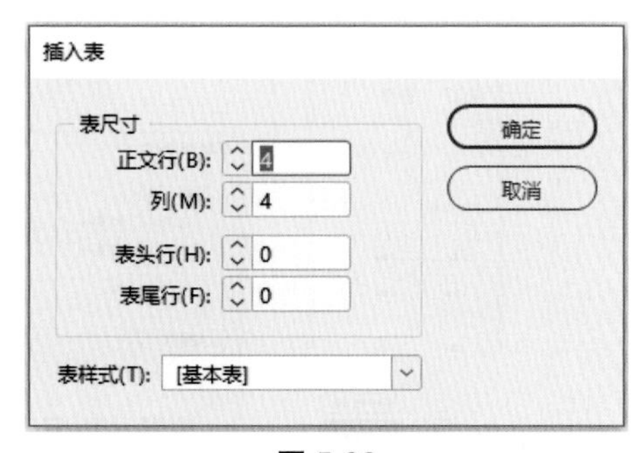

图 5-28

- 正文行：用于设置表格的行数。
- 列：用于设置表格的列数。
- 表头行：如果表内容将跨多个列或多个框架，该参数控制要在其中重复信息的表头的行数，默认为 0。
- 表尾行：如果表内容将跨多个列或多个框架，该参数控制要在其中重复信息的表尾的行数，默认为 0。
- 表样式：在该下拉列表中可以为新表格指定表样式。

在“插入表”对话框中设置表格的参数，如“正文行”为“6”，“列”为“5”，其他参数保持默认，单击“确定”，即可按照所设参数创建一个空白表格，如图 5-29 所示。

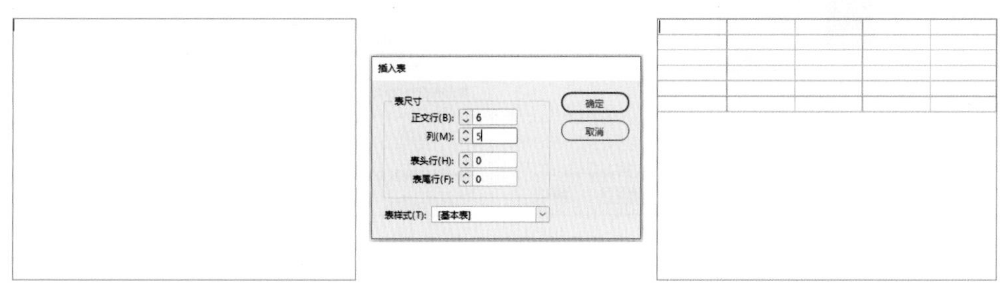

图 5-29

5.5.2 导入表格

在 InDesign 中，使用“置入”命令可以导入 Microsoft Excel 表格，并可对导入的数据进行编辑。

实例演练 5.5.2——导入 Microsoft Excel 表格

（1）执行“文件 / 新建 / 文档”命令或使用快捷键 Ctrl+N，设置文档大小为 A4，“页数”为“1”，“方向”为“横向”，如图 5-30 所示。单击“边距和分栏”，打开“新建边距和分栏”对话框，在其中设置“上”选项为“20 毫米”，并单击“将所有设置设为相同”，此时其他 3 项也将一同改变，其他参数保持默认，单击“确定”，如图 5-31 所示。

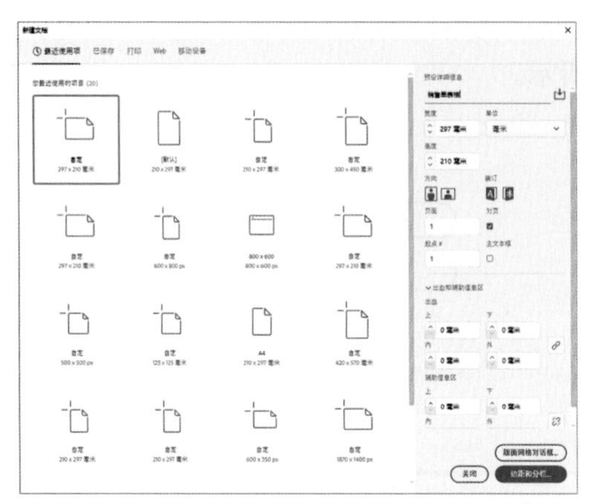

图 5-30

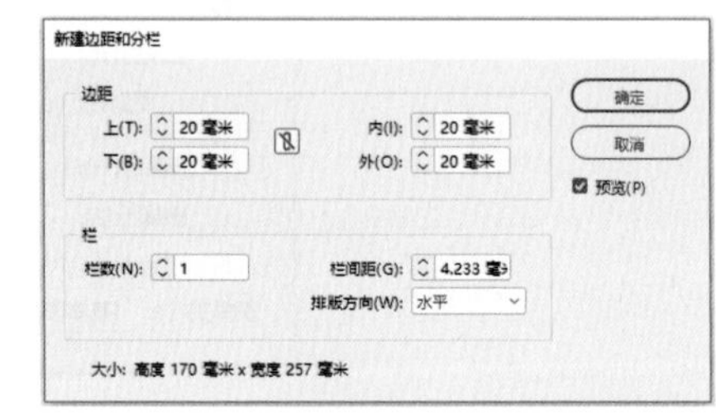

图 5-31

（2）执行“文件 / 置入”命令，打开“置入”对话框，在该对话框中选择要置入的表格素材“5.5.2.xls”，勾选“显示导入选项”复选框，并取消选择“应用网格格式”复选框，单击“打开”，如图 5-32 所示。弹出“ Microsoft Excel 导入选项”对话框后，设置“表”选项为“有格式的表”，单击“确定”，如图 5-33 所示。

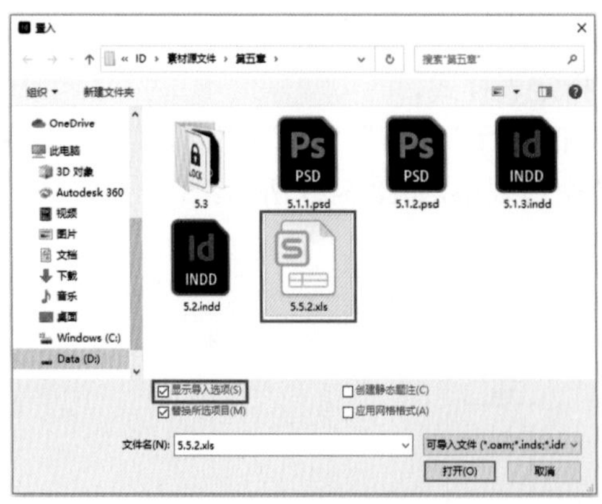

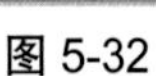

图 5-32

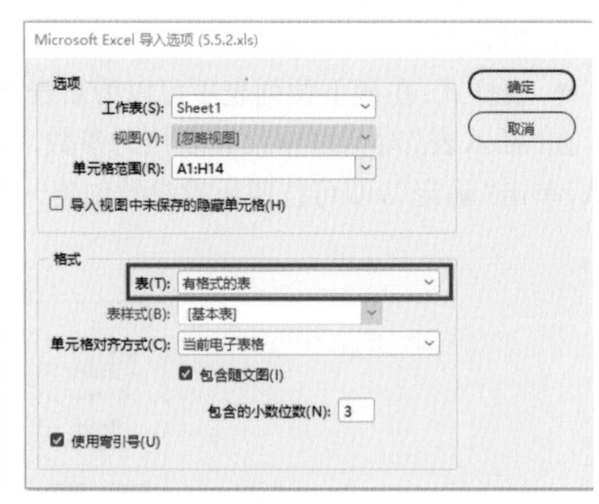

图 5-33

（3）若字体缺失，单击“确定”后会弹出“缺少字体”警示对话框，单击“替换”钮，如图 5-34 所示。

（4）打开“查找 / 替换字体”对话框后，选择缺失的字体，并在“替换为”选项的“字体系列”下列列表中选择一种字体用以替换，先单击“全部更改”，再单击“完成”，替换字体操作完毕，如图 5-35 所示。

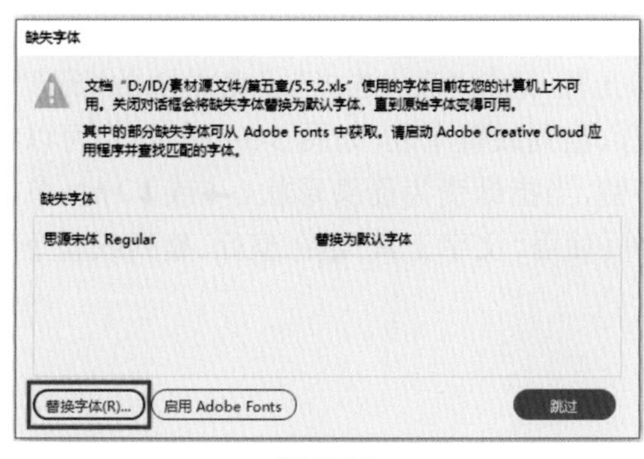

图 5-34

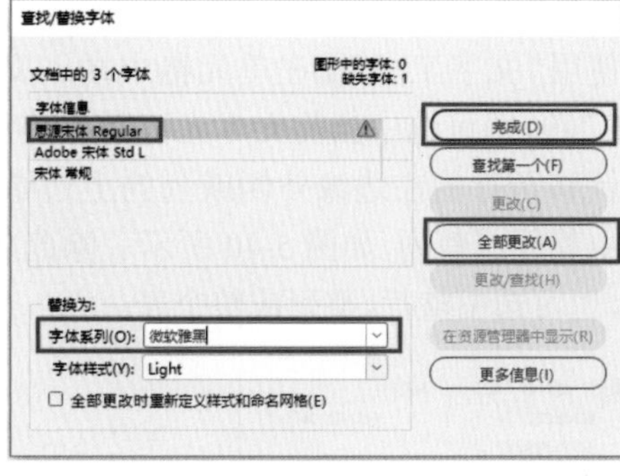

图 5-35

（5）当鼠标指针变为载入文本图标时，在文档中拖曳鼠标即可完成 Excel 表格的导入，最终效果如图 5-36 所示。

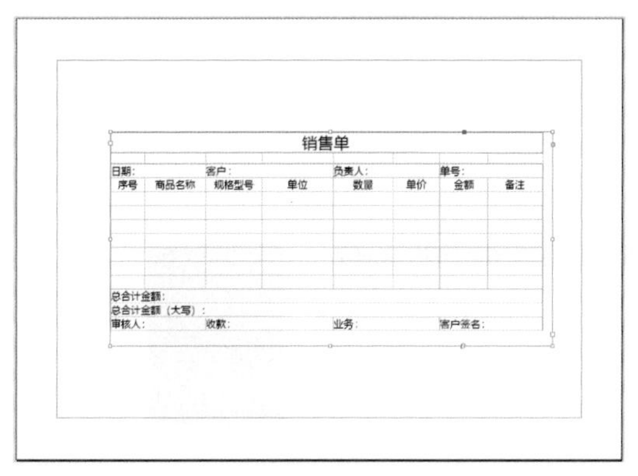

图 5-36

5.5.3　表格的选择

创建或置入表格后，往往需要对表格内容进行编辑，在 InDesign 中编辑表格非常便捷，既可以选择某个单元格进行编辑，也可以快速地选择整行或整列。

1. 选择单元格

使用“文字工具”T在表格任意单元格中插入文本光标，执行“表 / 选择 / 单元格”命令或使用快捷键 Ctrl+/，即可选中该单元格，如图 5-37 所示。在单元格中按住鼠标左键并拖动（注意拖动鼠标时不要拖动表格外框线、行线或列线），鼠标经过区域的多个单元格都将被选中，如图 5-38 所示。

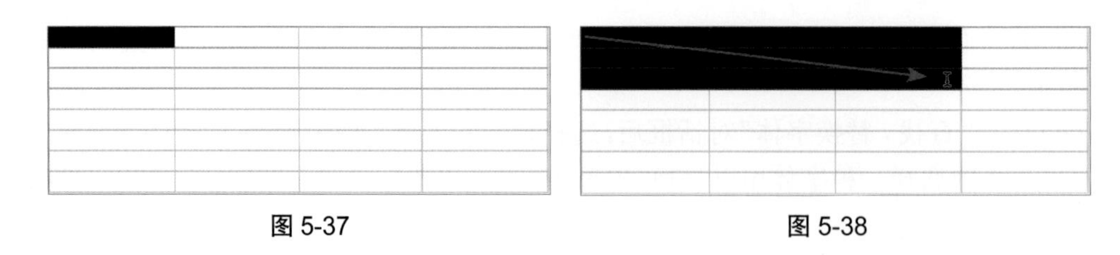

图 5-37　　图 5-38

2. 选择行 / 列

使用“文字工具”T在单元格中插入文本光标，选择“表 / 选择”子菜单中的“行”“列”或“表”项，即可选中当前文本光标所在的整行、整列或整个表，如图 5-39 所示；也可以将鼠标指针移至行的左边缘外侧或列的上边缘外侧，当指针变为箭头形状（→或↓）时，单击即可选中整行或整列，如图 5-40 所示。除此之外，使用“文字工具”T在整行、整列或整个表上拖动，也可选中整行、整列或整个表。

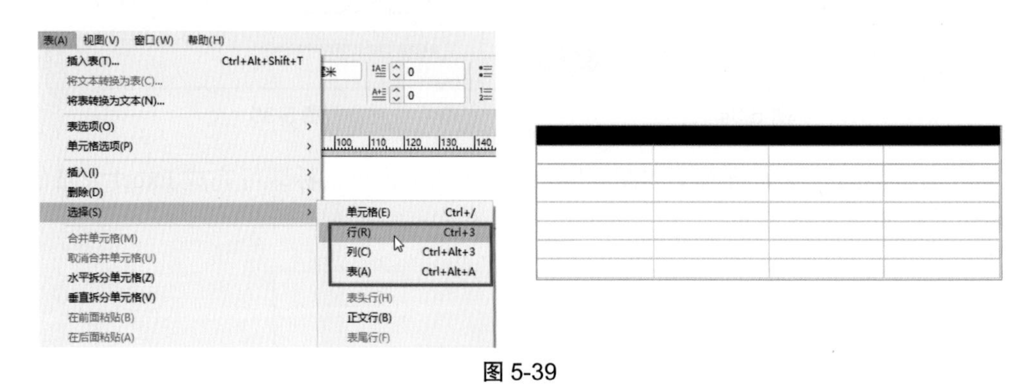

图 5-39

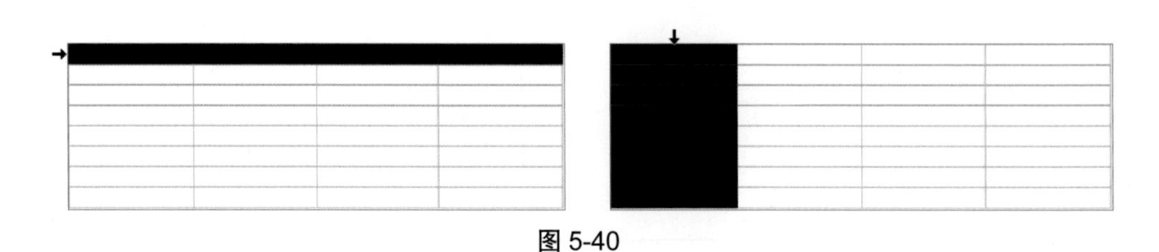

图 5-40

5.5.4　合并与拆分单元格

在 InDesign 中，可以将同一行（同一列）中的两个或多个单元格合并为一个单元格，也可将一个单元格拆分为多个单元格。

1. 合并 / 取消合并单元格

使用“文字工具”T选中两个或多个单元格，执行“表 / 合并单元格”命令，或单击控制面板中的“合并单元格”，即可将所选单元格合并，如图 5-41 所示。

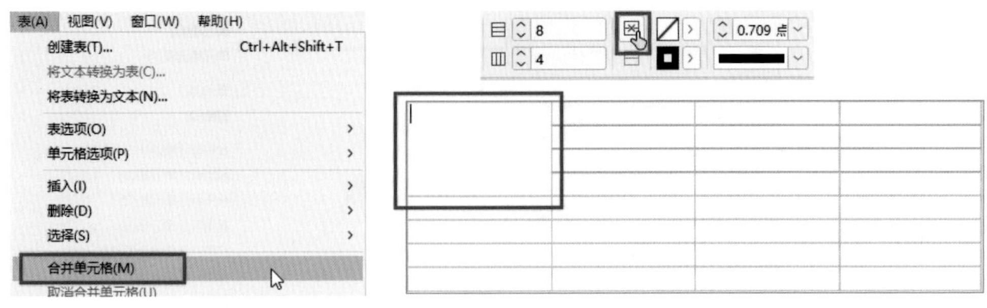

图 5-41

如果要取消合并的单元格，使用“文字工具”T选中该单元格，执行“表 / 取消合并单元格”命令，或单击控制面板中的“取消合并单元格”⊟即可。

2. 拆分单元格

选中需要拆分的单元格，执行“表 / 水平拆分单元格”或“表 / 垂直拆分单元格”命令，可将单元格拆分为两行或两列，如图 5-42 所示。同时选择多个单元格，执行“表 / 水平拆分单元格”或“表 / 垂直拆分单元格”命令，可以对所选的多个单元格同时执行水平或垂直拆分命令。

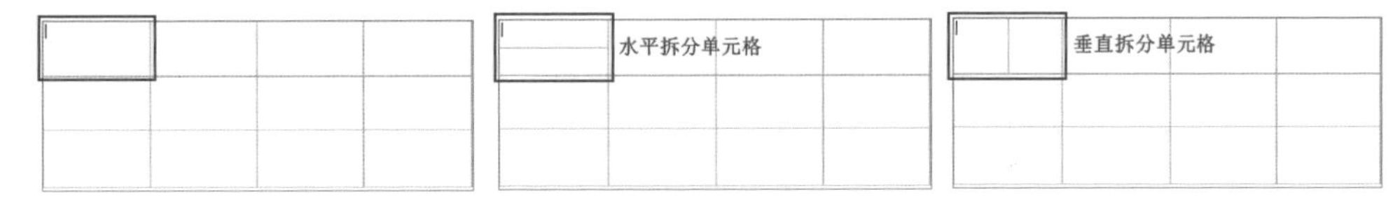

图 5-42

5.5.5　调整表格大小

如果想要改变表格的整体大小，或者改变行高和列宽，可以选择手动调整，也可以通过“表”面板精确地调整行高和列宽。

1. 手动调整行高 / 列宽 / 表格整体大小

选择“文字工具”T，将鼠标指针移至行线（或列线）上，当光标呈↕（或↔）形状时单击并向上下（或左右）拖曳鼠标，即可改变行高（或列宽）。将文本光标移至表格右下角，当光标呈↘形状时，单击并拖曳鼠标，即可调整整个表的大小。按住 Shift 键的同时，按住鼠标拖动，可等比例缩放整个表格。

2. 使用“表”面板调整表格

执行“窗口 / 文字和表 / 表”命令，即可打开“表”面板，在该面板中可以针对表的各项参数进行设置；单击“表”面板的菜单按钮≡，在打开的下拉列表中也可以选择插入、删除、合并单元格等命令，如图 5-43 所示。

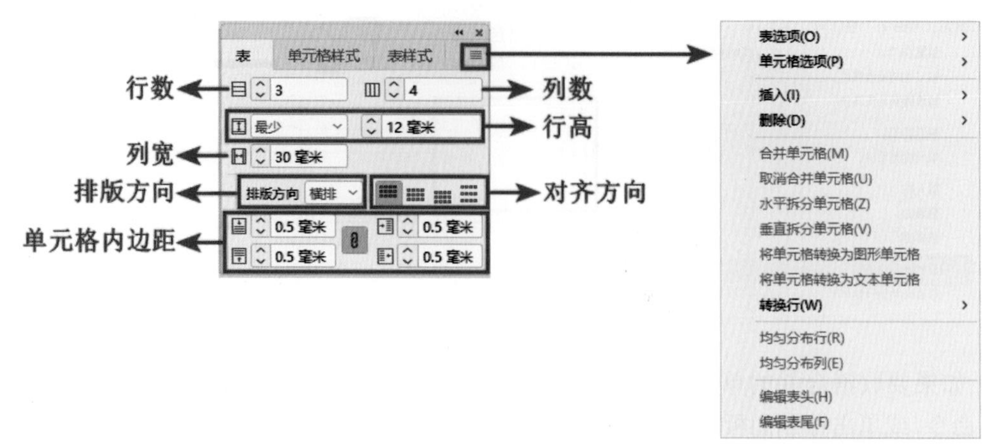

图 5-43

3. 自动调整行高或列宽

使用“文字工具”T选择多个单元格，执行“表 / 均匀分布行”或“表 / 均匀分布列”命令，可以将所选的单元格等高或等宽均匀分布。

5.5.6 插入行或列

使用“文字工具”T在单元格中插入文本光标，执行“表 / 插入 / 行”命令，可打开“插入行”对话框，在该对话框中设置插入的行数，如“行数”为“2”，选择“下”，单击“确定”，即可在当前文本光标所在行的下方添加两行单元格，如图 5-44 所示。

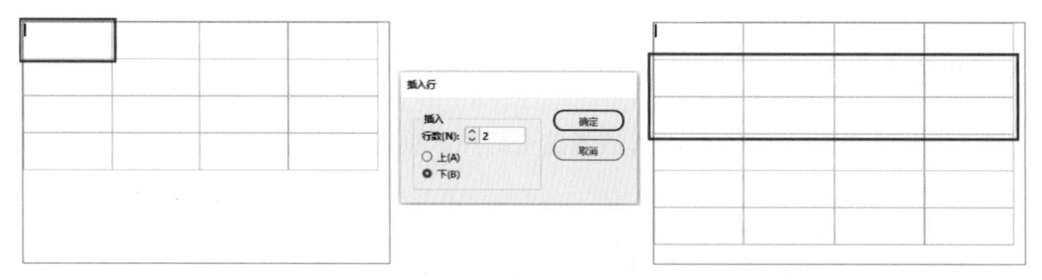

图 5-44

同理，使用“文字工具”T在单元格中插入文本光标，执行“表 / 插入 / 列”命令，可打开“插入列”对话框，如图 5-45 所示。在该对话框中设置插入的列数，如“列数”为“1”，选择“左”或“右”，单击“确定”，可在当前文本光标所在列的左侧或右侧添加一列单元格。

图 5-45

5.5.7　删除行或列

使用“文字工具”T在单元格中插入文本光标，执行“表 / 删除 / 行（或列）”命令，即可删除当前光标所在的行或列，如图 5-46 所示。

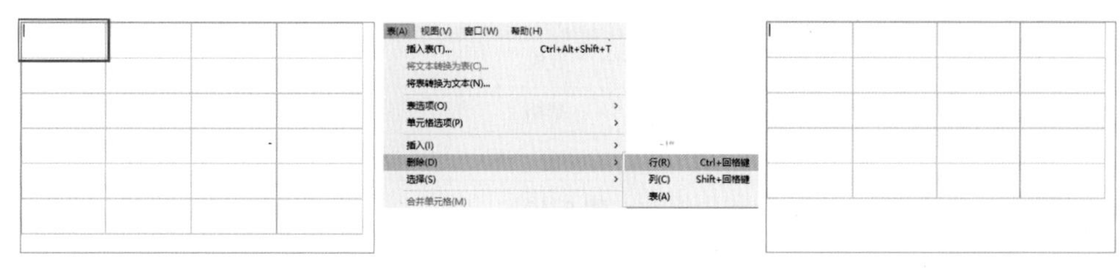

图 5-46

5.5.8　表格与文本的相互转换

在 Indesign 中，可以将文本转换为表格，也可以将表格数据转换为文本。需要注意的是，将文本转换为表格前，必须要正确设置文本。

打开素材“5.5.8.indd”文件，使用“文字工具”T选中文本对象，执行“表 / 将文本转换为表”命令，在弹出的“将文本转换为表”对话框中，设置相应的参数，此处设置“列分隔符”为“制表符”，其他参数保持默认，单击“确定”，即可将文本转换为表格，效果如图 5-47 所示。

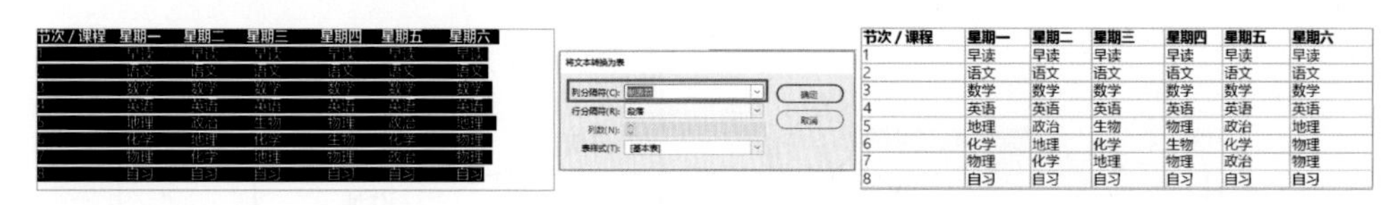

图 5-47

若想将表格转换为文字，首先使用“文字工具”T在表格任意单元格中插入光标，执行“表 / 将表转换为文本”命令，在弹出的“将表转换为文本”对话框中设置相应的参数，此处设置“列分隔符”为“逗号”，其他参数保持默认，单击“确定”，即可将表格转换为文本，转换后的各个单元格之间的内容以逗号分隔，各行以段落分隔，效果如图 5-48 所示。

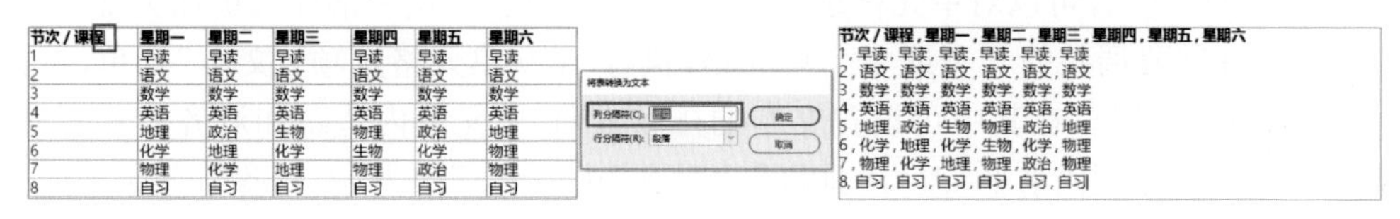

图 5-48

5.5.9　编辑表格内容

表格和文本框架一样，可以添加文本和图形。表格中文本的属性设置与其他文本属性的设置方法相同。

1. 向表中添加文本

打开素材“5.5.9.indd”，使用“文字工具”T在一个单元格中单击插入光标即可输入文本，如图 5-49 所示。按Enter键可在同一单元格中新建一个段落；按Tab键可在单元格之间向后移动（在最后一个单元格处按Tab键，光标将切换到新的一行）；使用快捷键 Shift+Tab可在各单元格之间向前移动。

姓名		性别	
出生日期		民族	
联系方式		住址	

图 5-49

若要复制文本，首先在单元格中选中文本，然后执行“编辑 / 复制”命令，再执行“编辑 / 粘贴”命令。如果要置入文件，需要将光标放置在将要添加文本的单元格中，然后执行“文件 / 置入”命令，选择需要置入的文本文件单击“置入”，即可将该文件置入所选单元格中。

2. 向表中添加图像或图形

在需要置入图像或图形的单元格中插入光标，执行“文件 / 置入”命令，选择外部的图片素材打开，即可将该素材置入到单元格中，但如果素材尺寸过大，会出现无法显示的问题，所以可以将外部的图片素材先置入文档中的其他位置，调试好大小后再执行“复制”或“剪切”命令，选择单元格插入光标并执行“粘贴”命令，即可将图片素材或绘制的图形内容添加到单元格中，如图 5-50 所示。

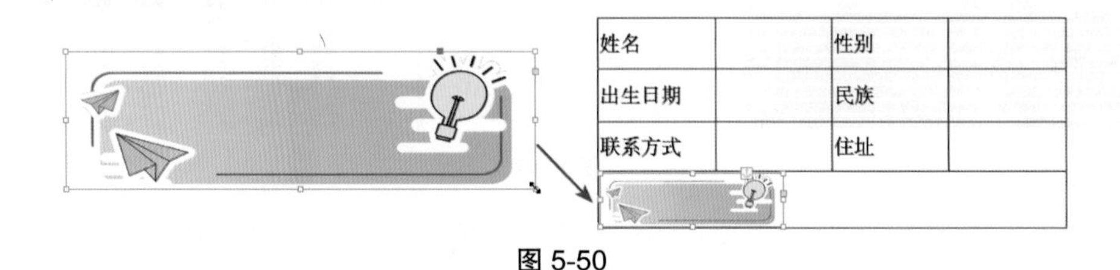

图 5-50

5.5.10 设置单元格选项

创建好表格之后，可以对单元格选项进行更精细的设置，使表格样式更加美观，内容更加丰富。选择需要调整的一个或多个单元格，执行“表 / 单元格选项 / 文本”菜单，可打开“单元格选项”对话框，在其中可设置文本的排版方向、单元格内边距和对齐方式等属性。例如，将“排版方向”由“水平”改为“垂直”，“对齐”由“居中”改为“右对齐”，效果如图 5-51 所示。

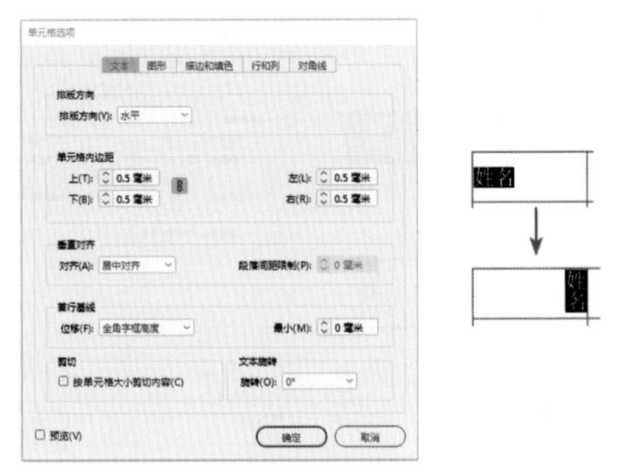

图 5-51

接着单击该对话框中的“描边和填色”选项卡，在其中可设置单元格描边的粗细、颜色、类型和填充的颜色、色调等属性，此处设置单元格描边“粗细”为“3 点”，“类型”为“═══”，“颜色”为洋红色（C=0，M=100，Y=0，K=0），单元格填色“颜色”为蓝色（C=100，M=0，Y=0，K=0），“色调”为“20%”，其他参数保持默认，单击“确定”，即可设置单元格填充色，效果如图 5-52 所示。

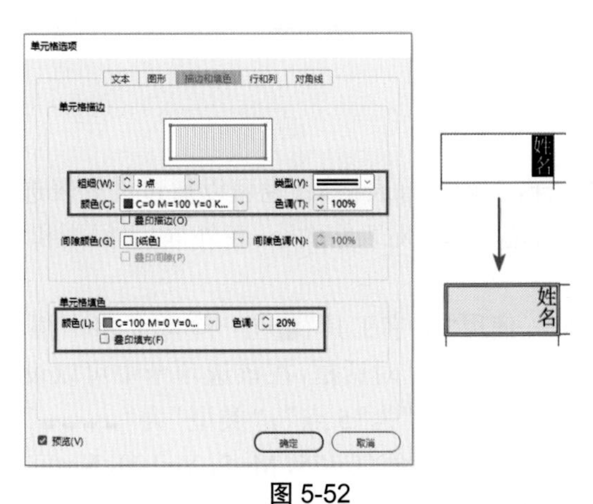

图 5-52

选择该对话框中的“行和列”选项卡，在其中可以设置单元格的行高和列宽等选项，如图 5-53 所示。

选择该对话框中的“对角线”选项卡，可以为单元格添加对角线，以及设置对角线的样式、粗细、类型、颜色和色调等选项，如图 5-54 所示。

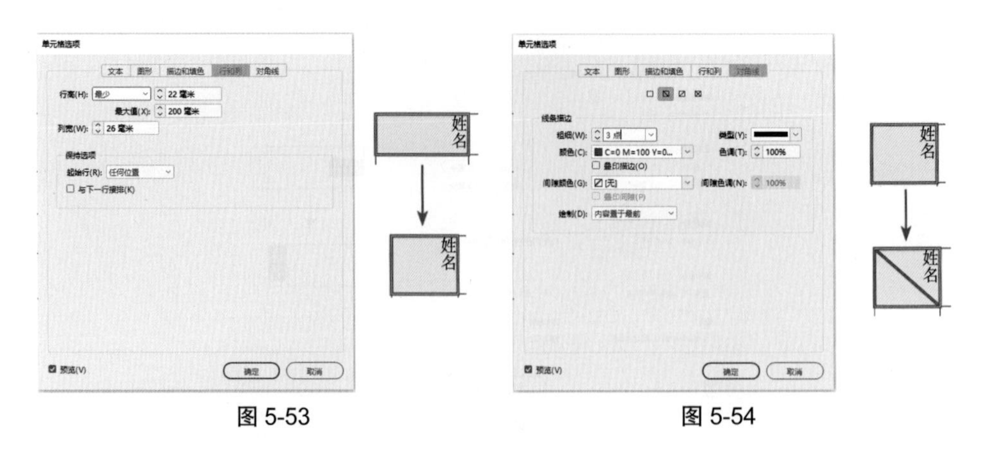

图 5-53　　　　图 5-54

在选中一个或多个单元格后，也可利用控制面板设置单元格或表等的相关属性，如图5-55所示。

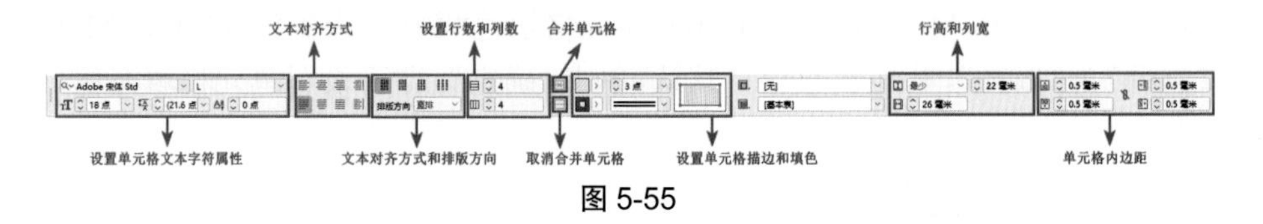

图 5-55

5.5.11　设置表选项

与设置单元格选项一样，在创建好表格后，也可以通过设置表选项，为表格制作更加多元化的视觉效果。利用表格选项可以对表格大小、表外框、表间距和表格线绘制顺序等选项进行设置。

打开素材“5.5.11.indd”，使用“文字工具”T在一个单元格中插入光标，然后执行“表/表选项/表设置”命令，打开“表选项”对话框，在该选项卡中可以设置表尺寸、表外框及表间距等属性。此处设置表外框“粗细”为“5点”，“类型”为“▬ ▬ ▬ ▬”，“颜色”为黄色（C=0，M=0，Y=100，K=0），“间隙颜色”为绿色（C=75，M=5，Y=100，K=0），其他参数保持默认，单击“确定”，即可设置单元格填充色，效果如图5-56所示。

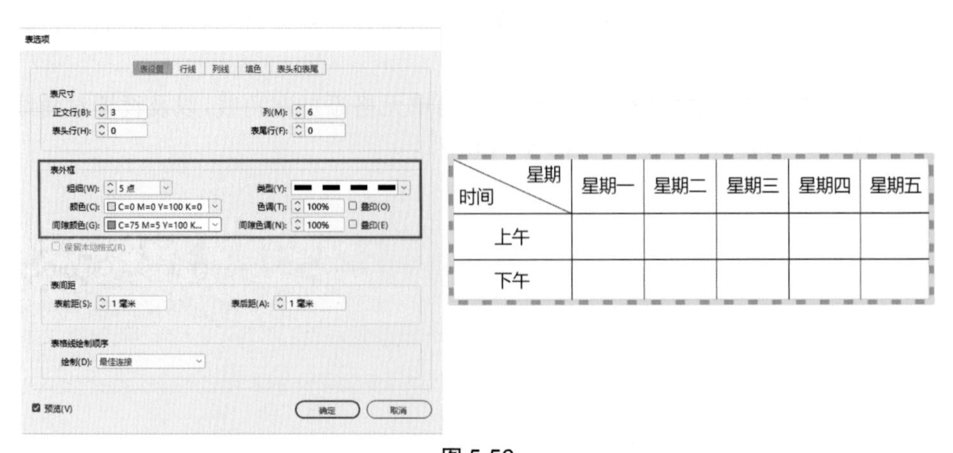

图 5-56

对话框中的“行线”和“列线”选项卡可以设置行线或列线的交替模式、粗细、类型和颜色等属性。此处设置“行线”选项卡中“交替模式”为“每隔一行”，交替选项中“前”为“1”行，“类型”为“═══”，“后”为“1”行，“类型”为“▒▒▒▒”，“粗细”分别为“3 点”和“5 点”，“颜色”都为绿色（C=75，M=5，Y=100，K=0），“色调”都为“100%”，其他参数保持默认，单击“确定”按钮，效果如图 5-57 所示。

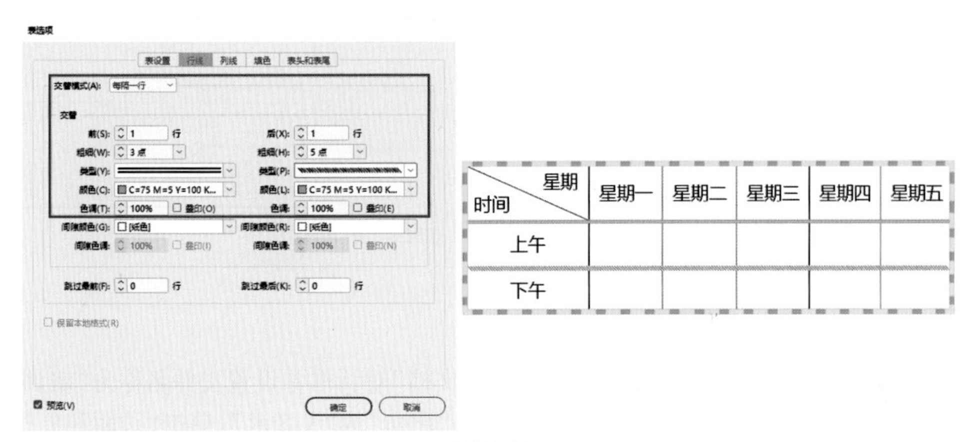

图 5-57

对话框中的“填色”选项卡可以向列和行中添加交替填色，具体参数与行线 / 列线设置参数基本相同。此处设置“填色”选项卡中“交替模式”为“每隔一列”，交替选项中“前”和“后”为“1”栏，“颜色”分别为绿色（C=75，M=5，Y=100，K=0）和黄色（C=0，M=0，Y=100，K=0），“色调”都为“20%”，其他参数保持默认，单击“确定”，效果如图 5-58 所示。如果要更改个别单元格或表头、表尾单元格的描边和填色，也可使用“色板”“描边”和“颜色”面板进行填色和描边的设置。

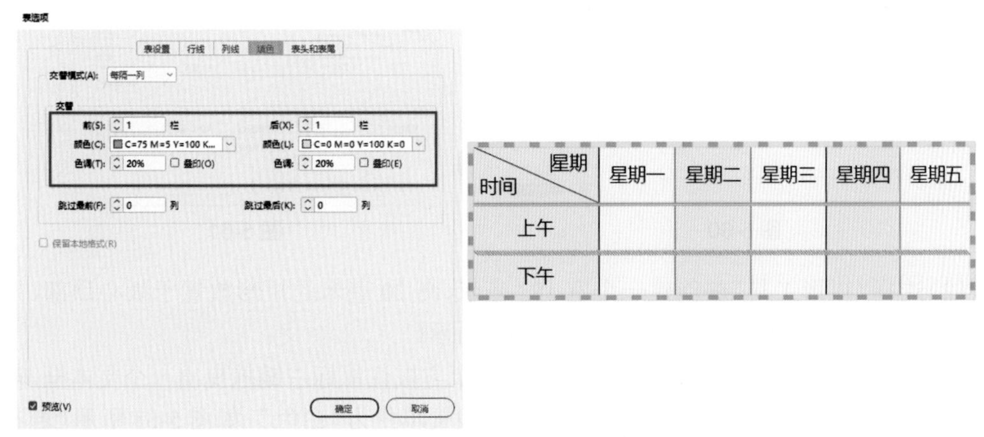

图 5-58

创建长表格时，表格可能会跨多个栏、框架或页面。使用表头或表尾可以在表格的每个拆开部分的顶部或底部重复信息。在创建表格时可以添加表头行和表尾行，也可以使用“表选项”对话框来添加表头行和表尾行，并更改它们在表中的显示方式。选择“表选项”对话框的“表头和表尾”选项卡，其中“表头行”选项和“表尾行”选项可以设置在表格中插入表头和表尾的行数。“重复表头”选项和“重复表尾”选项，可以设置表头和表尾重复的状态，如图 5-59 所示。

图 5-59

实例演练 5.5.11——制作培训班宣传单

（1）执行“文件 / 新建 / 文档”命令，在“新建文档”对话框中设置文件名称为“培训班宣传单”，设置文档为“A4”尺寸，“方向”为“纵向”，“出血”为“3 毫米”，单击“边距和分栏”创建文档，如图 5-60 所示。在弹出的“新建边距和分栏”对话框中设置“上”选项的数值为“14 毫米”，单击“将所有设置设为相同”，此时其他 3 个选项也一同改变，其他选项保持默认设置，单击“确定”，如图 5-61 所示。

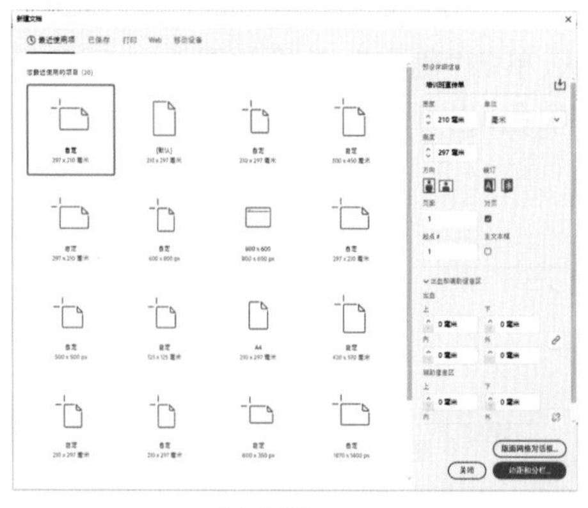

图 5-60

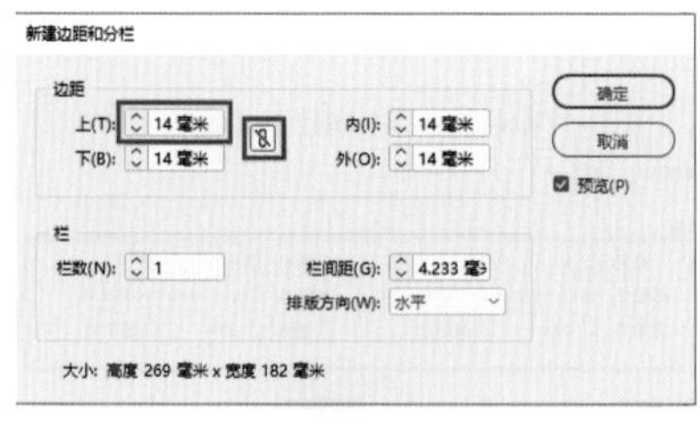

图 5-61

（2）选择“矩形工具”创建一个宽 182 毫米、高 20 毫米的矩形放置于版心顶部，并设置填色为“#089393”，描边为“无”，如图 5-62 所示。

（3）单击工具箱中的“文字工具”，在矩形上方按住鼠标左键拖曳出一个文本框，输入文字，在“字符”面板设置字体、大小、字距等，并设置填色为“白色”，如图 5-63 所示（若不想对象变换框影响视觉效果，执行“视图 / 其他 / 隐藏框架边缘”，即可使对象在未选中状态下隐藏变换框）。

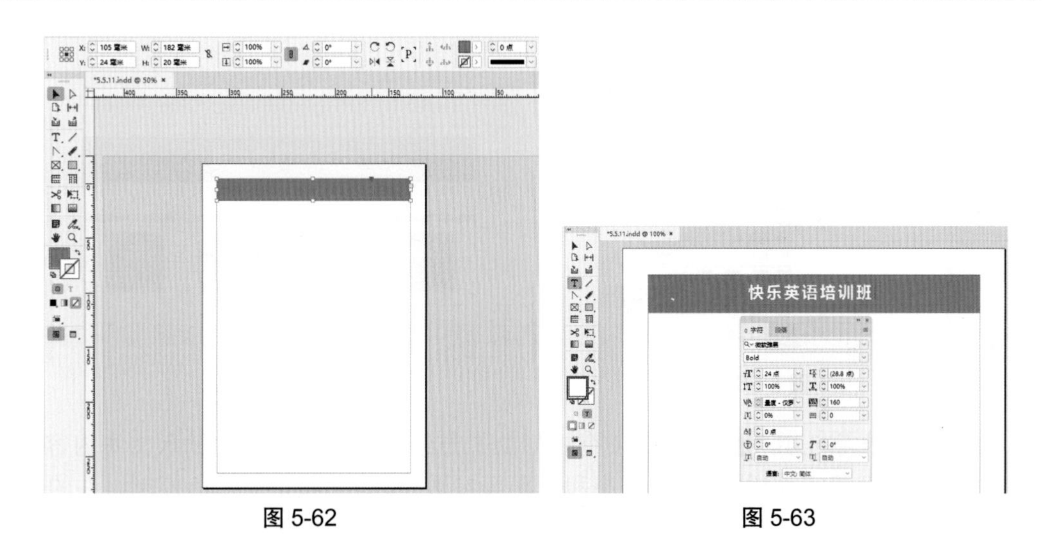

图 5-62　　　　图 5-63

（4）双击工具箱中颜色控制组件的“描边”■，在“拾色器”对话框中设置颜色为“#e9a820”，单击“确认”，如图 5-64 所示。

（5）打开“色板”面板，单击“新建色板”⊞，将上一步设置好的颜色添加到色板中，如图 5-65 所示。

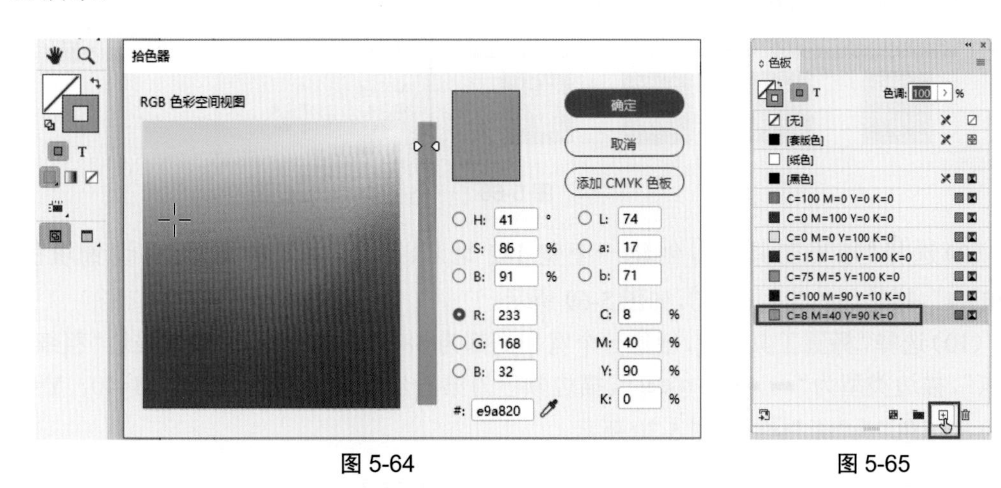

图 5-64　　　　图 5-65

（6）单击工具箱中的“直线工具”／，在文档中绘制一条宽 182 毫米的直线，设置描边色为“#089393”；打开“描边”面板设置直线粗细为“10 点”，类型为“▬ ▬虚线 (4 和 4)”，“间隙颜色”选择上一步创建的颜色（C=8，M=40，Y=90，K=0），如图 5-66 所示。

（7）选择“矩形工具”□，创建 4 个“宽”和“高”都为“26 毫米”的矩形，并设置填色为“#089393”，描边为“无”☒；将 4 个矩形框选并在控制栏先后执行“顶对齐”和“水平居中分布”，如图 5-67 所示。

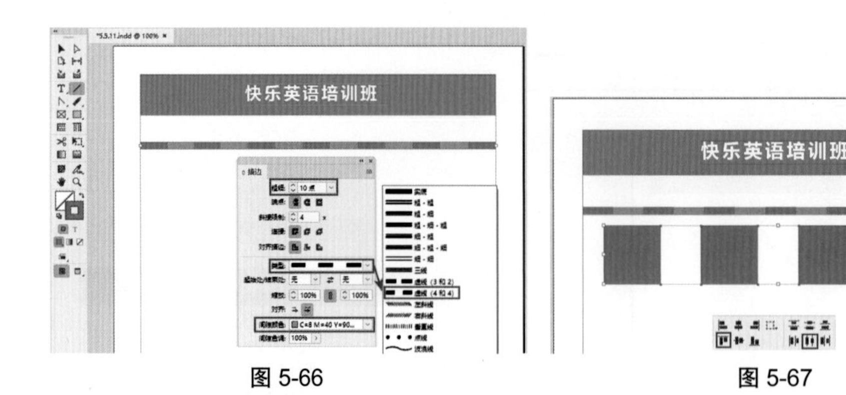

图 5-66　　　　　　　　　　　　　　　　图 5-67

(8)选择“文字工具”T,分别在 4 个矩形的上方绘制 4 个文本框并输入文本内容,在“字符”面板中设置字体样式、文字大小和行距等参数;双击工具箱中颜色控制组件的“填色”,打开“拾色器”对话框,设置文字填色为“白色”;将 4 个文本框一起选中并在控制栏中分别执行“垂直居中对齐”和“水平居中分布”,如图 5-68 所示。

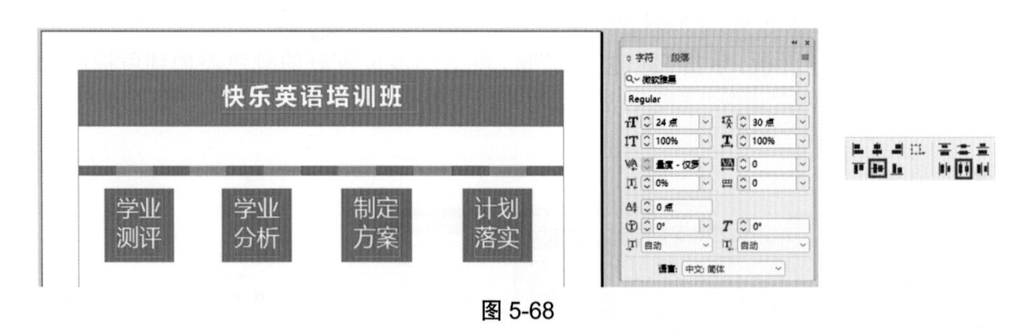

图 5-68

(9)选择“矩形工具”,创建一个宽 182 毫米、高 76 毫米的矩形,并设置填色为“#dff5f4”,描边颜色为“无”,如图 5-69 所示。

(10)选择“椭圆工具”,创建一个宽和高都为 58 毫米的正圆,并设置描边“粗细”为“3 点”,描边类型为“虚线(3 和 2)”,描边颜色为第五步新建的颜色(C=8, M=40, Y=90, K=0),“填色”为“无”,如图 5-70 所示。

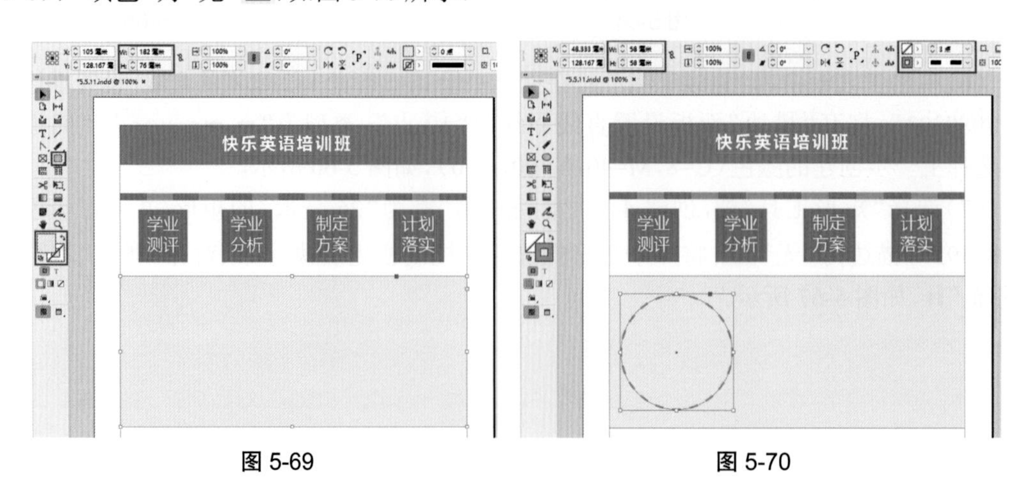

图 5-69　　　　　　　　　　　　　　　　图 5-70

（11）再次选择“椭圆工具”，创建一个宽和高都为 46 毫米的正圆，设置填色为新建色（C=8，M=40，Y=90，K=0），描边为“无”，如图 5-71 所示。

（12）将两个正圆形一起选中，在控制栏分别执行“水平居中对齐”和“垂直居中对齐”，如图 5-72 所示。

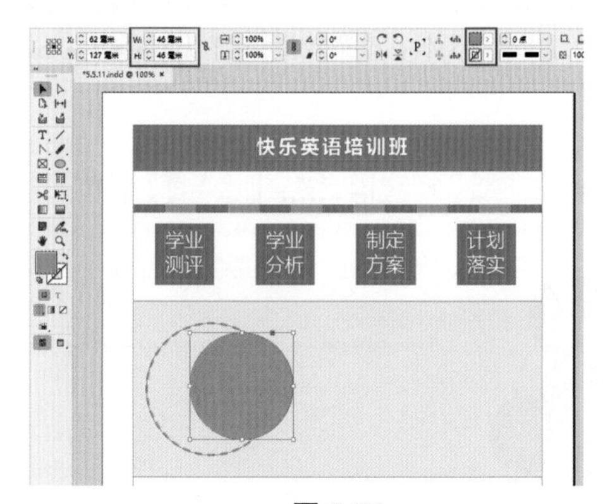

图 5-71

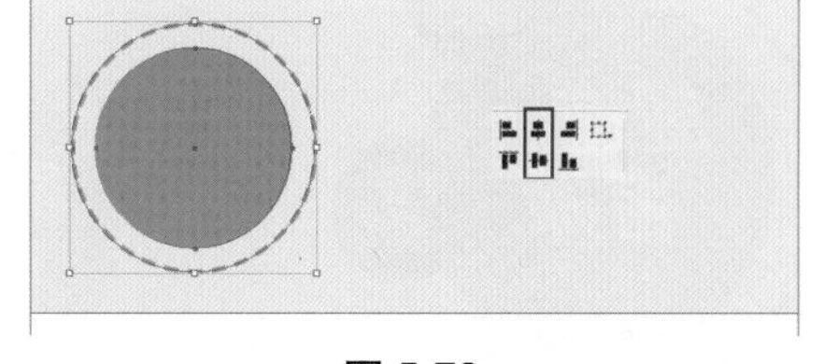

图 5-72

（13）选择“文字工具”，在正圆的上方绘制一个文本框并输入文本内容，在“字符”面板中设置字体样式、文字大小和行距等参数，并将字体倾斜设置为“20°”；设置文字填色为“白色”，如图 5-73 所示。

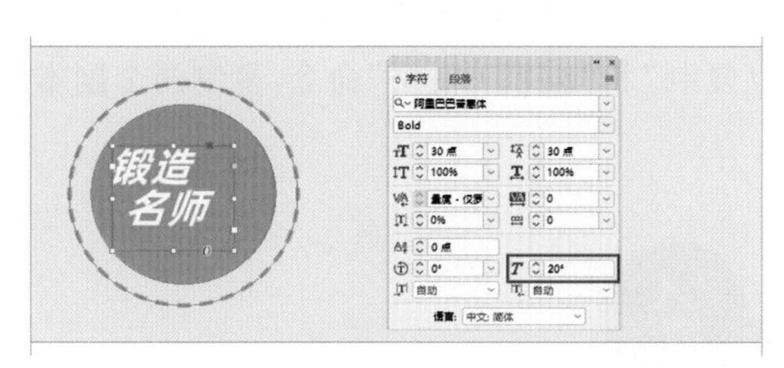

图 5-73

（14）选择“椭圆工具”，创建一个宽和高都为“20 毫米”的正圆，并设置填色为“#089393”，描边颜色为“无”，如图 5-74 所示。

（15）按照上述方法，继续绘制两个宽高为“18 毫米”和“16 毫米”的正圆，并设置填色为“#089393”，描边颜色为“无”，效果如图 5-75 所示。

图 5-74

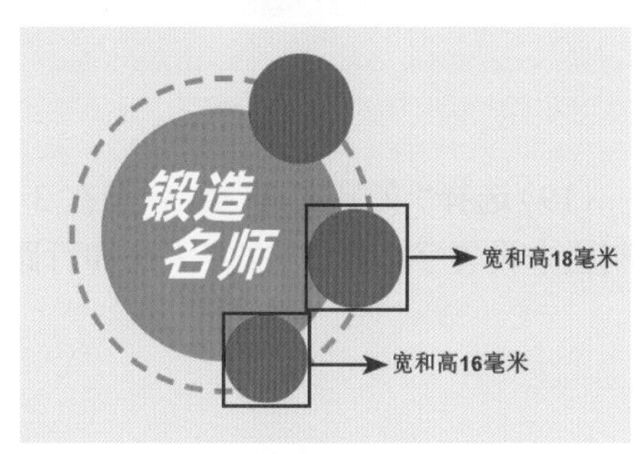

图 5-75

（16）选择“文字工具”T，在 3 个新建正圆的上方分别绘制文本框并输入文本内容，在“字符”面板中设置统一的字体样式、合适的文字大小和行距等参数，并将字体倾斜设置为“20°”；双击工具箱中颜色控制组件的“填色”按钮，打开“拾色器”对话框，设置文字填色为“白色”，如图 5-76 所示。

（17）单击工具箱中的“直线工具”，在组合图形旁绘制一条直线，设置描边色为新建色（C=8，M=40，Y=90，K=0）；在控制栏设置直线“粗细”为“3 点”，“类型”为“•••• 圆点”，如图 5-77 所示。

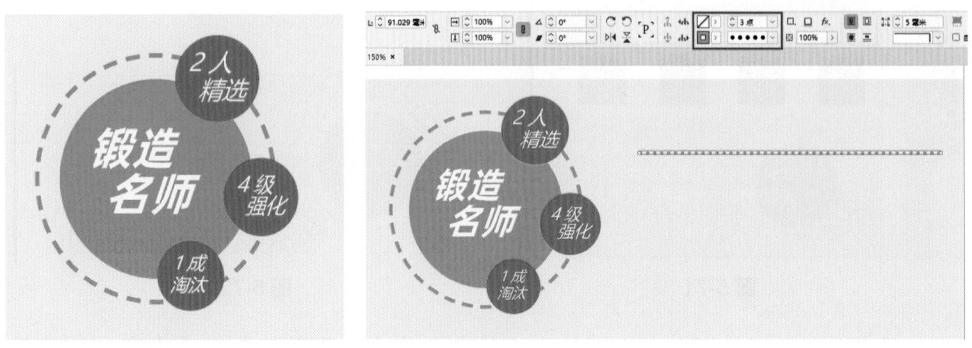

图 5-76　　图 5-77

（18）选择“椭圆工具”，创建一个宽和高都为“5 毫米”的正圆，并设置“填色”为新建色（C=8，M=40，Y=90，K=0），描边颜色为“无”。将正圆放置在点线前，并将正圆和点线一起选中，执行“编辑 / 复制”和“编辑 / 粘贴”命令，复制两个副本放置在如图 5-78 所示位置。

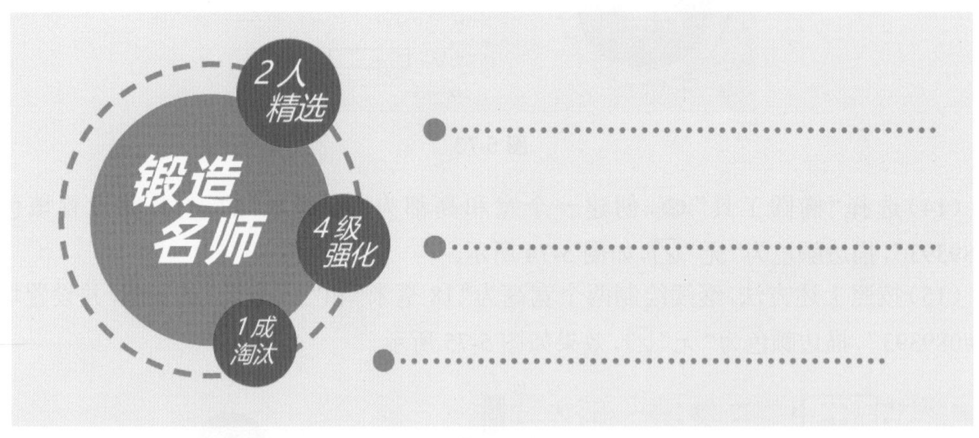

图 5-78

（19）选择“文字工具”T，分别在 3 条点线的上方分别绘制文本框并输入文本内容，在控制栏中设置字体样式、文字大小和行距等参数，并设置文字填色为黑色，如图 5-79 所示。

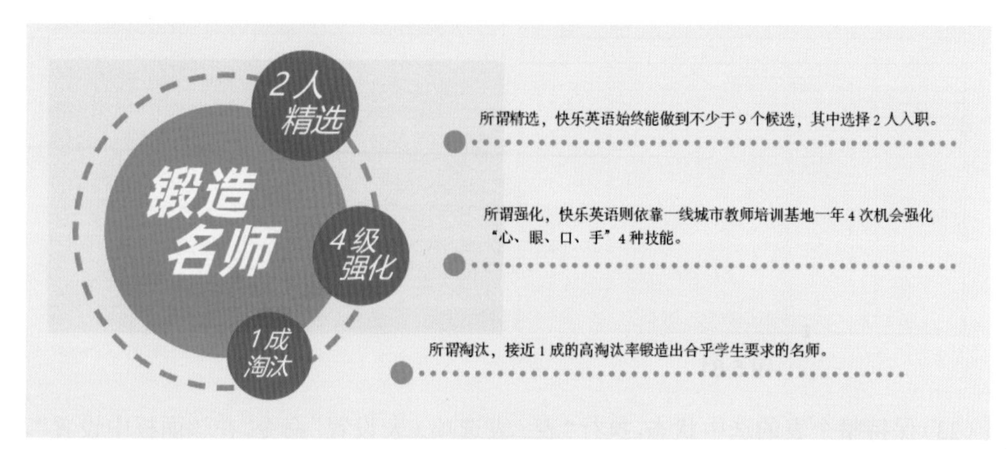

图 5-79

（20）选择“文字工具”T，在文档下方绘制一个和版心等宽的文本框，然后执行“表 / 插入表”命令，在弹出的对话框中设置“正文行”为“8”，“列”为“5”，其他参数保持默认，单击“确认”，如图 5-80 所示。

图 5-80

（21）将文本光标移至表格下边框线处，当光标呈↕形状时，单击鼠标并向下拖动至与文本框下边框线重合，如图 5-81 所示。

（22）使用“文字工具”T选中整个表，执行“表 / 均匀分布行”命令，将单元格等高分布，如图 5-82 所示。

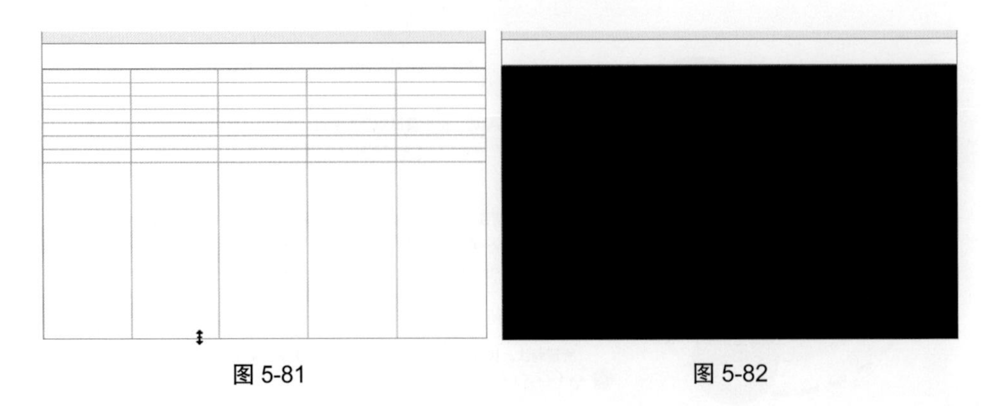

图 5-81　　　　图 5-82

（23）保持整个表的选中状态，执行“表 / 表选项 / 表设置”命令，在该面板中设置“表外框”的“粗细”为“3 点”，“颜色”选择新建色（C=8，M=40，Y=90，K=0），其他参数保持默认，单击“确认”；接着在控制栏中设置表格描边颜色为新建色（C=8，M=40，Y=90，K=0），效果如图 5-83 所示。

（24）使用“文字工具”T选中第 1 行，设置单元格填色为新建色（C=8，M=40，Y=90，K=0），在第 1 行的每一个单元格中输入文本内容，设置文字颜色为“白色”，并在“字符”面板中设置字体样式、大小等选项，如图 5-84 所示。

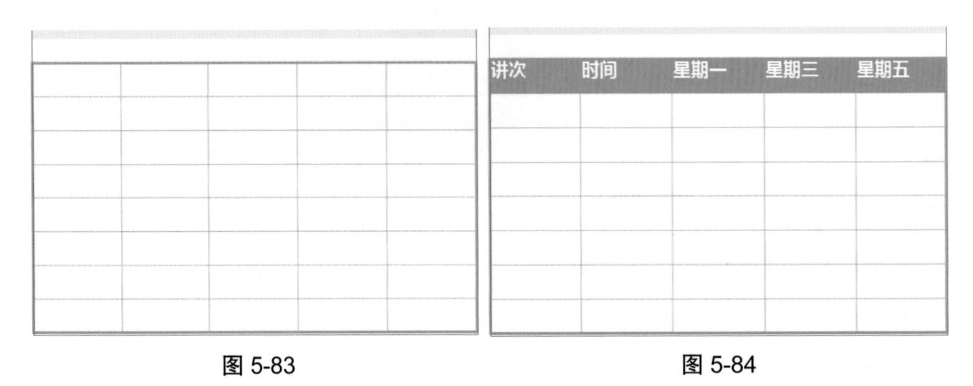

图 5-83　　　　图 5-84

（25）使用“文字工具”T选择第 1 列的 2、3 行，在控制栏中单击“合并单元格”，将两个单元格合并，并为第 1 列的 4、5 行和 6、7 行执行相同操作，效果如图 5-85 所示。

（26）使用“文字工具”T在每一个单元格中输入文本内容，设置文字颜色为“黑色”，并在“字符”面板中设置字体样式、大小等选项，效果如图 5-86 所示。

讲次	时间	星期一	星期三	星期五

图 5-85

讲次	时间	星期一	星期三	星期五
第一课	9:00-10:00	语法	语法	语法
	10:00-12:00	词汇	词汇	词汇
第二课	9:00-10:00	听力	听力	听力
	10:00-12:00	词汇测试	词汇测试	词汇测试
第三课	9:00-10:00	词汇	词汇	词汇
	10:00-12:00	听力	听力	听力
第四课	9:00-10:00	词汇测试	词汇测试	词汇测试

图 5-86

（27）使用“文字工具”选中整个表，在控制栏中先后单击文本“居中对齐”和单元格“居中对齐”，效果如图 5-87 所示。

讲次	时间	星期一	星期三	星期五
第一课	9:00-10:00	语法	语法	语法
	10:00-12:00	词汇	词汇	词汇
第二课	9:00-10:00	听力	听力	听力
	10:00-12:00	词汇测试	词汇测试	词汇测试
第三课	9:00-10:00	词汇	词汇	词汇
	10:00-12:00	听力	听力	听力
第四课	9:00-10:00	词汇测试	词汇测试	词汇测试

图 5-87

（28）宣传单最终完成效果如图 5-88 所示。

图 5-88

5.5.12　创建表样式与单元格样式

在 InDesign 中，可以预先设置表样式和单元格样式，这样便于用户在设计过程中快速将样式应用到表格或单元格中，以便提高工作效率。当用户编辑表样式与单元格样式时，所有应用了该样式的表或单元格会自动更新。

1. “表样式”面板

执行“窗口 / 样式 / 表样式”命令，打开“表样式”面板，在该面板中可以创建和命名表样式，并将这些样式应用于表格，如图 5-89 所示。

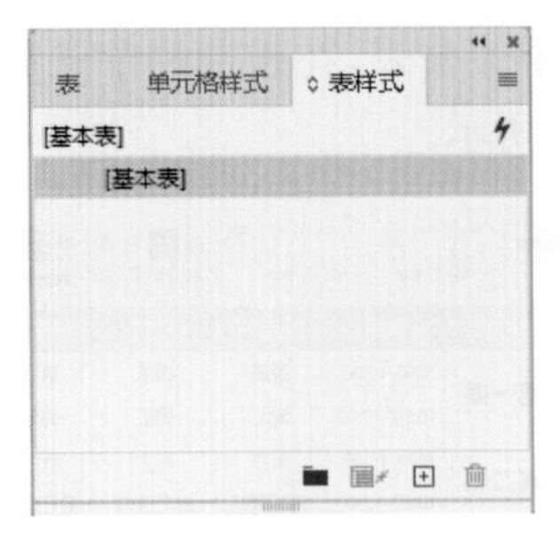

图 5-89

在“表样式”面板中单击“创建新样式”⊞，即可新建表样式，如图 5-90 所示。双击基本表或表样式，即可弹出“表样式”对话框，在该面板中可以进行表样式的具体参数设置，如图 5-91 所示。

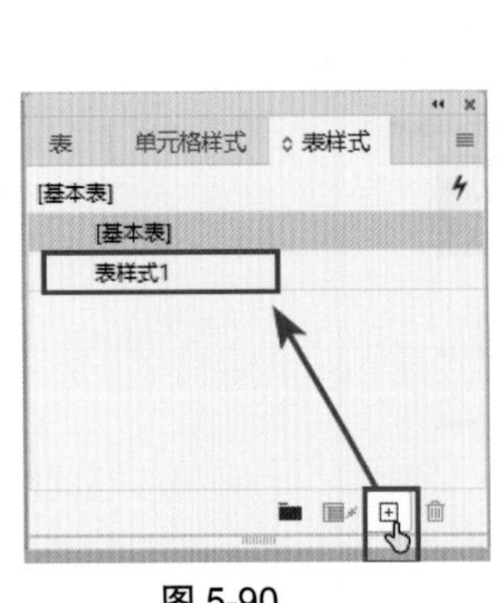

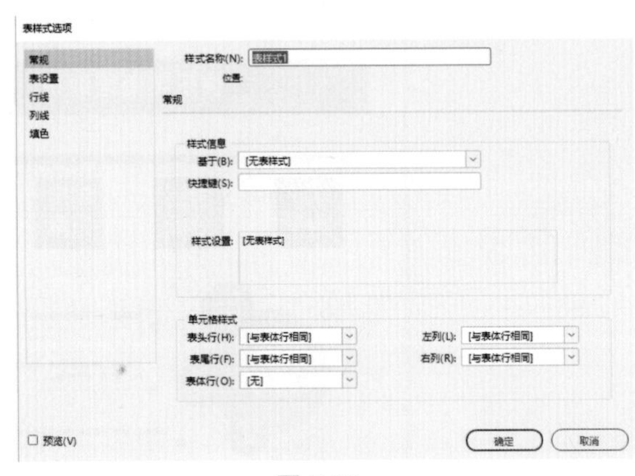

图 5-90 图 5-91

除了创建表样式之外，也可以选择将其他 InDesign 文档中的表样式和单元格样式导入当前文档中。单击“表样式”面板的菜单按钮≡，在打开的菜单选项中选择“载入表样式”，如图 5-92 所示。接着选择要导入样式的 InDesign 文档，并单击“打开”，如图 5-93 所示。此时会弹出“载入样式”对话框，在“载入样式”对话框中选中要导入的样式。如果文档中的样式与导入的样式同名，在“与现有样式冲突”下选择“自动重命名”，然后单击“确定”即可，如图 5-94 所示。

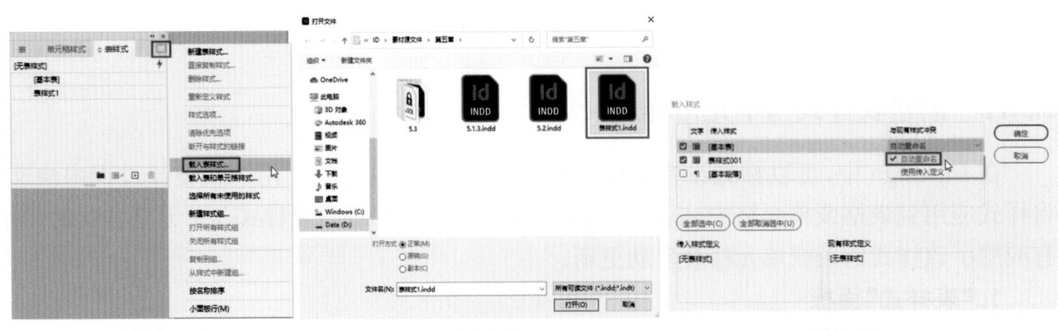

图 5-92 图 5-93 图 5-94

2. “单元格样式”面板

执行“窗口 / 样式 / 单元格样式”命令，打开“单元格样式”面板，在该面板中可以创建和命名单元格样式，并将这些样式应用于表的单元格中，如图 5-95 所示。设置好的样式会随文档一起存储，每次打开文档，样式都会显示在“单元格样式”面板中。

图 5-95

在“单元格样式”面板中单击“创建新样式”，即可新建单元格样式，如图 5-96 所示。双击单元格样式，即可弹出“单元格样式选项”对话框，在该面板中可以进行单元格样式的具体参数设置，如图 5-97 所示。

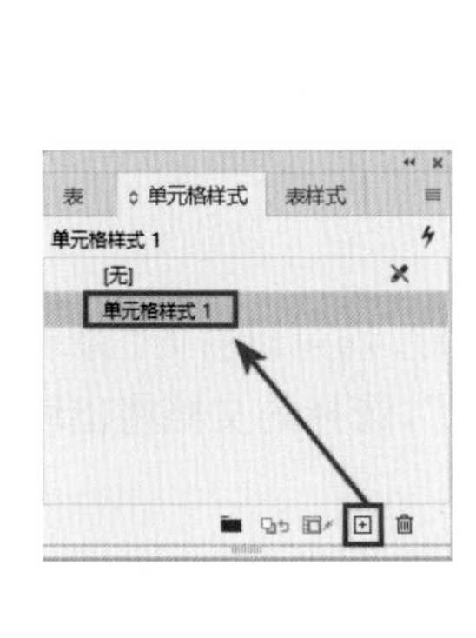

图 5-96

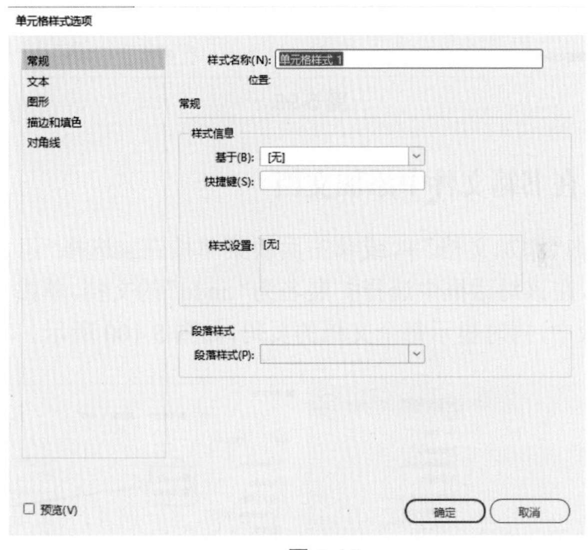

图 5-97

5.6　创建与管理书籍

在 InDesign 中，“书籍”文件是一个可以共享样式、色板、主页及其他项目的文档集。可以按顺序给编入书籍的文档中的页面编号、打印书籍中选定的文档或者将其导出为 PDF 文件。如果一个项目文件很大，内容很多，那么需要把文件分成几个文档来做，最后通过书籍功能把多个文档整合起来，这样方便整个项目的操作。

5.6.1 创建书籍文件

在 InDesign 中可以创建书籍文件，然后将多个文档添加到书籍文件中。执行“文件 / 新建 / 书籍”命令，打开“新建书籍”对话框，如图 5-98 所示。在该对话框中可为书籍文件指定存储位置和名称，单击“保存”，即可创建一个书籍文件，该文件的扩展名为“.indb”。同时工作窗口中将打开“书籍”面板，如图 5-99 所示。

图 5-98　　图 5-99

5.6.2 在书籍文件中添加文档

单击“添加文档”+，或单击面板菜单按钮≡选择“添加文档”，均可以打开“添加文档”对话框，在该对话框中选择扩展名为“.indd”的文档，单击“打开”，选择的文档将出现在“书籍”面板中，同时显示每个文档的页码，如图 5-100 所示。

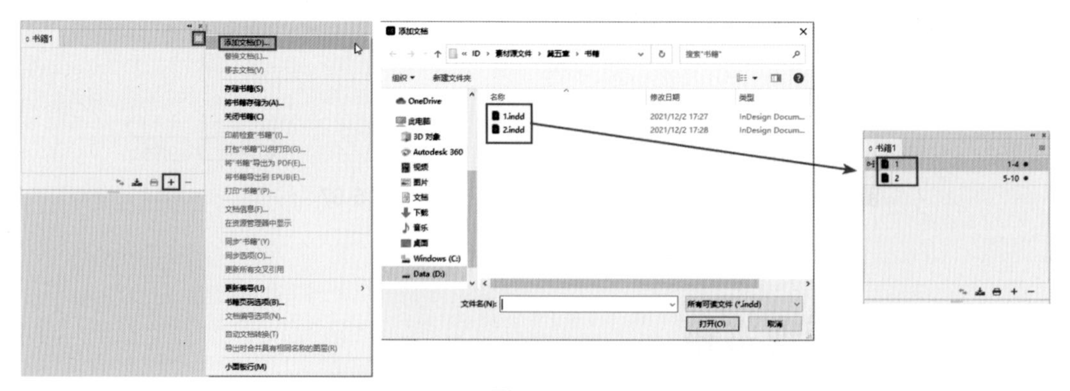

图 5-100

5.6.3　在书籍文件中删除文档

如果需要将文档从“书籍”文件中删除，只需在“书籍”面板选中该文档，然后单击面板底部的“移去文档”按钮 ，或单击面板菜单按钮 选择“移去文档”即可，如图 5-101 所示。

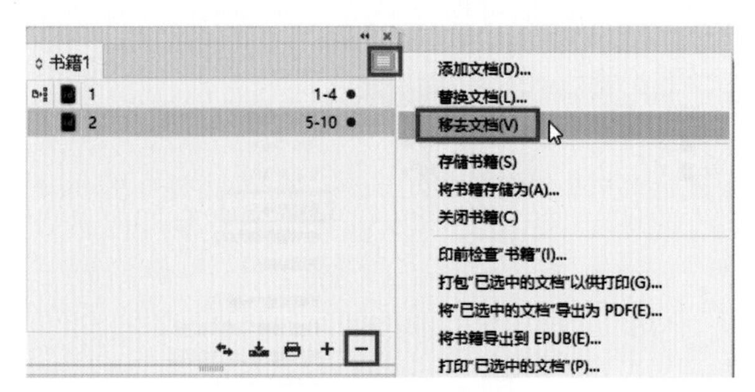

图 5-101

5.6.4　在书籍文件中替换文档

选中“书籍”面板中需要替换的文档，单击面板菜单按钮 选择“替换文档”，可以在打开的“替换文档”对话框中选择其他文档，来替换当前选中的文档，如图 5-102 所示。

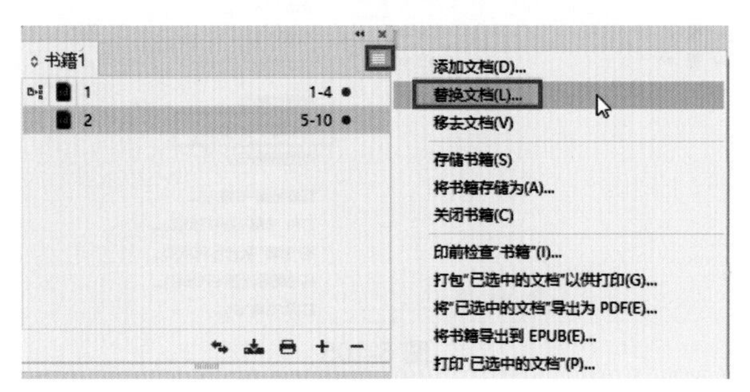

图 5-102

5.6.5　在书籍文件中调整文档顺序

选中并拖动面板中的文档名称至目标文档的上方或下方，待出现黑色线条时释放鼠标，即可调整文档的排列顺序。文档位置改变后，页码也会自动重新编排，如图 5-103 所示。

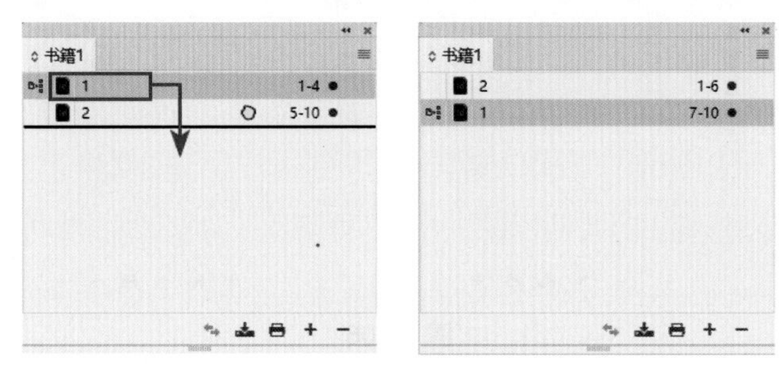

图 5-103

5.6.6 书籍文件的基础操作

1. 保存书籍文件

对书籍文件进行加工整理后，需要将其保存。单击面板菜单按钮≡选择“存储书籍”，或单击面板底部的“存储书籍”，均可保存书籍文件，如图 5-104 所示。

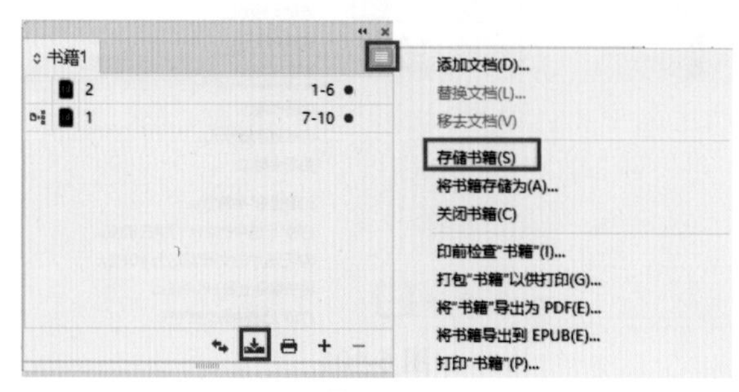

图 5-104

如果要以新名称存储书籍，单击面板菜单按钮≡选择“将书籍存储为”，打开“将书籍存储为”对话框后，在其中指定一个新位置，并设置新名称来重新存储书籍，如图 5-105 所示。

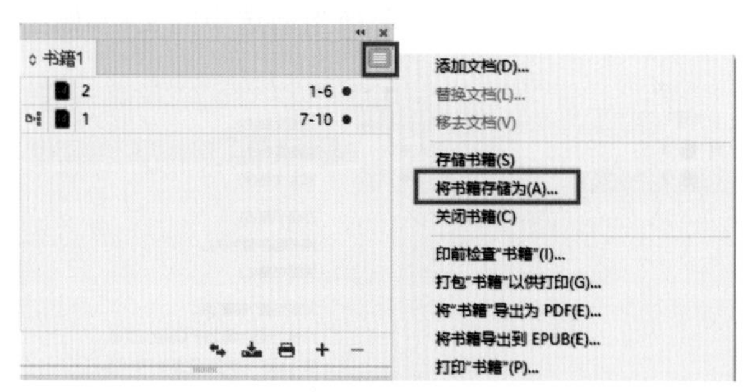

图 5-105

2. 打开和关闭书籍文件

执行“文件 / 打开”命令，在“打开文件”对话框中选择需要打开的一个或多个书籍文件，单击“打开”，即可打开书籍文件。在 InDesign 中，每打开一个书籍文件，就会打开一个对应的“书籍”面板，如图 5-106 所示。

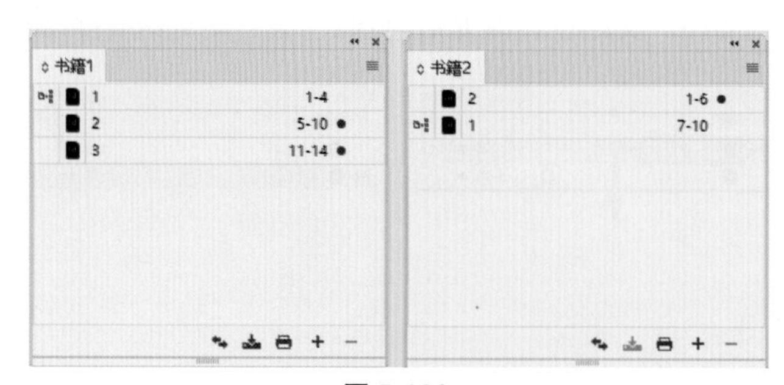

图 5-106

在“书籍”面板的文档名称右侧显示●，表示书籍文档处于打开状态，如图 5-107 所示。

若在文档名称右侧显示 ，表示此文档链接路径已修改或文件已被删除，导致文件缺失；在文档名称右侧显示 ，表示此文档的属性已被改变，但书籍的文件属性仍未更改，如图 5-108 所示。

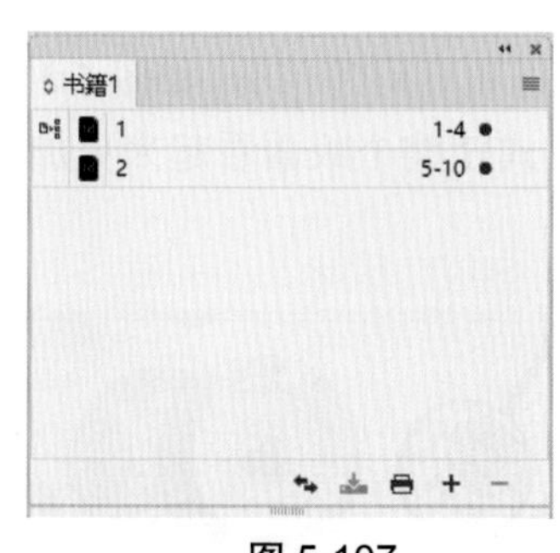

图 5-107

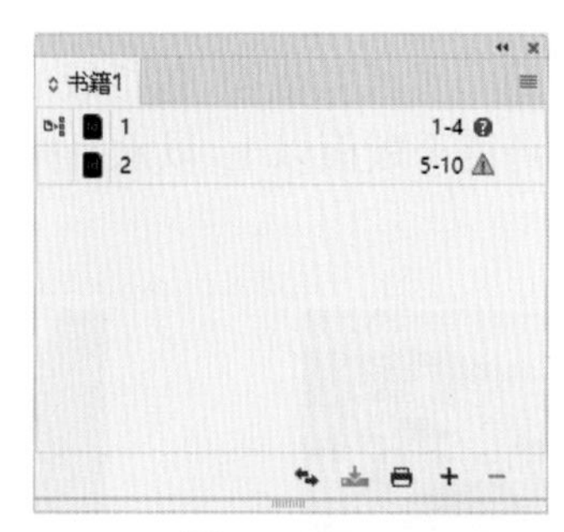

图 5-108

若要关闭当前书籍文件，单击“书籍”面板右上角的按钮 即可。

3. 同步书籍文件

书籍文件中包括很多个文档，要想让所有文档的样式、色板等设置都完全相同，可以利用书籍文件中的某一个文档作为样式源，利用同步功能将该文档的设置套用到其他文档上。操作方式是在“书籍”面板上单击文档左的“设置样式源”框，出现 后表示将该文档作为样式源，然后单击面板下方的“使用‘样式源’同步样式和色板” 即可完成同步，如图 5-109 所示。若只想同步某些特定的样式或设置，可以单击面板菜单按钮 ，选择“同步选项”。在打开的“同步选项”对话框中设置好同步的项目后单击“同步”即可，如图 5-110 所示。

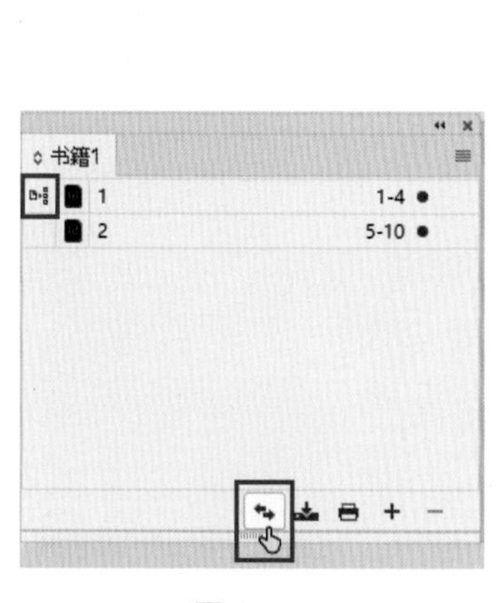

图 5-109

图 5-110

5.7　页面和主页的管理

制作书籍文件时，往往包含了多个不同的页面，这些页面共同组成了完整的书籍。因此，需要掌握关于页面的基本操作，例如选择并跳转页面、向文档中插入新的页面、删除已有页面等。

5.7.1 认识页面、跨页、主页

页面是指书籍一页纸的幅面，包括版心、页眉和页码等部分，如图 5-111 所示。跨页是将图文放大并横跨两个版面以上，以水平排列方式使整个版面看起来更加宽阔，如图 5-112 所示。

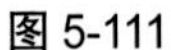
图 5-111

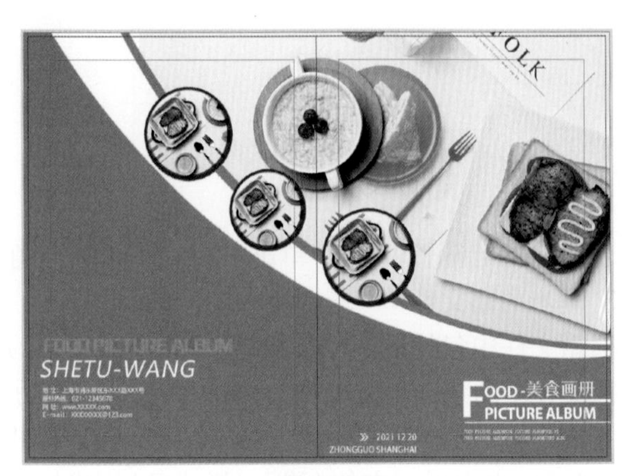

图 5-112

主页类似于模板，用户可在编排文件时将相同元素（如重复出现的 Logo、页眉和页码等）放置在主页上，而这些元素将会显示在应用该主页的页面中，如图 5-113 所示。这样不仅保证了出版物整体风格的一致性，还大大减少了不必要的重复性工作。

图 5-113

5.7.2 “页面”面板

执行“窗口 / 页面”命令或使用快捷键 F12，即可打开“页面”面板，如图 5-114 所示。

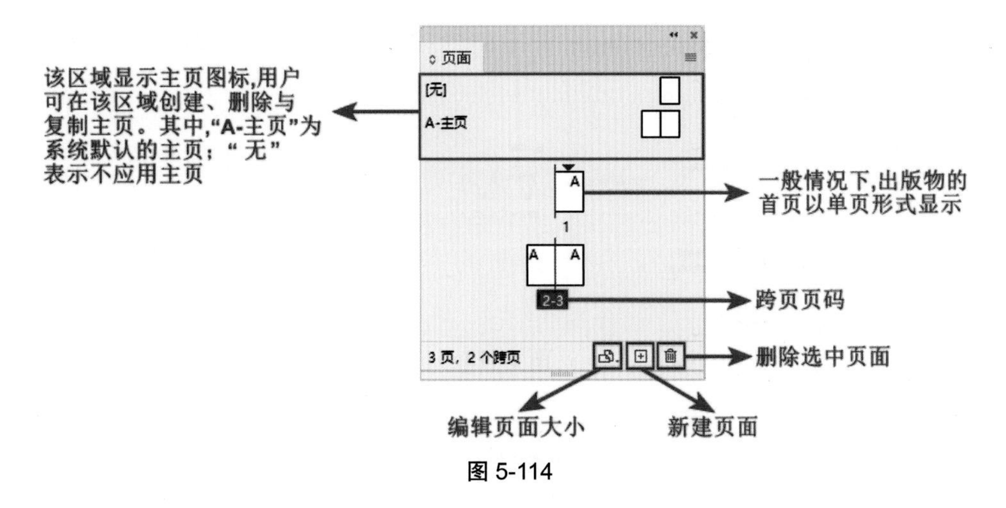

图 5-114

- 编辑页面大小按钮：单击该按钮,可以对页面大小进行编辑。
- 新建页面按钮：单击该按钮,可以创建一个新的页面。
- 删除选中页面按钮：选择页面并单击该按钮,可以将选中的页面删除。

5.7.3　选择页面

打开"页面"面板,在页面缩览图上单击,页面缩览图呈蓝色时表示该页面为选中状态,如图 5-115 所示;要选择某一跨页,单击位于跨页图标下方的页码,如图 5-116 所示;按住 Shift 键,在其他页面缩览图上单击,可以将两个页码之间的所有页面选中,如图 5-117 所示;按住 Ctrl 键,在其他页面缩览图上单击,可以选中不相邻的页面,如图 5-118 所示。

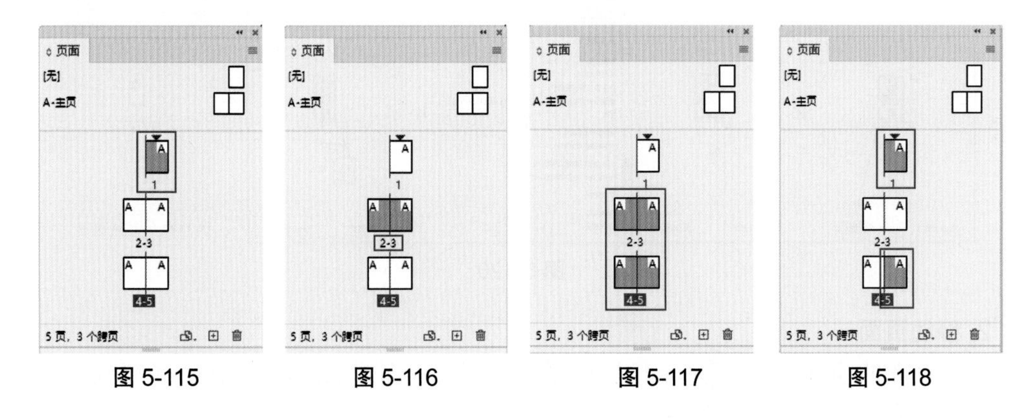

图 5-115　图 5-116　图 5-117　图 5-118

5.7.4　添加、删除页面

1. 添加页面

在页面缩览图上单击选中页面,然后单击面板底部的"新建页面",即可在选中的页面后添加一个新页面。如果要在指定位置添加多个页面,可以在面板菜单中选择"插入页面"命令,打开"插入页面"对话框后,在其中设置插入的页数、位置,以及要应用的主页即可,如图 5-119 所示。

图 5-119

2. 删除页面

选中页面的缩览图，单击面板底部的“删除选中页面”，或将该页面图标直接拖至“删除选中页面”上，均可删除页面。

5.7.5 复制、移动页面

1. 复制页面

选中页面的缩览图，然后将其拖至面板底部的“新建页面”上，即可将选中的页面复制到文档的末尾；或者选中页面的缩览图，在面板菜单中选择“直接复制页面”或“直接复制跨页”，可将选中的页面复制到文档的末尾；还可以在按住Alt键的同时，选中页面的缩览图并将其拖动至面板空白处，释放鼠标后也可将页面复制到文档的末尾，如图 5-120 所示。

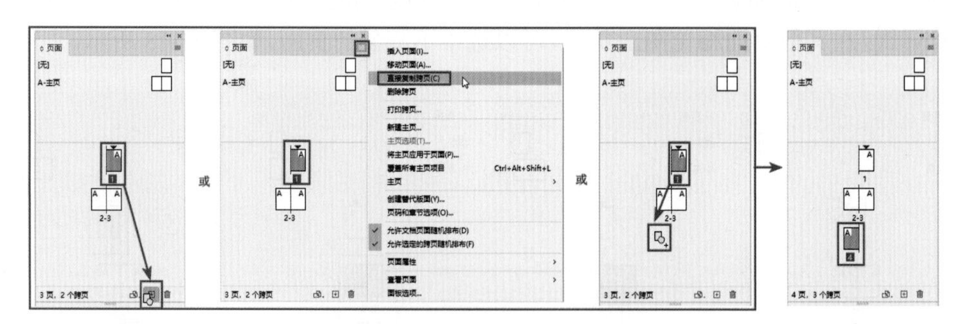

图 5-120

2. 移动页面

选中页面的缩览图，将其拖至目标页面缩览图的前面或后面，待出现一条竖线时，释放鼠标即可完成页面的移动，如图 5-121 所示。

如果要将某个页面移至跨页之间，只需将该页面的缩览图拖至目标跨页缩览图中间，待光标呈或形状时，释放鼠标即可，如图 5-122 所示，此时被移动的页面与目标跨页中的一页组成新跨页。

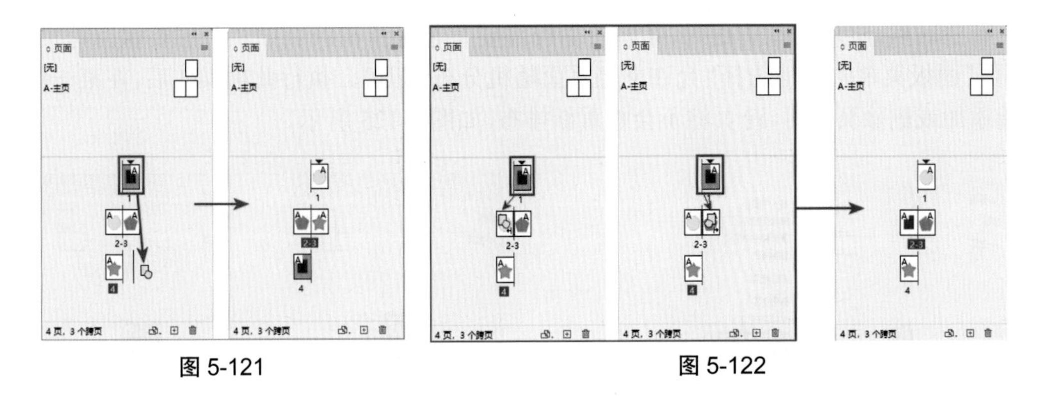

图 5-121　　　　图 5-122

除了使用鼠标直接拖动外，还可以使用菜单命令移动页面。选择面板菜单 ≡ 中的“移动页面”，弹出“移动页面”对话框，在该对话框中可以设置需要移动的页面。例如，在“移动页面”输入“1”；在“目标”下拉列表中选择要将该页面移动到什么位置，如选择“页面后”，接着在右侧编辑框中指定页面，输入“4”；在“移至”下拉列表中选择将页面移动到哪个文档中，默认选择“当前文档”，单击“确定”，即可将页面 1 移至当前文档中页面 4 的后一页，如图 5-123 所示。

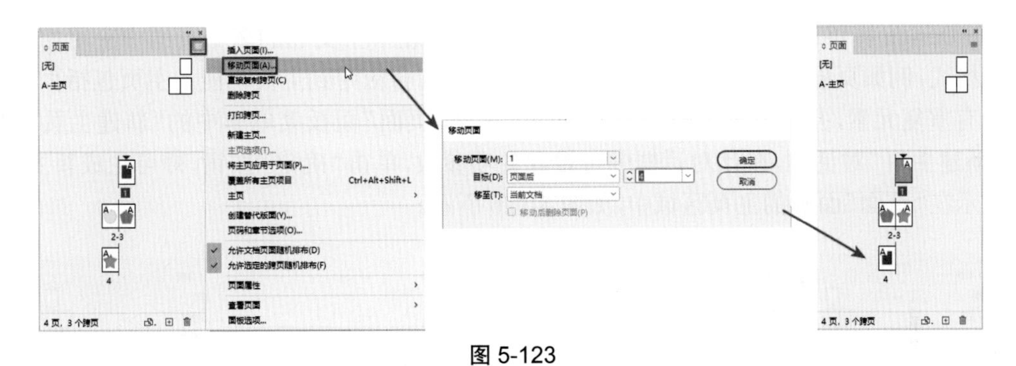

图 5-123

5.7.6　设置跨页分页

一般情况下，文档都使用两页跨页。当在某一跨页之前添加或删除页面时，页面将重新随机排布，如图 5-124 所示。

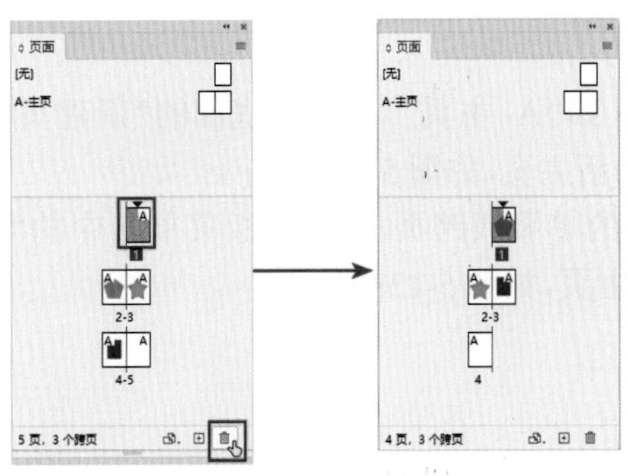

图 5-124

有些时候，删除其他页面时，某些页面仍需要一起保留在跨页中。若想要保留跨页，在“页面”面板菜单中取消选择“允许文档页面随机分布”即可。执行此项操作后，在某一跨页之前添加或删除页面时，跨页将不会被重新排布，如图 5-125 所示。

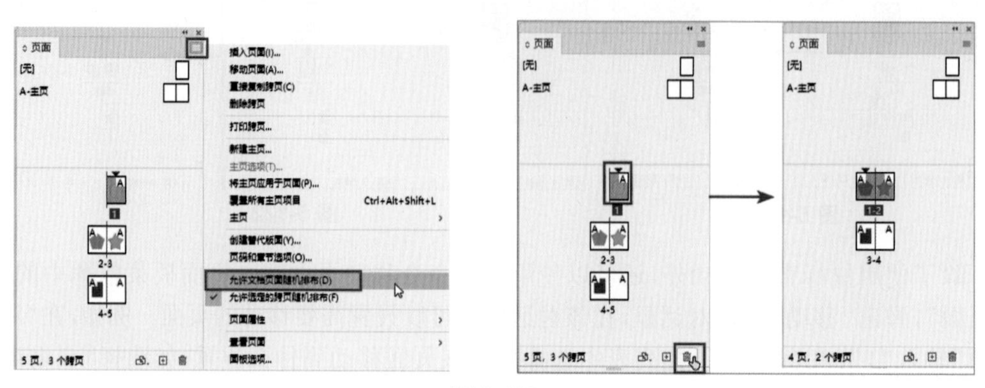

图 5-125

5.7.7 创建主页

InDesign 提供了创建和编辑主页功能，如果需要在一个文档的多个页面中应用相同的设计格式，例如页眉、页脚、页码和页面装饰元素等，就会应用到主页功能。主页包括页面上的所有重复元素，并且主页个数是不受限制。选择“页面”面板菜单≡中的“新建主页”，打开“新建主页”对话框，在该对话框中可设置各项参数，单击“确定”按钮，即可生成新主页，并显示在“页面”面板的主页区域中，如图 5-126 所示。

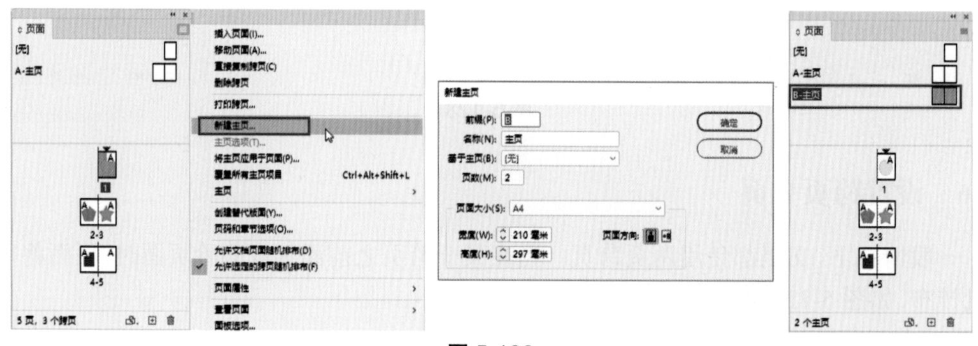

图 5-126

单击并拖动主页名称（如“A- 主页”）至面板底部的“新建页面”⊞上，即可创建一个与“A- 主页”内容完全相同的新主页，如图 5-127 所示。

选中需要创建为主页的单页或跨页，选择面板菜单≡中的“主页 / 存储为主页”，可将选中的单页或跨页存储为主页，如图 5-128 所示。

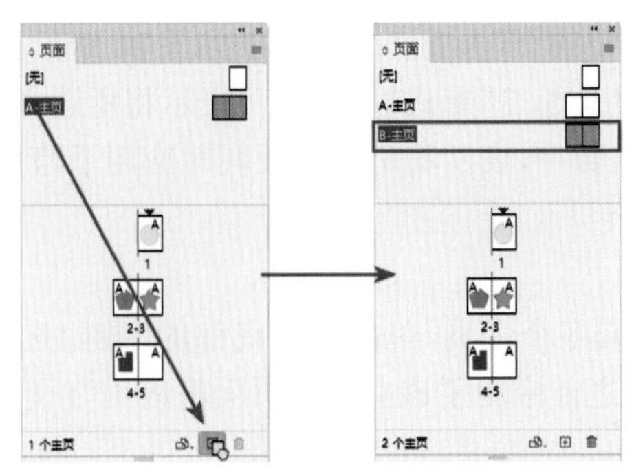

图 5-127

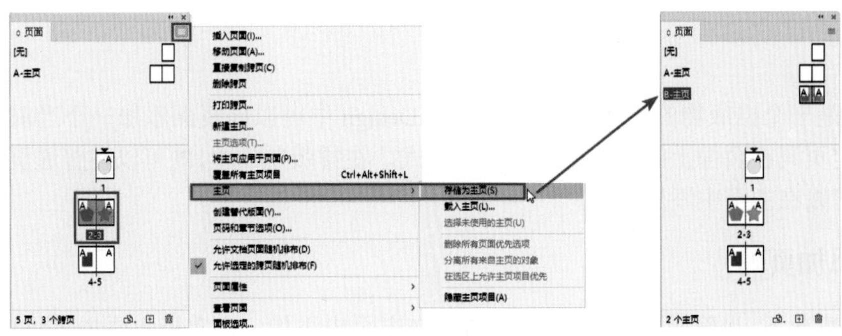

图 5-128

5.7.8　编辑主页

主页创建好后，如果想要对其进行修改，可以双击“页面”面板中的主页名称，此时该主页页面将显示在当前文档编辑窗口，用户可编辑该页面中的任意对象，而这些修改会自动同步到应用该主页的所有页面中。

5.7.9　应用主页

默认状态下，所有页面都应用“A- 主页”。要对页面应用其他主页，可选中该主页，选择面板菜单中的“将主页应用于页面”，打开“应用主页”对话框，在“于页面”编辑框中输入数字，确定应用主页的页面，此处为“4，5”，单击“确定”，即可将“B- 主页”应用于页面 4 和页面 5，如图 5-129 所示。

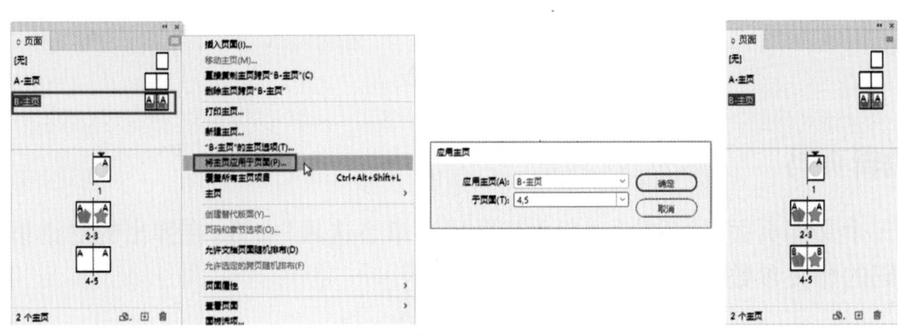

图 5-129

在“应用主页”对话框中的“于页面”编辑框中如果输入单个数字，如“5”，表示将所选主页只应用于页面 5；若以“3，5，7”形式输入数字，表示将所选主页同时应用于页面 3、5 和 7；若以“1-4，7-10”形式输入数字，表示将所选主页同时应用于跨页 1~4 和跨页 7~10。

5.7.10 删除主页

选中需要删除的一个或多个主页，单击面板底部的“删除选中页面”按钮🗑，即可将主页删除。删除主页后，所有之前应用了该主页的页面将应用“[无]”主页。

5.8 创建和编辑页码

页码是一个出版物的重要组成部分，在 InDesign 中可以向页面添加一个当前页码标志符，以指定页码在页面上的显示位置及显示方式。在排版制作中，既可以在普通页面中添加页码，也可以在主页中添加页码。

5.8.1 添加页码

一般情况下，为确保页码位置统一，通常在主页中添加。在文档中添加页码后，由于页码标志符是自动更新的，因此即使在添加、移去或重排文档中的页面时，文档所显示的页码始终是正确的。

双击“页面”面板中的主页名称，例如选择“A- 主页”，此时主页页面会显示在当前文档的编辑窗口，进入编辑状态。首先选择“文字工具”T，在主页上绘制一个文本框架，然后执行“文字 / 插入特殊字符 / 标志符 / 当前页码”命令，即可在当前文本框架中显示“A- 主页”的页码标记“A”。用户还可以根据实际需求为页码标记设置相应的字符属性，如图 5-130 所示。此时，文档中应用该主页的页面在相同位置处会出现当前页的页码。

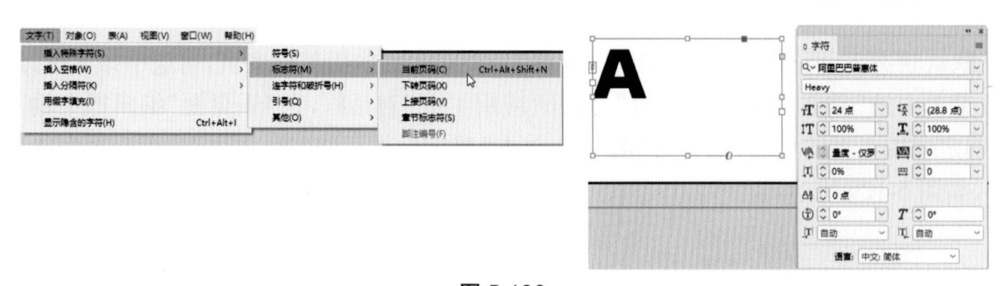

图 5-130

5.8.2 编辑页码

选择一个文档页面，然后执行“版面 / 页码和章节选项”命令，在弹出的对话框中可以对章节或页码的相关参数进行设置，如图 5-131 所示。

图 5-131

● 自动编排页码：选择该单选钮，表示在页面中添加页码后，执行添加或删除页面操作时，文档中的页码将自动更新。

● 起始页码：选择该单选钮，在其右侧编辑框中输入单数，表示用户可以在指定的页面重新定义页码。

● 样式：可以在其下拉列表中选择不同选项，为文档中的页码设置样式，系统提供了 10 种样式供用户选择。

5.9　创建和编辑目录

在 InDesign 中，可利用“字符样式”面板设置字符样式，并应用于文本，从而快速改变文本对象的外观属性。当字符样式被修改后，所有应用该样式的文本都会根据修改自动更新其格式。另外，字符样式的创建只针对当前文档，与其他文档中字符样式的设置不会产生冲突。

5.9.1　创建目录

执行“版面 / 目录”命令，可打开“目录”对话框，在弹出的“目录”对话框中设置“标题”，在“样式”下拉列表中可以对标题名称的文字样式进行设定。在对话框右侧的“其他样式”列表框中，选择要包含在目录中的样式，如图 5-132 所示。

● 条目样式：可以选择一种文档中创建好的段落样式添加到“包括段落样式”编辑框中，以应用到相关联的目录条目。

● 页码：用来设置页码格式的字符样式。可以在“页码”右侧的“样式”下拉列表中选择此样式。

● 条目与页码间：指定要在目录条目及其页码之间显示的字符。默认值是“^t”，即在文档中插入一个制表符。可以点击下拉按钮，在列表中选择其他特殊字符（如右对齐制表符或全角空格）。

● 按字母顺序对条目排序（仅为西文）：选中此复选框，将按字母顺序对选定样式中的目录条目进行排序。

● 级别：默认情况下，“包含段落样式”列表中添加的每个项目比其上层项目低一级，可以通过为选定的段落样式指定新的级别编号来更改其层次。

● 框架方向：指定要用于创建目录的文本框架的排版方向。

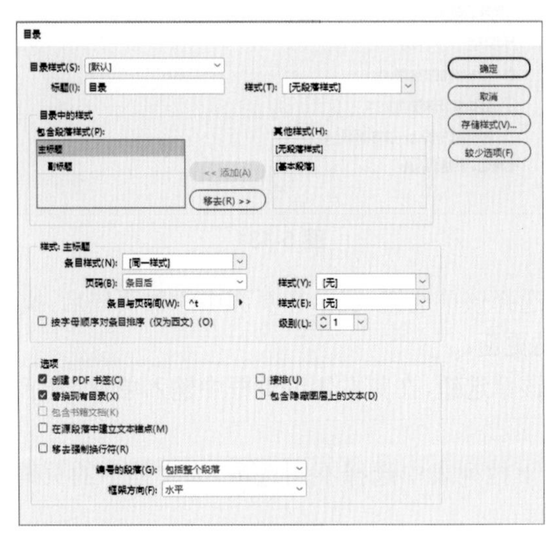

图 5-132

实例演练 5.9.1——制作画册目录

（1）打开素材“5.9.indd”，首先为文档添加页码。打开“页面”面板，双击“A- 主页”缩览图，在窗口打开主页编辑页面，使用“文字工具”T在左页面的中下方绘制一个文本框，单击鼠标右键执行“插入特殊字符 / 标志符 / 当前页码”命令，如图 5-133 所示。插入页码后，可以使用“字符”面板设置文字样式，并通过智能参考线将其与页面居中对齐，如图 5-134 所示。

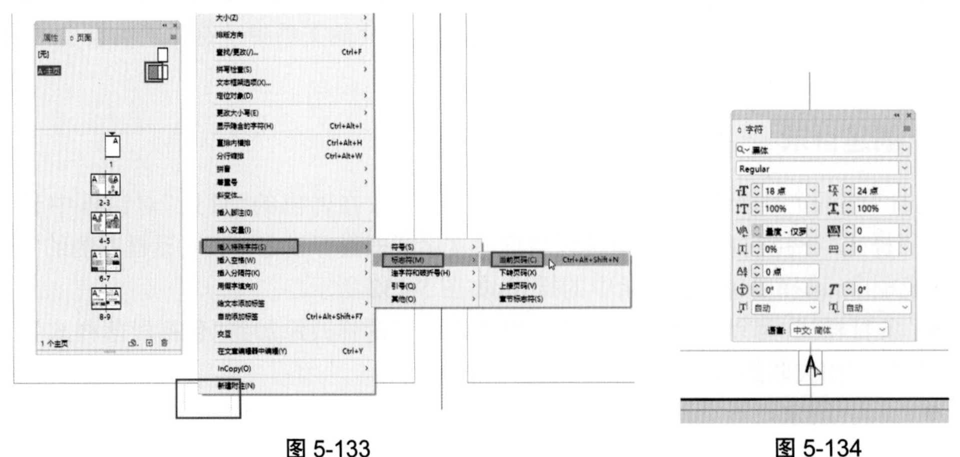

图 5-133　　图 5-134

（2）使用“选择工具”T，选中该文本框，按住Alt键的同时，按住鼠标左键，将其移动复制到右页面的中下方，并与该页面居中对齐，如图 5-135 所示。

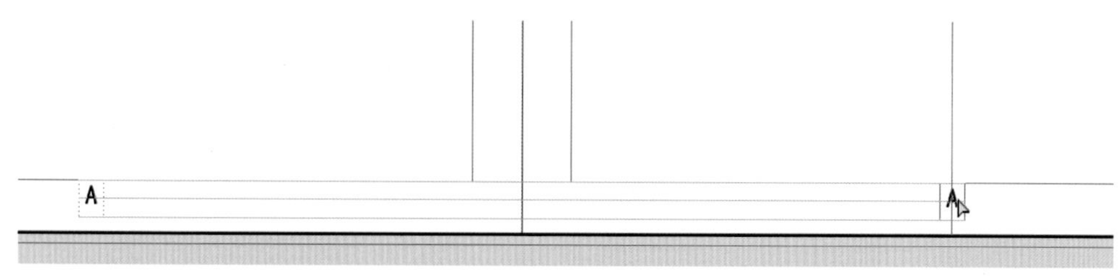

图 5-135

（3）由于文档第一页为目录页，不需要页码，所以需要重新设置起始页码。首先在“页面”面板选中第二页，单击鼠标右键选择“页码和章节”，打开“新建章节”对话框，激活“起始页码”，并设置其参数为“1”，然后设置“编排页码”的样式，如图 5-136 所示，最后单击“确认”完成设置。

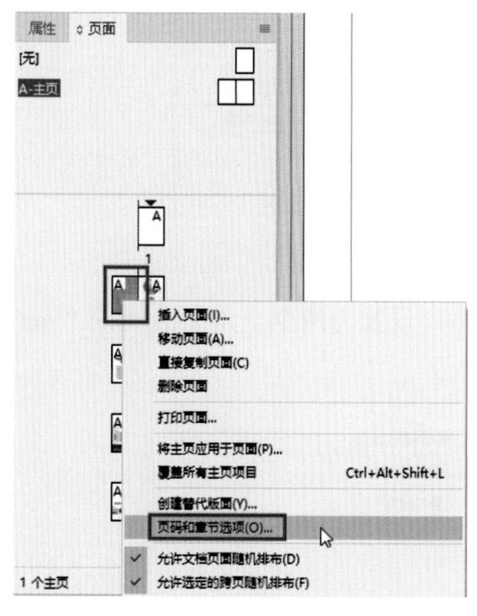

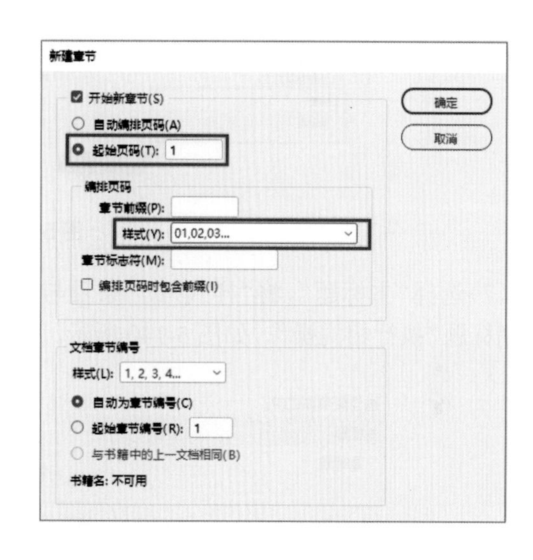

图 5-136

（4）将“页面”面板的“[无]”样式拖拽到目录页面的缩览图上，此时目录页面将不再显示页码，如图 5-137 所示。

（5）接下来将为文档创建目录，首先执行“版面 / 目录”命令，打开“目录”对话框后设置“标题”为“目录”，在“样式”下拉列表中选择“新建样式”，在弹出的“新建段落样式”对话框中为目录标题设置相应的字符样式和颜色等相关选项，单击“确认”完成设置，如图 5-138 所示。

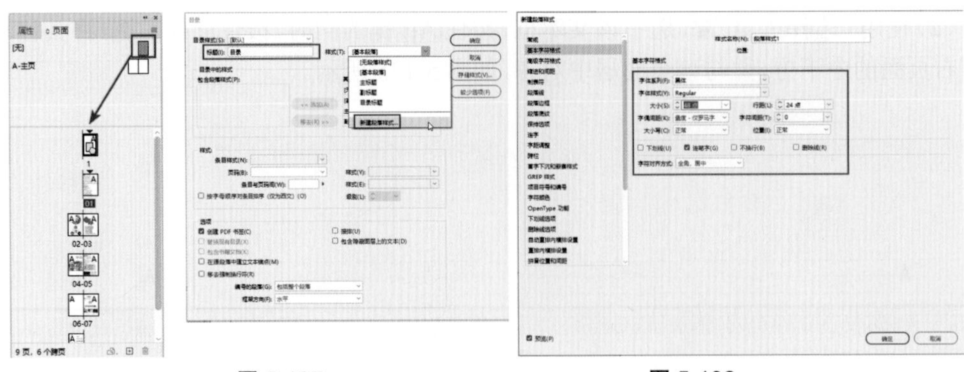

图 5-137　　　　图 5-138

（6）返回“目录”对话框，在对话框右侧的“其他样式”列表框中，选择要包含在目录中的样式，首先选择“主标题”单击“添加”，再按照相同的方法添加副标题，如图 5-139 所示。

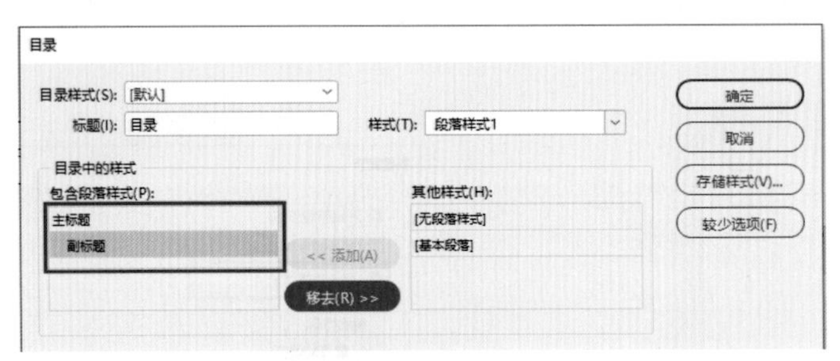

图 5-139

（7）选择“主标题”，将“样式”的“条目与页码间”设置为两个全角空格，输入“^m^m”，为“副标题”执行相同操作，如图 5-140 所示。

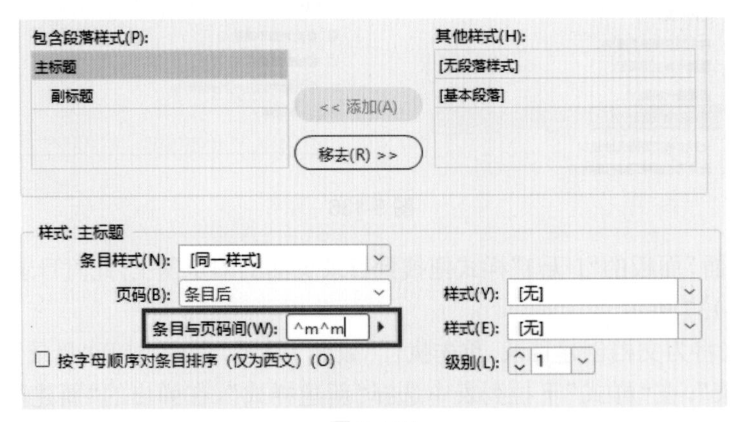

图 5-140

（8）其他参数保持默认设置，单击“确认”，待光标呈现载入文本图标时，在第一页空白页面拖曳出目录的文本框，即可载入生成的目录，如图 5-141 所示。

（9）如果出现段间距不足等问题，可以通过调整段落样式加以修改。使用“文字工具”选中“目录”文本，在“段落样式”面板中双击目录标题所使用的段落样式“段落样式1”，打开“段落样式选项”对话框，单击“缩进与间距”，在该面板中设置“段后距”，此处为

"20 毫米",如图 5-142 所示。

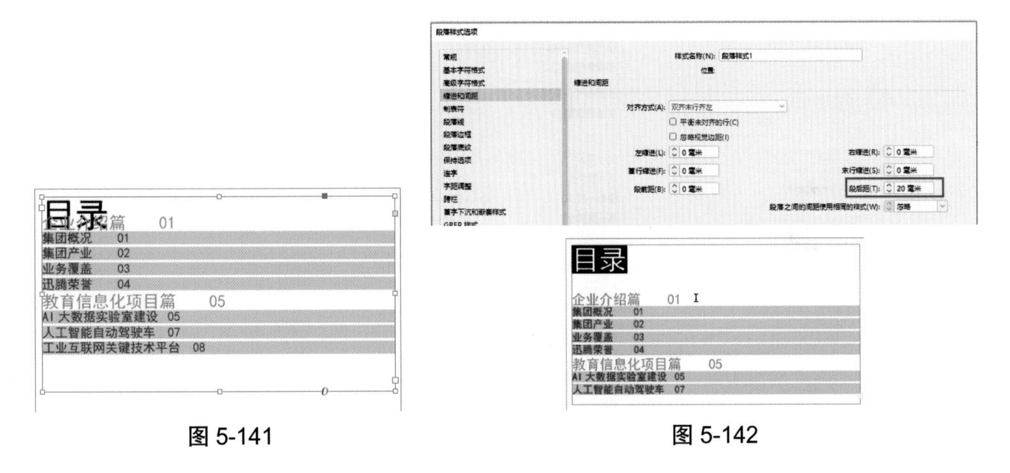

图 5-141　　　图 5-142

(10)参照上述方法调整所有的目录文本,最终效果如图 5-143 所示。

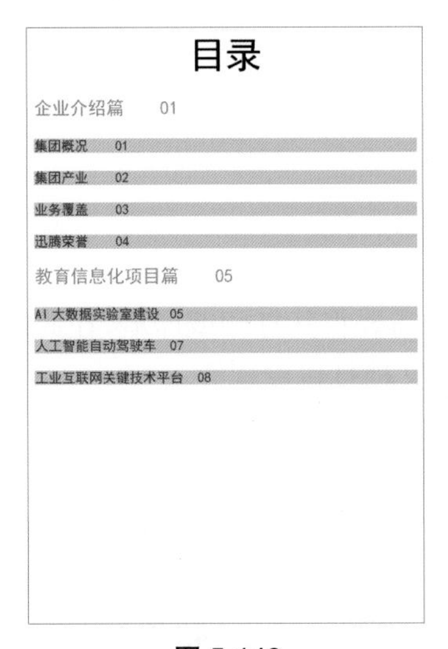

图 5-143

5.9.2　修改目录

当文档发生了变化,如修改了目录条目的内容或页码等,就需要更新目录。如果要更新目录,可以在选中目录文本后,执行"版面 / 更新目录"命令,如图 5-144 所示。

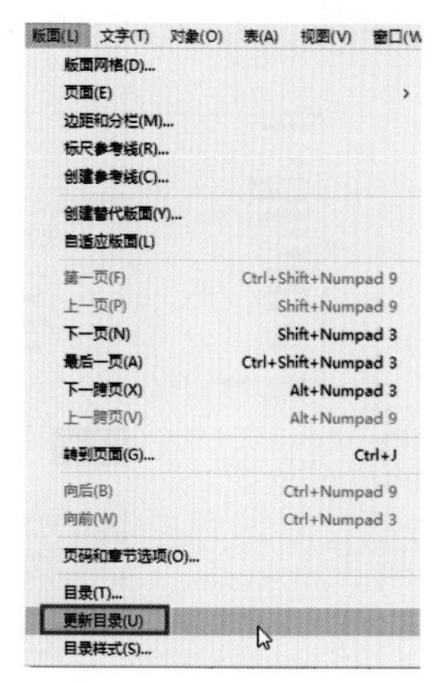

图 5-144

如果需要修改目录条目的内容，用户需要先在文档中修改内容，再更新目录。如果大幅度修改了目录，建议重新生成目录。

5.10 预检与输出

出版物排版设计好后，通常需要将其打印或印刷，在此之前，需要进行一些印前准备工作，如包括印前检查、打印文档、文档打包设置等。

5.10.1 印前检查

打印或印刷文档前，可以先进行“预检”，以确认文档是否存在文件或字体缺失、图像分辨率低、文本溢流等一些问题。执行“窗口 / 输出 / 印前检查”命令，打开“印前检查”面板，该面板中显示了当前文档存在的问题，如图 5-145 所示。

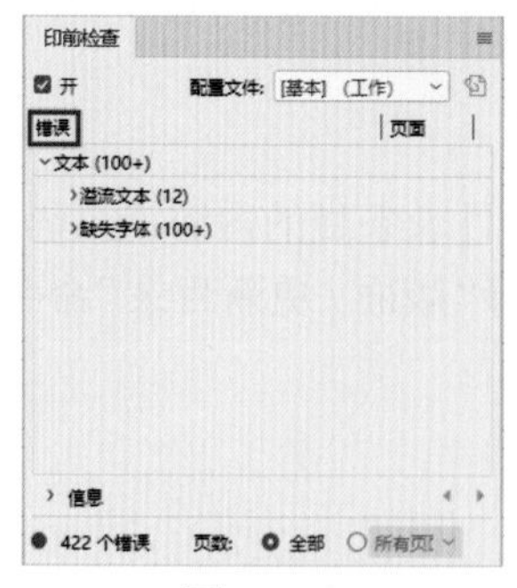

图 5-145

若想要显示更多的预检选项，在“印前检查”面板菜单中选择“定义配置文件”，即可弹出“印前检查配置文件”对话框，单击对话框中左下方的“新建印前检查配置文件”+，可新建一个印前检查配置文件。此处设置“配置文件名称”为“杂志”，之后设置相关参数，单击面板中各选项左侧的三角标，勾选与图像和对象相关的检查选项，设置完毕后单击“确定”，如图 5-146 所示。

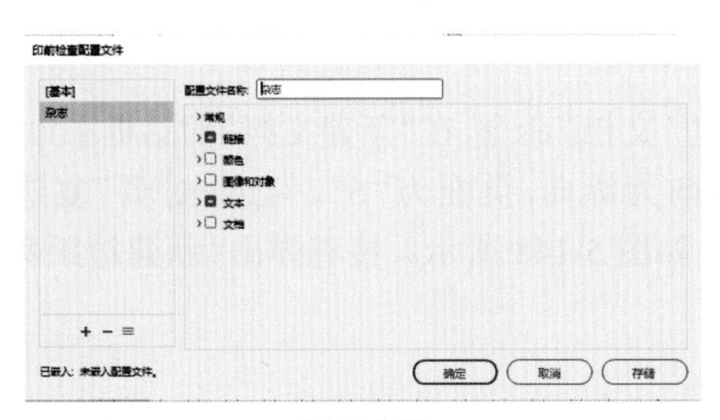

图 5-146

5.10.2　打印文档

出版物预检无误后，可以将其进行打印输出。通过“打印”对话框可以设置要打印的页码、份数等参数。保持文档打开状态，执行“文件 / 打印”命令，即可打开“打印”对话框，如图 5-147 所示。

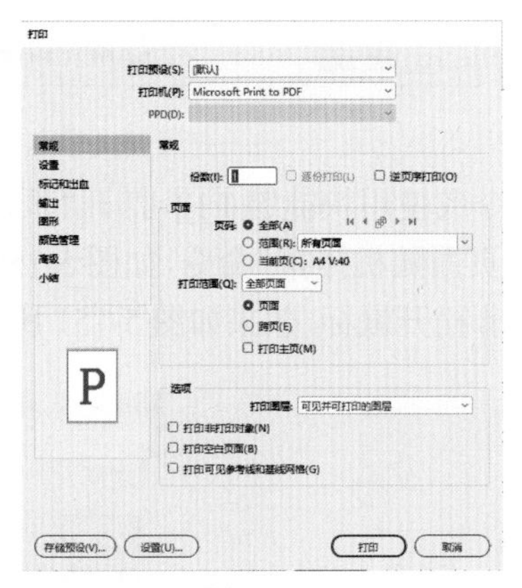

图 5-147

● 份数：在编辑框中输入要打印的份数，可选择“逐份打印”或“逆页序打印”，当份数为 1 时，只有“逆页序打印”（从文档最后一页开始打印）可选。

● 页码：用于指定要打印的页面。选择“全部”单选钮，将打印当前文档的全部页面；选择“范围”单选钮，在其编辑框中可以指定要打印的页面。

● 打印主页：勾选该复选框将打印文档中的所有主页，而不是打印文档页面。

● 打印图层：在该下拉列表中可以选择要打印的图层。

● 打印可见参考线和基线网格：勾选该复选框，将按照文档中的颜色打印可见的参考线和基线网格。

5.11 综合案例实战——画册制作

（1）执行“文件 / 新建 / 文档”命令，在“新建文档”对话框中设置文件名称为“画册”，文档大小选择 A4 尺寸，方向为纵向，页面为“6”，勾选“对页”复选框，出血值设置为“3 毫米”，单击“边距和分栏”，如图 5-148 所示。接着弹出“新建边距和分栏”对话框，直接单击“确认”，如图 5-149 所示。

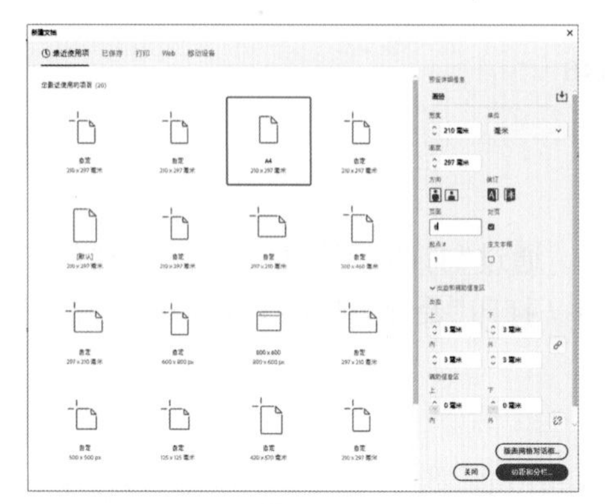

图 5-148

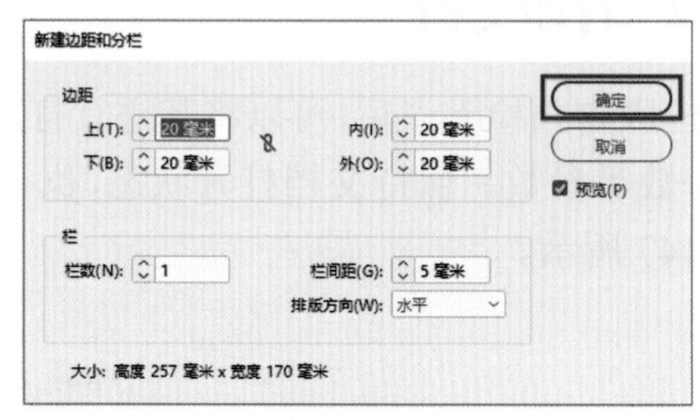

图 5-149

（2）执行“窗口 / 页面”命令或使用快捷键 F12，打开“页面”面板。单击“页面”面板的菜单按钮，取消勾选“允许文档页面随机排布”命令，如图 5-150 所示。在第 6 页上按住鼠标左键进行拖曳，移到第 1 页左侧，松开鼠标，效果如图 5-151 所示。

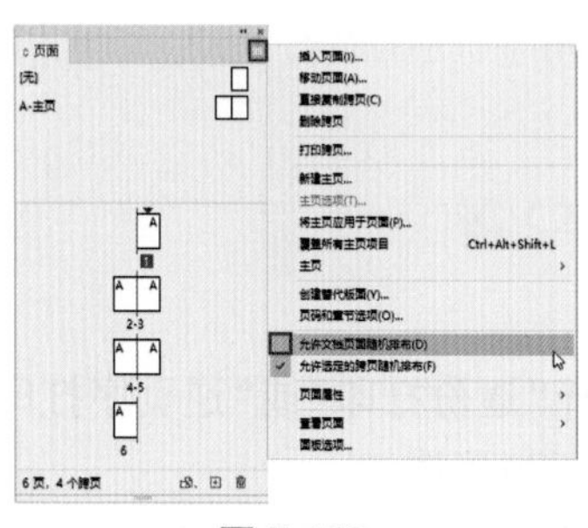

图 5-150

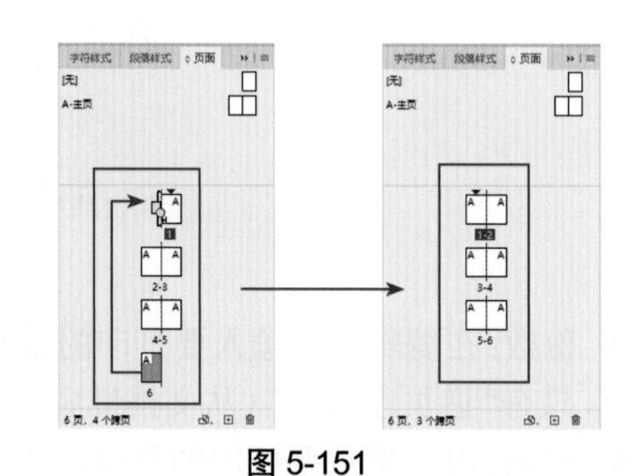

图 5-151

（3）双击“主页”，进入该页面进行编辑。单击工具箱中的“钢笔工具”按钮，在页面左下角绘制一个宽和高都为 50 毫米的闭合三角形，并设置填色为“#32aab5”，描边为“无”。按住 Alt 键移动复制该三角形，并执行“对象 / 变换 / 水平翻转”命令，将复制的对象放置在页面右下角，如图 5-152 所示。

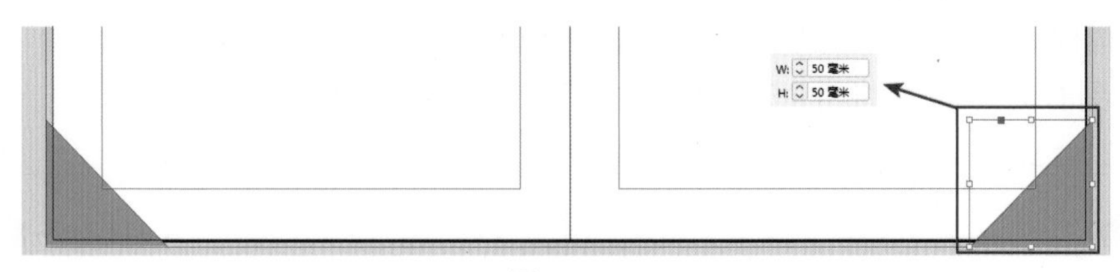

图 5-152

（4）单击工具箱中“矩形工具”，在左侧页面的下方绘制一个矩形，设置填色为“#97cdd3”，描边为“无”。按住 Alt 键移动复制该矩形，将复制的对象放置在右侧页面下方，将两个矩形一起选中，在控制栏单击“顶对齐”，如图 5-153 所示。

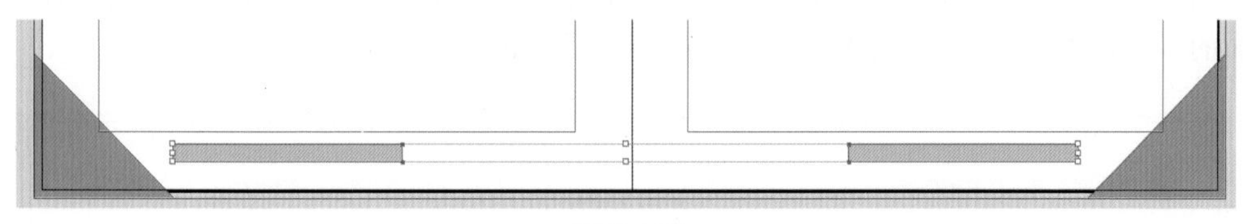

图 5-153

（5）双击工具箱中“多边形工具”，打开“多边形设置”对话框，设置边数为 6，星形内陷为 0%，单击“确认”，在页面左上角绘制一个六边形，在控制栏设置旋转角度为 90°，填色为“#32aab5”，描边为“无”。按住 Alt 键移动复制该多边形，将复制的对象放置在右上角，将两个多边形一起选中，在控制框单击“顶对齐”，如图 5-154 所示。

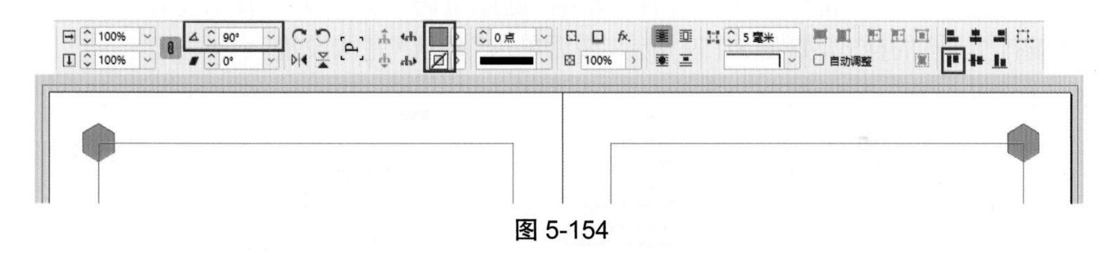

图 5-154

（6）使用“文字工具”在左侧页面的多边形旁边绘制一个文本框，输入文字，然后执行“窗口 / 文字和表 / 字符”命令，打开“字符”面板，设置字体样式、大小、行距等，最后设置文字填色为“#32aab5”，描边为“无”。按住 Alt 键移动复制该文本框，将复制的对象放置在左页面的多边形旁边，将两个文本框一起选中，在控制框单击“顶对齐”，如图 5-155 所示。

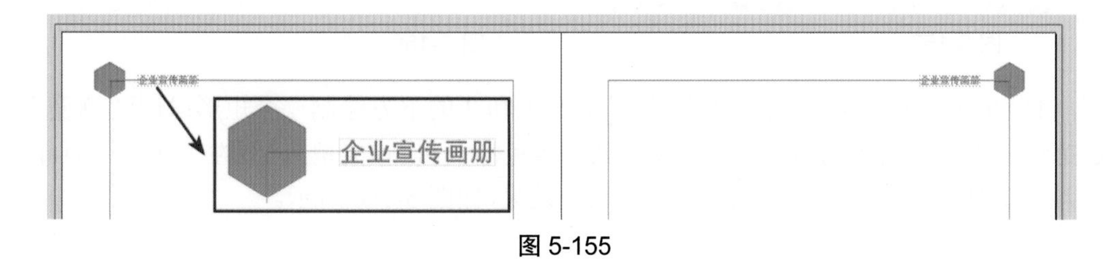

图 5-155

（7）依据上述方法，再在左侧页面绘制一个矩形，填色为“#97cdd3”，描边为“无”，然后将其复制到右侧页面，并将两个矩形“顶对齐”，效果如图 5-156 所示。

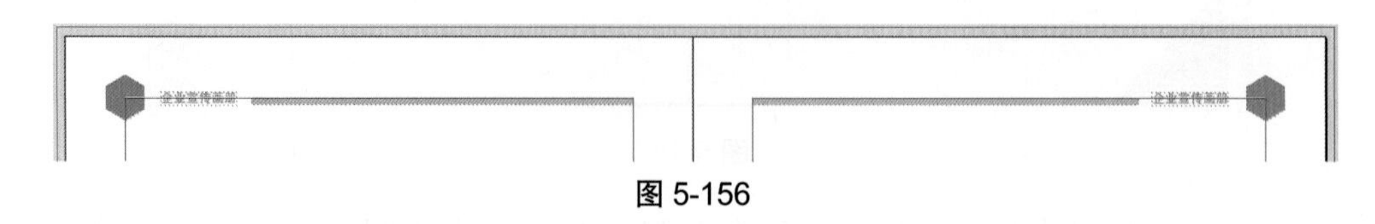

图 5-156

（8）使用“文字工具”在左页面多边形上绘制一个文本框，单击鼠标右键，执行“插入特殊字符 / 标志符 / 当前页码”命令。插入页码后，可以使用“字符”面板设置文字样式。接着使用“选择工具”选中该文本框，按住 Alt 键的同时，按住鼠标左键，将其移动复制到右页面的多边形上，并将两个文本框“垂直居中对齐”，如图 5-157 所示。

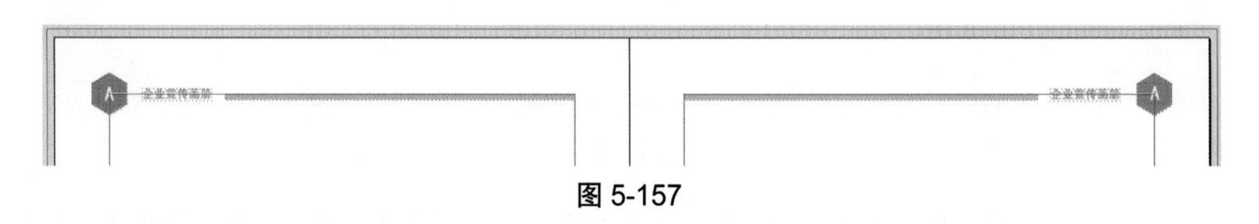

图 5-157

（9）由于文档第 1 页和第 2 页为封面封底，不需要包含主页样式，所以将“页面”面板的“[无]”样式拖拽到页面 1 和页面 2 的缩览图上，如图 5-158 所示。

（10）然后需要重新设置起始页码，在“页面”面板选中第 3 页，单击鼠标右键选择“页码和章节”选项，打开“新建章节”对话框，激活“起始页码”选项，并设置其参数为“1”，然后设置“编排页码”的样式，如图 5-159 所示，最后单击“确认”完成设置。

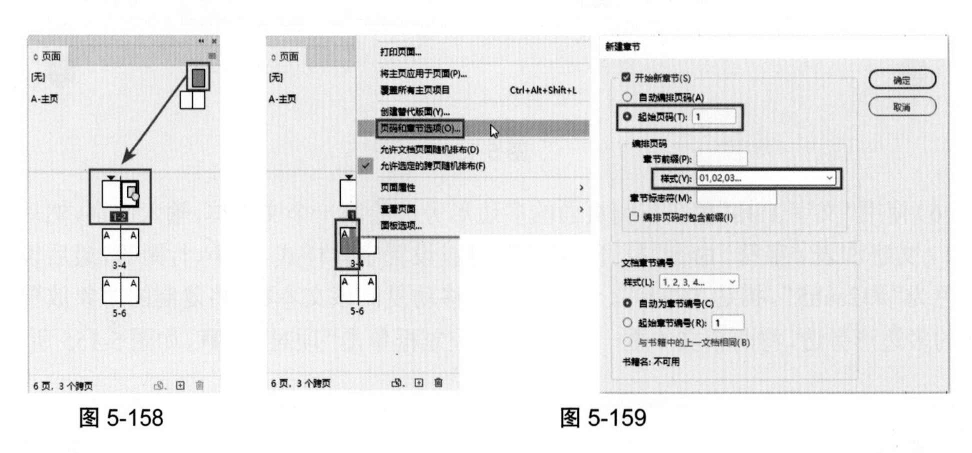

图 5-158　　图 5-159

（11）单击工具箱中“矩形工具”，在页面 1 和 2 的下方绘制一个矩形；打开“渐变”面板，拖动滑块将渐变颜色调整为从淡蓝色到淡绿色渐变，设置类型为“线性”；单击工具箱中的“渐变工具”按钮，拖动鼠标为矩形添加渐变效果，如图 5-160 所示。

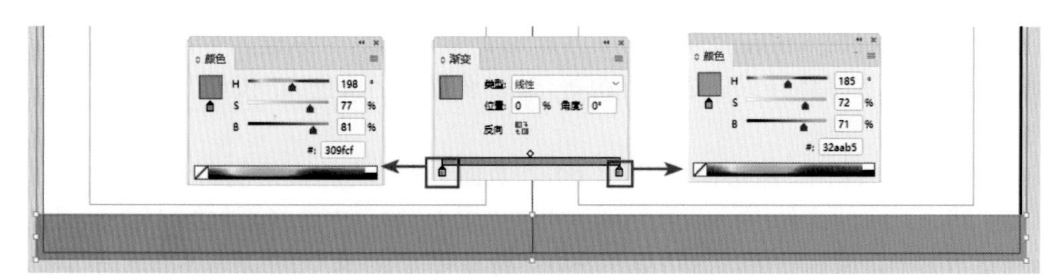

图 5-160

（12）单击工具箱中"矩形框架工具"，在页面 1 和页面 2 上拖曳绘制出一个矩形，保持框架的选中状态，执行"文件 / 置入"命令，在弹出的"置入"窗口中选择素材"5.11.1.jpg"打开。将图片置入后单击鼠标右键，选择"显示性能 / 高品质显示"命令；然后在控制栏中单击"选择内容"调整图像大小和位置。此时图像素材为外部链接文件状态，保持图像的选中，在"链接"面板中选择该图像单击鼠标右键，选择"嵌入链接"命令，将图像嵌入到文档中，效果如图 5-161 所示。

（13）单击工具箱中"矩形工具"，在页面 1 和 2 中绘制 3 个矩形，并为这 3 个矩形填充与底部矩形相同的渐变色，描边颜色为"无"，如图 5-162 所示。

图 5-161

图 5-162

（14）单击工具箱中的"钢笔工具"，在页面 2 的渐变矩形上绘制线框，设置填色为"无"，描边为白色，"粗细"为 6 点，如图 5-163 所示。

（15）使用"文字工具"绘制两个文本框，分别输入中英文文本，然后在"字符"面板中设置字体样式、大小、行距等，最后设置文字填色为"白色"，效果如图 5-164 所示。

图 5-163

图 5-164

（16）使用相同的方法在页面 2 右下方绘制 2 个文本框，分别输入中英文文本，然后在“字符”面板中设置字体样式、大小、行距等，最后设置文字填色为“黑色”，效果如图 5-165 所示。

（17）单击工具箱中“矩形框架工具”，在页面 2 右上方拖曳绘制出一个矩形，保持框架的选中状态，执行“文件/置入”命令，在弹出的“置入”窗口中选择素材“5.11.2.png”打开。将图片置入后单击鼠标右键，选择“显示性能 / 高品质显示”命令；然后在控制栏中单击“选择内容”调整图像大小和位置。此时图像素材为外部链接文件状态，保持图像的选中，在“链接”面板中选择该图像单击鼠标右键，选择“嵌入链接”命令，将图像嵌入到文档中，效果如图 5-166 所示。

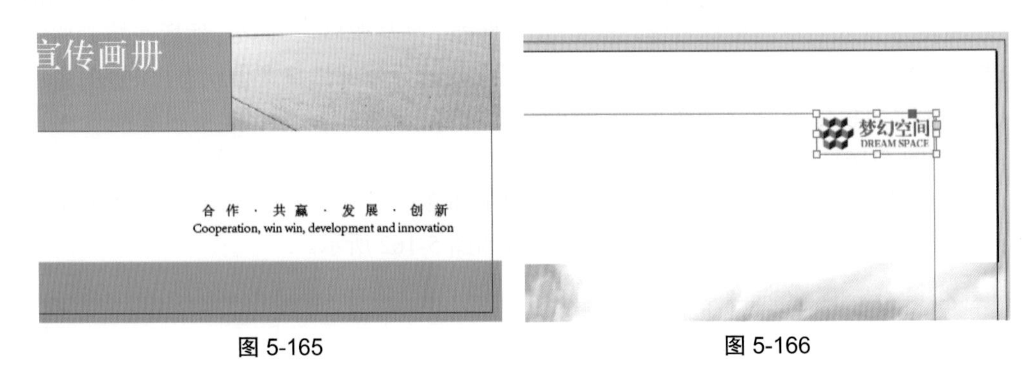

图 5-165　　　　图 5-166

（18）使用“文字工具”在页面 1 的渐变矩形上绘制两个文本框，分别输入文本，在“字符”面板中设置字体样式、大小、行距等，接着设置文字填色为“白色”，最后将两段文本左对齐，效果如图 5-167 所示。

（19）单击工具箱中“直线工具”，在刚刚创建好的文本框中间绘制一条直线，在控制栏设置直线描边颜色为“白色”，填色为“无”，描边粗细为“2 点”，如图 5-168 所示。

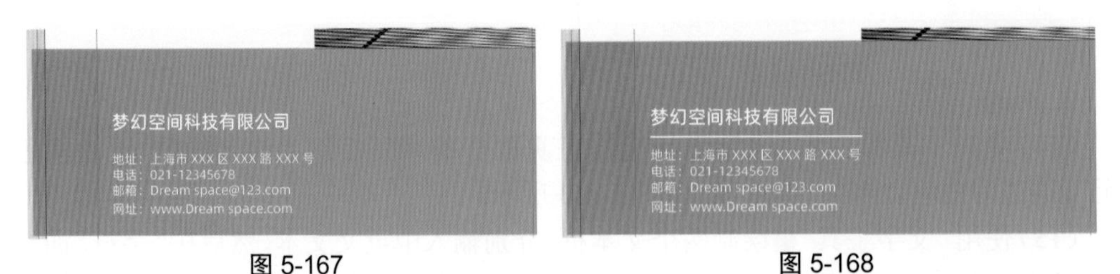

图 5-167　　　　图 5-168

（20）封面和封底制作完毕，接下来制作内页部分。在“页面”面板中选择 01 页和 02 页进行编辑，首先制作标题部分，使用“文字工具”在页面上绘制文本框并输入内容，然后在“字符”面板中设置字体样式、大小、行距等，最后设置文字填色为“#32aab5”，如图 5-169 所示。

（21）单击工具箱中“矩形工具”，在页面 01 中绘制一个矩形，填色为“#32aab5”，描边颜色为“无”，如图 5-170 所示。

（22）使用“文字工具”在矩形左侧绘制两个文本框，如图 5-171 所示。

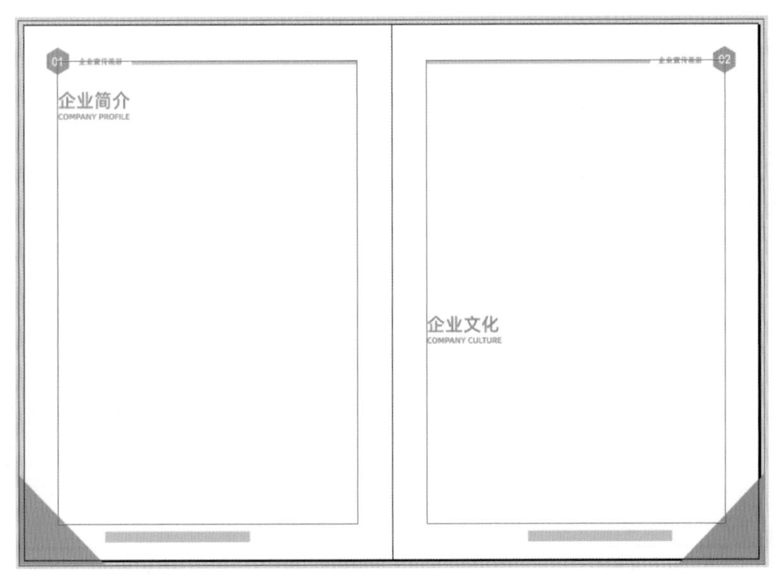

图 5-169

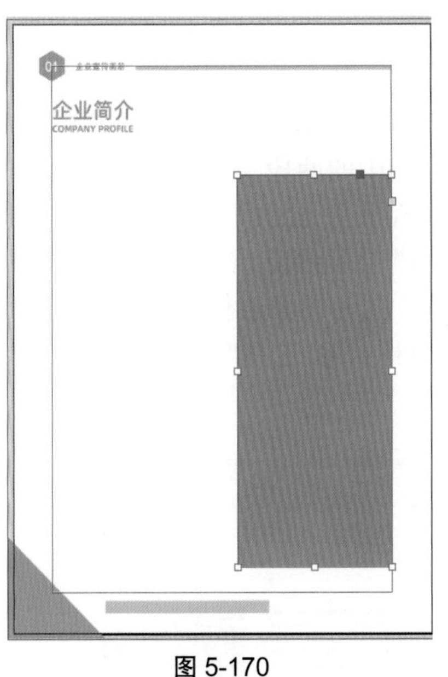

图 5-170

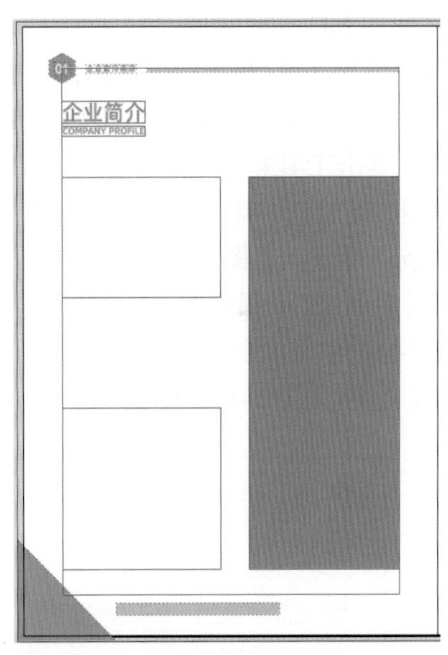

图 5-171

（23）在 Word 中打开素材“5.11.doc”，复制第一段文字；然后在 InDesign 中选择“文字工具”，在页面 01 的第一个文本框中插入光标，执行“编辑 / 粘贴”命令，将内容粘贴到框架中；使用“文字工具”选中所有正文文本，在控制栏中设置字体样式、字体大小等，并设置字体颜色为“黑色”，最后设置段落对齐方式为“双齐末行齐左”，如图 5-172 所示。

（24）由于第一个文本框无法显示全部文字内容，产生溢流文本，需使用“选择工具”单击文本框右下角红色“+”号，然后将鼠标移动到第二个文本框上，当光标变成载入文本图标时，单击鼠标左键将文本进行串接，多余的文字显示在第二个文本框中，按照内容显示区域调整该文本框大小，如图 5-173 所示。

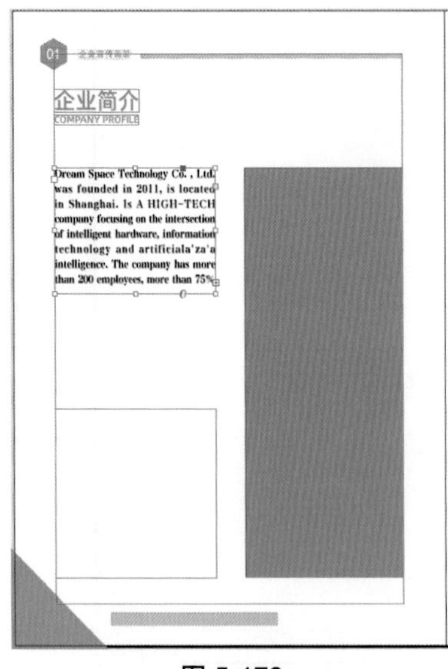

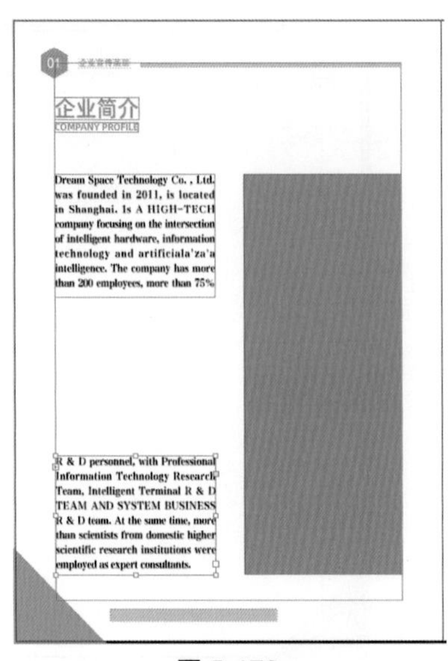

图 5-172　　图 5-173

（25）选择“文字工具”T，在页面 01 的矩形上绘制一个文本框，在 Word 素材中复制第二段文字，回到 InDesign，在该文本框中插入光标，执行“编辑 / 粘贴”命令，将正文粘贴到框架中。使用“文字工具”T选中文本框的全部文字，在控制栏中设置字体样式、大小、行距等相关参数，并设置字体颜色为“白色”，最后设置段落对齐方式为“双齐末行齐左”，如图 5-174 所示。

（26）单击工具箱中“矩形框架工具”⊠，在页面 01 的两段文本中间拖曳绘制一个矩形，保持框架的选中状态，执行“文件 / 置入”命令，在弹出的“置入”窗口中选择素材“5.11.3.jpg”打开。将图片置入后单击鼠标右键，选择“显示性能 / 高品质显示”命令。然后在控制栏中单击“选择内容”调整图像大小和位置。此时图像素材为外部链接文件状态，保持图像的选中，在“链接”面板中选择该图像单击鼠标右键，选择“嵌入链接”命令，将图像嵌入到文档中，如图 5-175 所示。

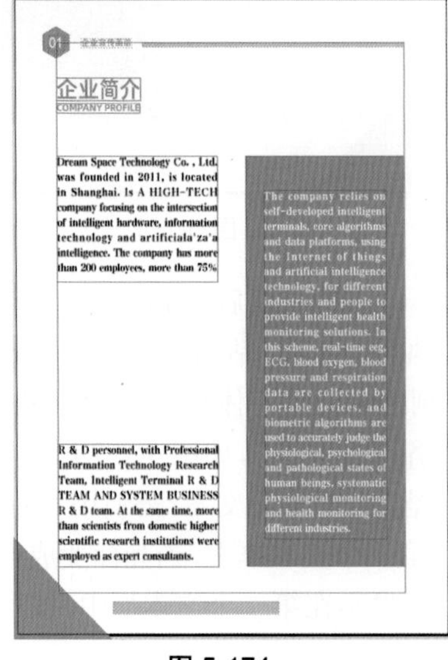

图 5-174　　图 5-175

（27）按照上述方法，在页面 02 上方使用“矩形框架工具”⊠绘制一个矩形框架，然后置入素材“5.11.4.jpg”。将图片置入后调整显示性能、图像大小以及位置，最后将图像嵌入到文档中，如图 5-176 所示。

（28）使用“文字工具”T选择页面 01 左侧文本框中的文字，执行“窗口 / 样式 / 字符样式”命令，打开“字符样式”面板，单击面板中的“创建新样式”按钮，将文本框中设置好的文字添加到字符样式面板中，如图 5-177 所示。

图 5-176

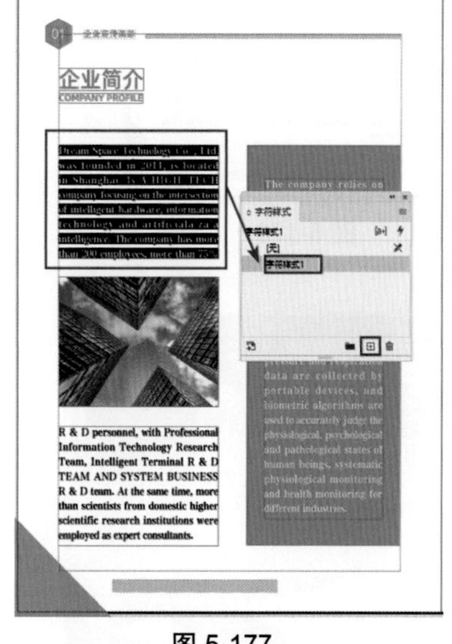

图 5-177

（29）使用“文字工具”T在页面 02 下方绘制一个文本框，在 Word 素材中复制第三段文字，回到 InDesign，在该文本框中插入光标，执行“编辑 / 粘贴”命令，将正文粘贴到框架中。使用“选择工具”▶选中文本框，单击“字符样式”面板中新创建的字符样式，即可快速调整文字样式，如图 5-178 所示。

（30）接下来制作页面 03 和 04 的内容。双击“页面”面板中页面 03 缩览图进入编辑。打开“图层”面板，单击“创建新图层”⊞新建“图层 2”，在该图层中使用“矩形框架工具”⊠绘制一个和页面等大的矩形框架，然后置入素材“5.11.5.jpg”。将图片置入后调整显示性能、图像大小以及位置，最后将图像嵌入到文档中，如图 5-179 所示。

（31）在“图层”面板中选中“图层 2”，将其拖曳到“图层 1”下方，调换图层顺序后，页面 03 如图 5-180 所示。

（32）使用“矩形工具”⊠在页面 03 中绘制一个矩形，填色为“#32aab5”，描边颜色为“无”，如图 5-181 所示。

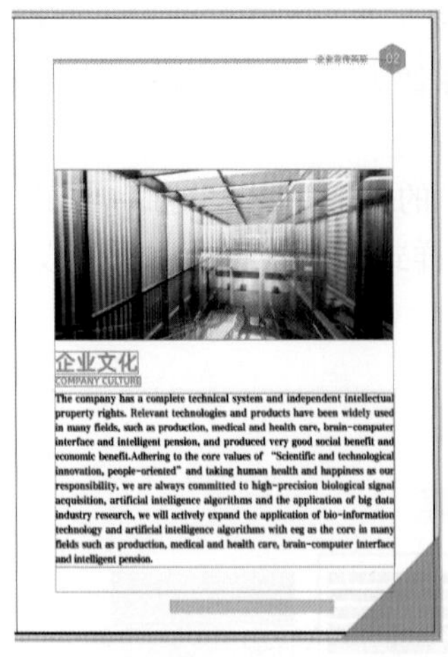

图 5-178

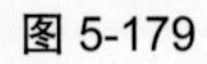

图 5-179

图 5-180

图 5-181

（33）选择“文字工具”T，在页面 03 的矩形上绘制一个文本框，在 Word 素材中复制第四段文字，回到 InDesign 在该文本框中插入光标，执行“编辑 / 粘贴”命令，将正文粘贴到框架中。使用“选择工具”选中文本框，单击“字符样式”面板中新创建的字符样式，并修改文字颜色为“白色”，如图 5-182 所示。

（34）使用“矩形工具”在页面 03 中绘制一个矩形，填色为“#32aab5”，描边颜色为“无”，如图 5-183 所示。

图 5-182

图 5-183

（35）复制页面 01 的标题文字对象到页面 04 中，使用“文字工具”T修改文本内容，并设置文字颜色为“白色”，如图 5-184 所示。

（36）使用“文字工具”T在页面 04 的矩形上绘制一个文本框，在 Word 素材中复制第五段文字，回到 InDesign 在该文本框中插入光标，执行“编辑 / 粘贴”命令，将正文粘贴到框架中。使用“选择工具”▶选中文本框，单击“字符样式”面板中新创建的字符样式，并修改文字颜色为“白色”，如图 5-185 所示。

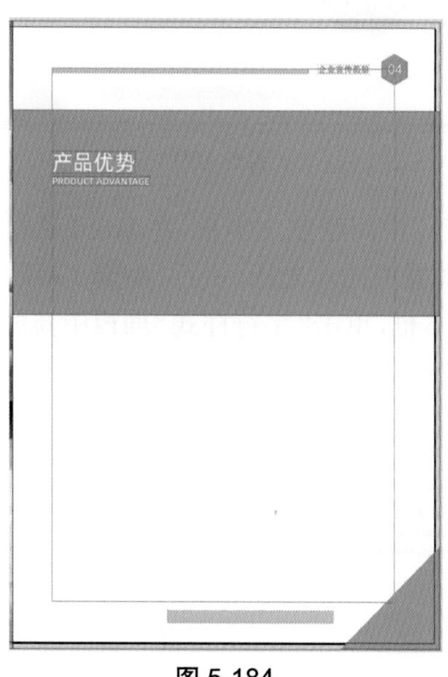

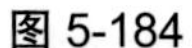
图 5-184

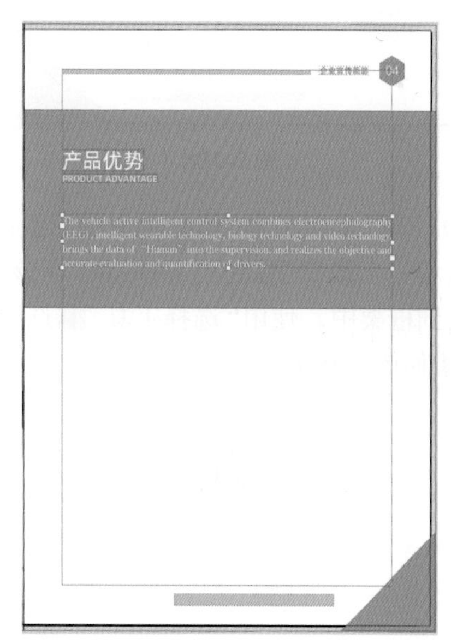

图 5-185

（37）使用“椭圆工具”在页面 04 下方的空白区域中绘制一个正圆，填色为“#32aab5”，描边颜色为“无”，如图 5-186 所示。

（38）使用“直线工具”／沿着正圆的顶部和底部绘制两条直线，填色为“无”，描边颜色为“#32aab5”，描边粗细为“1 点”，如图 5-187 所示。

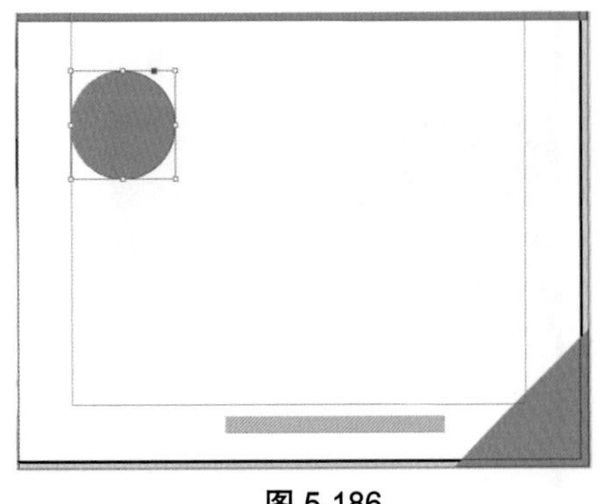

图 5-186

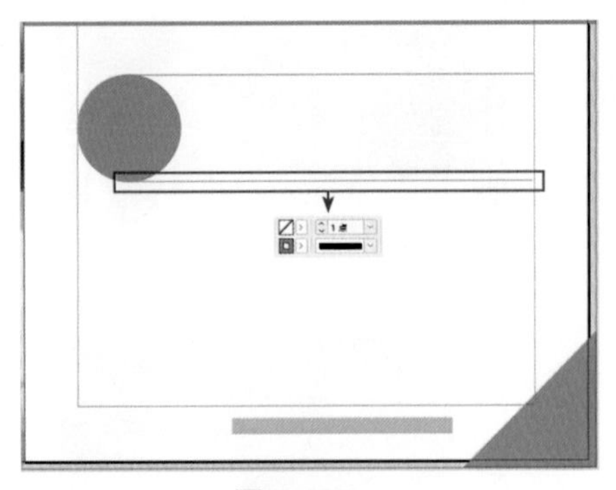

图 5-187

（39）使用“选择工具”将圆形和两条直线一起选中，单击鼠标右键执行“编组”命令，然后按住Alt键移动复制副本，并将两组图形左对齐，如图 5-188 所示。

（40）使用“文字工具”在两个圆形上创建文本框，输入文字，通过控制栏设置字体样式、大小，并设置文字颜色为“白色”，如图 5-189 所示。

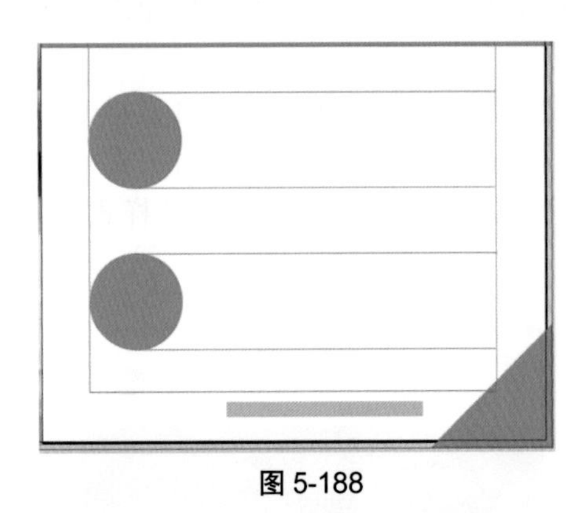

图 5-188

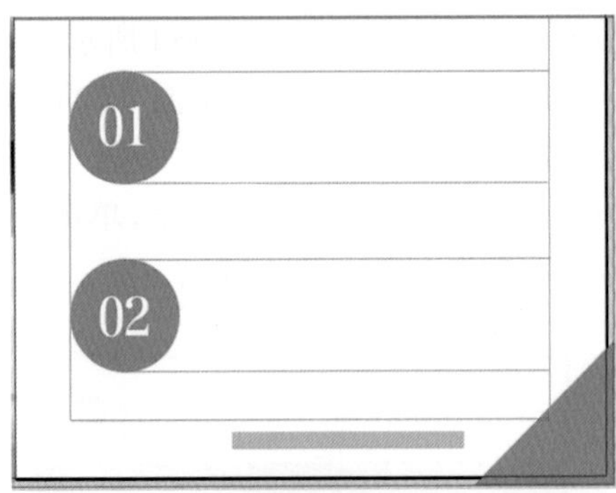

图 5-189

（41）使用“文字工具”在两个图形组的直线中间绘制文本框，在 Word 素材中分别复制第六段和第七段文字，回到 InDesign 在该文本框中插入光标，执行“编辑 / 粘贴”命令，将正文粘贴到框架中。使用“选择工具”选中文本框，单击“字符样式”面板中新创建的字符样式，效果如图 5-190 所示。

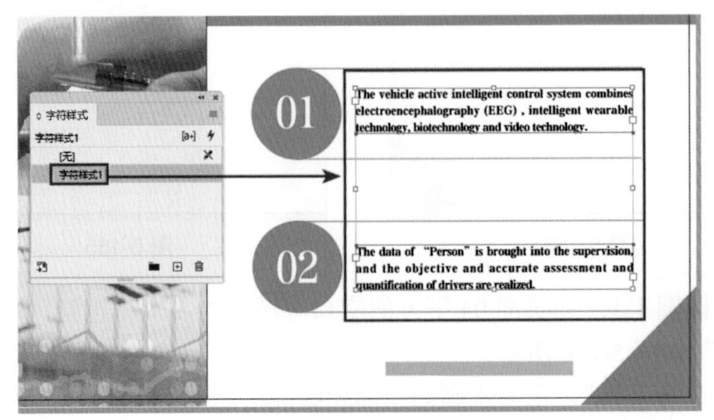

图 5-190

（42）最终效果如图 5-191 所示。

图 5-191

根据本章所授知识，结合“任务习题”文件夹中提供的相关素材，制作文档大小为 A4 尺寸，页面数为 6 的企业宣传画册，效果如图 5-192 所示。

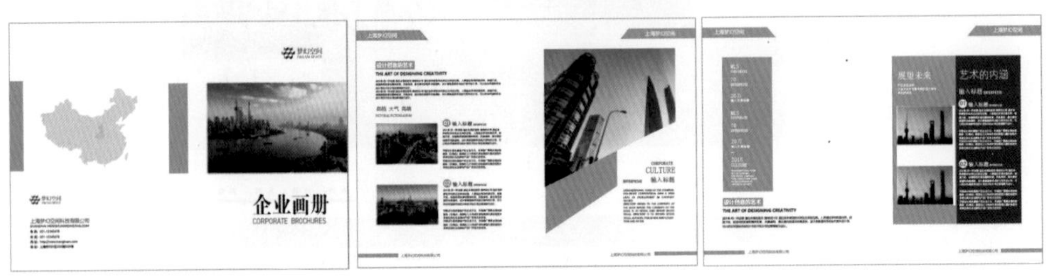

图 5-192